Elemente der analytischen Geometrie.

Zunächst für diejenigen, welche sich zu den höhern mathematischen Wissenschaften vorbereiten,

elementar dargestellt

von

J. J. G. Hartmann,
Doctor der Philosophie.

> La courbe décrite par une simple molécule d'air est reglee d'une maniere aussi certaine, que les orbites planetaires; il n'y a de differences entre elles, que celle, qu'y met notre ignorance.
>
> *de Laplace, théor. des probab.*

Mit vier Kupfertafeln.

Berlin, 1830.
Gedruckt und verlegt
bei G. Reimer.

Vorwort.

Ich übergebe dem mathematischen Publikum dieses neue Lehrbuch der höhern Geometrie, nicht, als hätte dasselbe Mangel an Werken über diese Disciplin, — die verdienstvollsten Gelehrten haben ja darin gearbeitet, — sondern bloß in der Ueberzeugung, daß die Arbeiten dieser Männer mehr dazu bestimmt, neue Ansichten und Entdeckungen zu verbreiten, nicht so sehr für den Anfänger geschrieben sind, und daher Manchem minder zugänglich waren, als diese Elemente es seyn möchten. Deshalb richtete ich denn auch die ganze Darstellung so ein, daß man unmittelbar nach gemachtem Cursus der Elementarmathematik zu diesem Zweige übergeben könne, und wenn ich gleich nicht die ganze höhere Geometrie, sondern nur die Curven des ersten und zweiten Grades bearbeitete, so wird hoffentlich meine Absicht dennoch erreicht werden. Hat man nur erst den Eintritt in eine Wissenschaft mit gehöriger Auffassung des wahren Zweckes derselben und mit vollkommener Durchschauung ihres Inhaltes gemacht, dann arbeitet man sich leicht hinein in die gelehrteren Darstellungen bekannter Meister, welche ohne dieses selten einem Ungeübten verständlich sind.

Anfänglich waren diese einzelnen Abhandlungen nur zu meinem Vergnügen, und, ich füge hinzu, zu meinem Bedürfnisse zusammengeschrieben, indem ich an nichts weniger dachte, als sie öffentlich erscheinen zu lassen. Der Gedanke, daß Betrachtungen, die mir den Uebergang von den Elementen zu der höhern Mathematik verdeutlichen mußten, auch andern Anfängern in gleicher Lage mit mir diesen Sprung erleichtern könnten, erregten in mir den Wunsch, meine Arbeiten in einem kleinen Handbuche dem mathematischen Publikum zu übergeben, und dem eigenen Urtheile mißtrauend, legte ich das systematisch in ein Ganzes vereinigte Manuscript Männern vor, deren tiefen mathematischen Kenntnissen ich vertrauen konnte. Ihr günstiges Urtheil — dankbarlichst nenne ich hier unsern berühmten Mathematiker, den Herrn Hofrath und Professor Tobias Mayer in Göttingen — bestimmte mich denn zur Herausgabe dieses Werkchens.

Ich glaube die einzelnen Lehren so gestellt zu haben, wie man von einem systematischen Handbuche es verlangen kann, und wenn mehre Sätze nicht an dem Platze stehen, wo sie dem Plane gemäß stehen sollten, so sind dieses doch nur solche Lehren, welche sich auf practische Constructionen der krummen Linien beziehen, und in Bezug auf sie glaubte ich mir den kleinen Verstoß schon erlauben zu dürfen. Uebrigens geht die Darstellung ununterbrochen fort, und Alles ist so geordnet, daß jede folgende Lehre aus der vorhergehenden fließt, eine nothwendige Bedingung für den Schriftsteller, der Anfängern ein Buch zum Selbstunterrichte in die Hände gibt.

An vielen Stellen war ich etwas weitläufig und zwar ohne meinen Willen, indem sich der Calcul oft weiter ausdehnte, als ich es wünschte, und ich ihn doch nicht abkürzen konnte, wenn ich verständlich bleiben wollte. Jedoch dienen vielleicht selbst die Rechnungen dazu, den Anfänger zu bewegen, daß er sich die gehörige Fertigkeit im analytischen Calcul zu verschaffen suche, die in der ganzen höhern Mathematik unentbehrlich ist, da viele Untersuchungen in ihr ohne ein geschicktes Rechnen sich ungeheuer weit ausdehnen, oft gar nicht gelingen.

Ueber Quadratur und Rectification der Kegelschnitte habe ich nichts gesagt, ich weiß nicht, ob ganz mit Recht; jedoch fürchtete ich einerseits zu weitläuftig zu werden, anderseits aber sind das meines Erachtens Lehren, die sich ohne Hilfe der höhern Analysis nicht gründlich und verständlich abhandeln lassen.

Hoffentlich wird man mir nicht vorwerfen, daß ich die drei Kegelschnitte trennte und jeden in einem besondern Capitel für sich getrennt betrachtete; ich that das mit Absicht, um ihre Verschiedenheit desto besser zeigen zu können, obgleich dadurch diese Untersuchungen vielleicht den vierten Theil Raum mehr einnehmen, als sie sonst gethan haben würden. Ich hätte freilich ihre allgemeine Gleichung vornehmen und daraus namentlich die Eigenschaften ableiten können, die allen dreien gemein sind; allein dadurch hätte nothwendig die Verständlichkeit leiden müssen, und will man einmal solche Betrachtungen über krumme Linien anstellen, so bedient man sich lieber der höhern Analysis, wo man aus einem Gesichtspuncte unzählige Curven übersehen kann.

Die Coordinatenverwandlungsformeln entwickelte ich vollständig, obgleich ich zu meinem Zwecke die wenigsten von ihnen brauchte; sie kommen so häufig in der höhern Geometrie vor, und oftmals hängt das glückliche Gelingen verwickelter Untersuchungen so sehr von ihnen ab, daß der Anfänger die Zeit nicht bedauern wird, die er dazu anwendet, diese Formeln einmal für sich zu berechnen; zu nachherigem Gebrauche liegen sie ihm dann immer fertig da.

Kenner werden leicht finden, daß die ganze Arbeit nicht die eines schon lange erfahrnen Mannes ist, und sie um so schonender betrachten; Vieles wird nicht so seyn, wie sie es wünschen; mein Wille ist daran nicht Schuld. Ich werde zufrieden seyn, wenn ich nur nicht ganz meinen Zweck verfehlte, und ich werde mich für die angewendete Mühe hinlänglich belohnt fühlen, wenn ich weiß, daß die Zeit, die ich über der Ausarbeitung dieser Blätter zubrachte, nicht ganz nutzlos verschwendet ist.

Was das Aeußere betrifft, so ist Druck und Correctur mit möglichster Genauigkeit besorgt; es werden sich deshalb hoffentlich keine grobe den Sinn entstellende Fehler eingeschlichen haben; kleinere Druckversehen wird der Leser leicht selbst berichtigen können.

Berlin im November 1829.

Hartmann.

Inhaltsverzeichniß.

Zweites Capitel. Coordinatenverwandlung. §. 31. — 50.

Drittes Capitel. Curven des ersten Grades. §. 51. — 71.

Viertes Capitel. Curven des zweiten Grades. §. 72. — 89.

Fünftes Capitel. Die Parabel.
§. 90. — 123.

Sechstes Capitel. Die Ellipse.
§. 124. — 171.

Siebentes Capitel. Die Hyperbel.

§. 171. — 215.

Achtes Capitel. Ableitung der Gleichung einer Curve aus gegebenen Eigenschaften derselben. §. 216. — 228.

Einleitung.

§. 1.

Analytische Geometrie ist unter den mathematischen Wissenschaften eine von denjenigen, welche geometrische Aufgaben durch arithmetische Mittel zu lösen suchen. Daß sich Arithmetik auf Geometrie anwenden lasse, ist von selbst klar, sobald nur die Möglichkeit gegeben ist, geometrische Größen arithmetisch (oder, wie man sich gewöhnlich ausdruckt, algebraisch) darzustellen. Da man jede beliebige, also auch jede geometrische Größe, als Einheit betrachten kann, um durch sie andere ihr gleichartige Größen zu messen, und da das Resultat dieser Messung den ersten Begriffen der Arithmetik gemäß jedesmal nothwendig eine Zahl werden muß, so läßt sich auch jede geometrische Größe durch eine Zahl, also arithmetisch darstellen, indem man sie selbst, oder ein ihr gleichartiges Stück einer andern geometrischen Größe als ihre Einheit betrachtet. Soll z. B. die gerade Linie AB (Fig. 1.) arithmetisch dargestellt werden, so nehme man nur eine bestimmte gerade Linie AC als Einheit und messe durch sie jene darzustellende Linie AB; dann wird die Zahl, welche angibt, wie viel mal die Einheit, die Linie AC, auf der zu bestimmenden Linie AB abgetragen werden kann, die Linie AB in Bezug auf jene Einheit AC arithmetisch darstellen. Fände sich z. B. daß AC dreimal auf AB abgetragen werden könnte, so würde AB durch die Zahl 3 dargestellt werden, wobei man dann nie vergessen darf, daß der Begriff: AB ist die Zahl 3, weiter nichts sagt, als: die Linieneinheit AC muß dreimal an einander gesetzt werden, um AB zu erhalten.

Man benennt nun geradezu die Linie durch jene Zahl, man spricht von der Linie 3, von der Linie a, b, x u. s. w., wo a, b, x beliebige Zahlen sind, und man schreibt, $AB = 3$, $AB = a$, $AB = x$ u. s. w.

Eben so verhält es sich mit den andern geometrischen Größen, mit der Fläche, dem Körper, dem Winkel; nur muß, wie sich das von selbst versteht, bei der arithmetischen Darstellung einer Fläche irgend eine Flächeneinheit, bei der arithmetischen Darstellung eines Körpers, eines Winkels, irgend eine Körper-, eine Winkeleinheit zum Grunde gelegt werden, weil sich nur Gleichartiges mit Gleichartigem vergleichen läßt.

Es braucht auch die Einheit, wie das in dem obigen Beispiele $AB = 3$ der Fall ist, nicht gerade kleiner zu seyn, als die darzustellende Größe; man kann die Einheit der zu messenden Größe gleich setzen oder diese selbst als ihre eigene Einheit betrachten, und man erhält die Zahl 1 als ihren arithmetischen Ausdruck; man könnte aber auch die Einheit größer annehmen, als die zu bestimmende Größe, und würde dann einen Bruch als arithmetischen Ausdruck dieser Größe erhalten; so ist im obigen Beispiele $AC = \frac{1}{3} AB$; betrachtet man demnach AB als Einheit, so ist $AC = \frac{1}{3}$, welcher Ausdruck weiter nichts sagt, als: man muß die der Zahl $AC = \frac{1}{3}$ zum Grunde liegende Einheit AB in drei gleiche Theile zerlegen und einen von diesen Theilen einmal nehmen, um AC zu erhalten.

§. 2.

Will man nun Arithmetik auf Geometrie anwenden, so stelle man alle geometrischen Größen arithmetisch dar, man messe sie also alle nach irgend einer Einheit und bemerke sich die daraus resultirenden Zahlen; alle geometrischen Größen müssen aber nach derselben Einheit gemessen werden, weil sonst die entspringenden Zahlen als ungleichartige nicht mit einander vergleichbar würden. Derselbe Zusammenhang, der unter den geometrischen Größen war, findet natürlich auch unter den sie repräsentirenden Zahlen Statt. Sollen aus irgend welchen bekannten geometrischen Größen andere unbekannte gefunden werden, so wird man, nachdem man die bekannten geometrischen Größen durch Zahlen a, b, c u. s. w. dargestellt hat, auch die unbekannten als Zahlen ansehen müssen, die derselben Einheit angehören, welche den bekannten zum Grunde liegt; man bezeichnet diese die unbekannten geometrischen Größen repräsentirenden unbekannten Zahlen etwa durch x, y, z u. s. w. Man soll also jetzt aus irgend welchen bekannten Zahlen andere unbekante finden, man soll also die Operation vornehmen, welche die Arithmetik Lösung der Gleichungen (meistens Algebra) nennt.

Auf die Lösung dieser Gleichungen wird demnach die ganze Untersuchung zurückgeführt; die Wurzeln der Gleichung geben die unbekannten geometrischen Größen repräsentirt durch Zahlen, weil die Operation eine rein arithmetische war. Reichen also die Kräfte der Arihmetik hin, die vorgelegte Gleichung zu lösen, so hat man zu der gegebenen Aufgabe die Auflösnng arithmetisch gefunden. Man versucht dann gewöhnlich auch noch, die Wurzeln der Gleichung wieder geometrisch darzustellen, was aber meistens mit großen Weitläuftigkeiten verknüpft ist.

Einige Beispiele werden das Gesagte hinlänglich verdeutlichen.

§. 3.

I. Man hat die Fläche eines Quadrats **ABGF** (Fig. 2.), und soll diese in die Fläche eines Dreiecks verwandeln, was dieselbe Basis **AB** hat.

Man messe nach irgend einer Einheit die Basis AB, die daraus entspringende Zahl sei $= a$, so ist die Fläche des Quadrats $= a^2$. Die Dreiecksfläche ist ein Product aus Basis in die halbe Höhe; wäre also die Höhe nach eben jener Einheit, wonach $AB = a$ ist, $= x$, so wäre die Fläche des Dreiecks $= \frac{ax}{2}$. Diese Dreieckfläche sollte gleich seyn der Quadratfläche, man erhält also die Gleichung:

$$\frac{ax}{2} = a^2, \text{ oder}$$

$$x = 2a.$$

die Höhe des Dreiecks muß also doppelt so groß seyn, als die Basis.

Will man die Aufgabe geometrisch lösen, so ziehe man nur auf die Basis AB ein Perpendikel ED doppelt so groß, als AB, und dann die Linie EA und EB, so ist ABE an Fläche = ABFG.

§. 4.

II. Es sind zwei Linien AB und CA gegeben, man soll zwischen ihnen die mittlere Proportionale finden. Man messe beide Linien nach derselben Einheit, und es sey (Fig. 1.) AB $= a$ und CA $= b$; die unbekannte Linie sey in Bezug auf dieselbe Einheit $= x$, so muß x die mittlere Proportionale zwischen a und b seyn, also

$$\frac{a}{x} = \frac{x}{b} \text{ oder}$$

$$x^2 = ab, \text{ also}$$

$$x = \pm\sqrt{(ab)},$$

man multiplicire also die beiden gegebenen Zahlen mit einander, ziehe aus dem Producte die Quadratwurzel, so ist sowohl der positive als negative Werth derselben die verlangte mittlere Proportionalzahl; stellt man sie in Bezug auf die angenommene Einheit durch eine Linie dar, so hat man die mittlere Proportionallinie zwischen AB und AC.

Anmerk. Man darf sich nicht wundern, daß man hier einen doppelten Werth für die gesuchte Zahl erhält, denn betrachtet man die Aufgabe genauer, so wird man finden, daß sie in sich zweideutig ist, und also eine zweifache Lösung gestattet. Zwischen zwei Zahlen die mittlere Proportionale finden heißt weiter nichts, als eine Zahl suchen, welche mit sich selbst multiplicirt gleich ist dem Producte der beiden Zahlen; das Quadrat einer Zahl ist aber jederzeit positiv, die Wurzel mag positiv oder negativ seyn, und gerade diese beiden Werthe gibt dann auch die Auflösung.

Will man die Aufgabe geometrisch lösen, so erinnere man sich nur an die bekannte Eigenschaft des Kreises, daß ein Perpendikel aus irgend einem Puncte der Peripherie auf den Durchmesser die mittlere Proportionale zwischen den Segmenten des Durchmessers ist, die durch jenes Perpendikel auf ihm abgeschnitten werden. Man setze also AB und CA in gerader Linie zusammen, beschreibe darüber einen Halbkreis, und ziehe aus dem Zusammensetzungspuncte A ein Perpendikel an die Peripherie, so ist dieses die gewünschte mittlere Proportionale, denn

$$CA \, . \, AB = GA^2, \text{ also}$$
$$a \, . \, b = x^2, \text{ also}$$
$$GA = x = \sqrt{(ab)}.$$

§. 5.

III. Man soll von einem gegebenen Puncte C außerhalb des Kreises DABF eine Linie CB so durch den Kreis ziehen, daß die Sehne AB gleich wird einer gegebenen Linie ab (Fig. 3.).

Da der Kreis gegeben ist, so ist sein Diameter DF bekannt, und weil auch der Punct C gegeben ist, so kennt man CD; man kennt folglich auch $CD + DF = CF$. Man messe nun ab, CD und CF nach irgend einer Linieneinheit und es sey $CD = a$, $CF = b$ und $ab = c$. Auf die Bestimmung der Länge der Linie CA wird die ganze Untersuchung ausgehen, denn durch die Puncte C und A ist die Linie CB fixirt. Es sey deshalb CA nach eben jener Einheit gemessen $= x$.

Bekanntlich verhalten sich die Secanten eines Kreises, die in einem Puncte außerhalb desselben sich vereinigen, verkehrt wie ihre Segmente außerhalb des Kreises; also

$$\frac{CF}{CB} = \frac{CA}{CD};$$

$$CF = b; \quad CB = CA + AB = CA + ab = x + c;$$
$$CD = a; \quad CA = x, \text{ also}$$

$$\frac{b}{x + c} = \frac{x}{a}, \text{ also}$$

$$x^2 + cx = a.b, \text{ folglich}$$

$$x = -\frac{c}{2} \pm \sqrt{\left(\frac{c^2}{4} + a.b\right)}.$$

Es giebt also zwei Werthe $x = -\frac{c}{2} + \sqrt{\left(\frac{c^2}{4} + a.b\right)}$

und $x = -\frac{c}{2} - \sqrt{\left(\frac{c^2}{4} + a.b\right)}$

die beide den Bedingungen der Aufgabe genügen müssen. Betrachten wir zuerst den obern dieser beiden Werthe

$x = -\frac{c}{2} + \sqrt{\left(\frac{c^2}{4} + a.b\right)}$, und construiren wir ihn geometrisch.

Zieht man aus C eine Tangente an den Kreis, so ist sie mittlere Proportionale zwischen der ganzen Secante und dem Stücke außerhalb des Kreises, also

$$CT = \sqrt{(CD.CF)} = \sqrt{(a.b)}$$

also $CT^2 = a.b$

substituirt für a.b in den Werth von x, so ist

$$x = -\frac{c}{2} + \sqrt{\left(\frac{c^2}{4} + CT^2\right)}$$

$\sqrt{\left(\frac{c^2}{4} + CT^2\right)}$ ist die Quadratwurzel aus der Summe zweier Quadrate, diese Größe wird sich also durch den Pythagorischen Lehrsatz geometrisch darstellen lassen. Zieht man den Radius

TG, so ist Winkel CTG $= 90^\circ$; macht man daher TI $= \frac{c}{2}$ und zieht CI, so ist CI $= \sqrt{\left(CT^2 + \frac{c^2}{4}\right)}$. Es wird also $x = -\frac{c}{2} + CI$. Schneidet man demnach von I aus $\frac{c}{2} = TI$ auf IC ab, so ist CR die gesuchte Linie CA; man braucht also nur mit CR aus C den Bogen RA zu beschreiben; wo dieser Bogen den Kreis DABF schneidet, da liegt der Punct A, durch welchen man von C aus die gerade Linie CB zu ziehen hat, um AB $= c$ zu erhalten.

Was den zweiten Werth $x = -\frac{c}{2} - \sqrt{\left(\frac{c^2}{4} + a.b\right)}$ oder für $\sqrt{\left(\frac{c^2}{4} + a.b\right)}$ seinen Werth CI gesetzt, wo also

$$x = -\frac{c}{2} - CI$$ ist, so wird dieser ganz negativ $x = -\left(\frac{c}{2} + CI\right)$. Die Linie, welche durch dieses x repräsentirt wird, kann also nicht in die ursprüngliche (positive) Richtung CA fallen, sondern sie muß in der verkehrten (negativen) Richtung CA′ liegen. Auf den ersten Anblick scheint darin etwas Ungereimtes zu liegen, weil die Linie, welche von C aus nach A′ hin gezogen wird, den Kreis ABF nie treffen kann. Allein bedenkt man, daß unsere Gleichung

$x^2 + cx = a.b$ hieß, und daß diese Gleichung ganz dieselbe bleibt, wenn man a und b negativ setzt, weil dann $(-a).(-b) = +a.b$ wird: so ist klar, daß die Wurzeln, der Gleichung auch für den Fall gelten müssen, wo a und b negativ sind. Sollen aber $a = CD$ und $b = CF$ negativ seyn, so muß CD in CD′ und CF in CF′, und also der Kreis DABF in D′A′B′F′ fallen, und die Linie $-\left(\frac{c}{2} + CI\right)$ wird nun den Schnittpunct für diesen Kreis geben. Verlängert man CI, bis IR′ $= \frac{c}{2} =$ TI wird, so ist IR′ $= \frac{c}{2} + CI$, also wird

$x = -IR'$; trägt man also IR' von C nach A' hin ab, so wird $CB' = IR'$ und also B' der gewünschte Punct seyn.

Anmerk. Hätte man $c =$ dem Durchmesser des Kreises gesetzt, also $c = CF - CD = b - a$, so würde der Punct A in D und der Punct B' in F' fallen müssen, es müßte also $x = a$ und $x = -(a + c)$ werden. Löset man die Gleichung $x^2 + 2cx = a.b$ unter jener partikulären Voraussetzung, daß $c = b - a$ oder $b = a + c$ ist, auf, so ist

$$x^2 + 2cx = a(a + c) = a^2 + ac, \text{ also}$$

$$x = -\frac{c}{2} \pm \sqrt{\left(a^2 + ac + \frac{c^2}{4}\right)}.$$

Es ist aber $a^2 + ac + \frac{c^2}{4} = \left(a + \frac{c}{2}\right)^2$, also

$$\sqrt{\left(a^2 + ac + \frac{c^2}{4}\right)} = a + \frac{c}{2}, \text{ folglich}$$

$$x = -\frac{c}{2} \pm \left(a + \frac{c}{2}\right), \text{ also}$$

$$x = a \text{ oder}$$

$$x = -c - a = -(a + c)$$

gerade wie die Construction es verlangte.

§. 6.

Diese drei Beispiele werden hinreichend seyn, zu zeigen, wie man Arithmetik auf geometrische Aufgaben eben so anwenden könne, als auf die gewöhnlichen algebraischen Aufgaben. Solche Aufgaben gehören indessen nicht ins Gebiet der analytischen Geometrie; sie machen ein eigenes Capitel der Größenlehre aus, welches man Lösung der bestimmten geometrischen Aufgaben nennt. Die analytische Geometrie betrachtet dagegen ganze Züge, entwickelt die Art ihrer Entstehung, zeigt ihre Eigenschaften und sucht alles dieses durch Arithmetik zu bewerkstelligen. Will sie aber die Natur eines ganzen Zuges auffassen, so wird es zuerst darauf ankommen, einzelne Puncte zu betrachten, denn erst dadurch, daß man von jedem Puncte eines Zuges Rechenschaft geben kann, warum er so und nicht anders liege, wird man in den Stand gesetzt, den ganzen Zug zu betrachten. Wir werden uns also im ersten Capitel mit der Bestimmung der Lage von Puncten zu beschäftigen, und dann zu zeigen haben, wie man von ihr den Uebergang zur Lagenbestimmung eines ganzen Zuges, einer Fläche, eines Körpers, die von solchen Zügen gebildet werden, machen könne. Wir setzen dabei die allgemeinen Grundsätze der Geometrie und Arithmetik als bekannt voraus, ohne uns indessen in jedem einzelnen Falle geradezu auf sie zu berufen; wir werden jedoch die Sache so einzurichten suchen, daß es selbst jedem Anfänger eine Kleinigkeit seyn wird, alles auf die letzten Prinzipien zurückzuführen, wenn er sich sonst nur eine hinlängliche Kenntniß der gewöhnlichen Elementarmathematik zu verschaffen gewußt hat.

Erstes Capitel.

Lagenbestimmung eines Punctes im Raume und in der Ebene. Daraus abgeleitete Lagenbestimmung einer Curve in der Ebene.

§. 7.

Nach dem im Vorigen Gesagten bestände also die erste Aufgabe der analytischen Geometrie darin, die Lage eines Punctes zu bestimmen und dieses nicht durch Zeichnung, sondern durch Begriffe (durch Zahlen). Jede Lage ist relativ; es kann von keiner Lage gesprochen werden, sobald nur ein einziger Punct da ist; es muß also zur Bestimmung eines Punctes wenigstens noch ein Punct außer dem ersten gegeben seyn, dessen Lage als ursprünglich bekannt vorausgesetzt wird. Weil von diesem bekannten Puncte die ganze Lagenbestimmung ausgeht, so heißt er der Anfangspunct (Manche nennen ihn auch den Pol).

Um nun die Lage des zu bestimmenden Punctes gegen den Anfangspunct zu fixiren, wird es am natürlichsten seyn, von dem Anfangspuncte auf den zu bestimmenden geradezu loszugehen und die Länge dieses Weges anzugeben. Wäre also A (Fig. 4.) der Anfangspunct, und M derjenige, dessen Lage bestimmt werden sollte, so wird man von A nach M die gerade Linie AM ziehen und die Länge dieser Linie angeben.

§. 8.

Dadurch ist aber die Lagenbestimmung des Punctes M noch nicht vollständig geleistet; es ist weiter nichts gesagt, als man muß von A nach M um die Länge der Linie AM fortgehen und man wird in dem Puncte M seyn; das ist aber auf unzählig verschiedene Weisen möglich; zieht man mit dem Radius AM aus A einen Kreis, so steht jeder Punct der Peripherie um AM von A ab, es kann also jeder Punct dieser Peripherie der zu fixirende seyn. Soll diese Unbestimmtheit gehoben werden, so muß man die Richtung der Linie AM angeben. Der Begriff der Richtung ist wieder relativ; soll von Richtung die Rede seyn, so sind zwei Linien dazu nöthig, wo denn die Richtung der einen als ursprünglich bekannt angesehen werden muß. Soll also die Richtung AM bestimmt werden, so ist dazu eine andere ursprünglich gegebene Richtung AX nöthig; dadurch nun, daß man angibt, um wie viel sich AM in seiner Drehung um A von AX entfernt habe, also dadurch, daß man den Winkel MAX angibt, ist dann die Richtung der Linie AM gegen AX bestimmt.

Anmerk. Es ist nicht nöthig, daß die ursprünglich gegebene Richtung AX durch den Punct A geht, sie könnte beliebig, etwa in A'X' liegen; dann wird sich aber jedesmal durch A eine Parallele zu A'X' ziehen lassen, deren Richtung, weil sie dieselbe mit A'X' ist, also auch als ursprünglich gegeben angesehen werden muß; dieses berechtigt uns, die ursprünglich gegebene Richtung jedesmal durch den Anfangspunct A gehen zu lassen.

§. 9.

Die Länge der Linie AM und die Größe des Winkels MAX bestimmen die Lage des Puncts M genau, sobald der Punct M ein Punct in der Ebene ist, sobald also die ganze Construction in der Ebene liegt. Denn die Ebene hat nur zwei Ausdehnungen, es braucht also der Punct M auch nur in Rücksicht dieser beiden Ausdehnungen bestimmt zu werden; gerade dieses leistet aber AM und Winkel MAX, denn AM bestimmt den Punct in seiner Entfernung von A, Winkel MAX in seiner Drehung um A, eine dritte Ausdehnung giebt es bei einer Ebene nicht, der Punct M ist also auch durch jene zwei Data bestimmt.

Die Linie AM heißt Radius Vector des Punctes M, der Winkel MAX sein Drehungswinkel, beide zusammen heißen Coordinaten und zwar Spiral- oder Polarcoordinaten (zum Unterschiede von einer andern Art Coordinaten, die wir im Folgenden kennen lernen werden); die Linie AX nennt man Spiralaxe für den zu bestimmenden Punct M.

§. 10.

Ein Punct in der Ebene ist also bestimmt, sobald sein Radius Vector und sein Drehungswinkel gegeben ist. Soll nun aber der Punct irgend ein Punct im Raume seyn, so werden, eben weil der Raum drei Ausdehnungen hat, zwei Data nicht zu seiner Bestimmung hinreichen, sondern es muß auch für die dritte Ausdehnung zu den beiden vorigen Bestimmungsstücken noch ein drittes hinzukommen. Wäre also M (Fig. 4.) irgend ein Punct im Raume und sind die zwei vorigen Bestimmungsstücke AM und Winkel MAX gegeben, so denke man sich durch AX und AM eine Ebene gelegt, und man wird nun diese Ebene um AX herumdrehen können, ohne die beiden Data AM und Winkel MAX zu ändern; bei dieser Umdrehung beschreibt der Punct M einen Kreis MST, jeder Punct dieses Kreises kann also der zu bestimmende seyn, weil für jeden der Radius Vector AX und der Drehungswinkel MAX ist. Um also den Punct M vollständig zu bestimmen, muß zu jenen beiden Datis noch eins hinzukommen, welches die Ebene, die durch AM und AX gelegt ist, in ihrer Drehung um AX fixirt. Soll aber die Lage einer Ebene bestimmt werden, so ist dazu eine andere ursprünglich gegebene Ebene nöthig; gibt man dann den Neigungswinkel an, den jene um AX sich drehende Ebene mit dieser ursprünglich bekannten einschließt, so ist jene dadurch in ihrer Drehung um AX fixirt, und auf diese Weise der Punct M im Raume vollständig bestimmt. Man lege also durch AX eine Ebene, die aber nicht in die Ebene durch AX und AM fällt, sondern durch eine außerhalb dieser Ebene gegebene Linie AZ geht, und bestimme dann den Neigungswinkel, welchen die Ebene durch MAX mit der Ebene durch ZAX einschließt. Dieser Neigungswinkel, der Winkel MAX und die Länge der Linie AM bestimmen dann den Punct M im Raume vollständig.

Anmerk. Hier gilt wieder dieselbe Erinnerung, wie (§. 8. Anmerk.); die Ebene, welche als ursprünglich gegeben angesehen wird, braucht nämlich nicht nothwendig durch die Axe AX zu gehen; indessen wird man jedesmal durch AX zu ihr eine parallele Ebene legen können, die dann gleichfalls als ursprünglich gegeben angesehen werden muß.

§. 11.

Will man auf diese Weise eine Reihe nebeneinander liegender Puncte (sie mögen der Einfachheit wegen Puncte in der Ebene seyn) bestimmen M, M′, N, N′ u. s. w. (Fig. 4.), so wird man für jeden Punct den Radius Vector und den Drehungswinkel kennen müssen. Für jeden andern Punct wird man im Allgemeinen einen andern Drehungswinkel erhalten; man hat es also mit veränderlichen Winkeln zu thun, und diese erschweren in der Regel jede Rechnung, wie man das schon in der elementaren Trigonometrie hinlänglich einzusehen Gelegenheit hat. Deshalb war man auch darauf bedacht, neben dieser ursprünglich einfachsten Lagenbestimmung noch eine zweite einzuführen, die denn allerdings nicht mehr so einfach war, wobei man aber die veränderlichen Winkel vermied. Den Winkel dabei ganz zu vermeiden, war nicht möglich, weil von Richtungen die Rede seyn mußte; wollte man deshalb den vorgesetzten Zweck erreichen, so mußte die Sache so eingerichtet werden, daß die in Untersuchung kommenden Winkel immer dieselben bleiben. Es ist also eine Richtung AX (Fig. 5.) und ein Anfangspunct A gegeben, man soll nun die Lage der Puncte M, M', N, N' u. s. w. bestimmen, ohne sich dabei veränderlicher Winkel zu bedienen. Man ziehe durch A unter irgend einem Winkel gegen AX die gerade Linie AY und bestimme den Winkel YAX als den unveränderlichen. Man ziehe nun durch die Puncte M, M', N u. s. w. lauter Parallelen zu AY, und verlängere diese so weit, bis sie AX schneiden, MP, M'P', NQ u. s. w., so ist Winkel YAX = MPX = M'P'X = NQX u. s. w. Denkt man sich nun die Radien Vectoren der einzelnen Puncte gezogen AM, AM', AN u. s. w., so ist der Punct M bestimmt, sobald das Dreieck APM bestimmt ist; dieses geschieht aber durch die beiden Seiten AP und PM, und durch den eingeschlossenen Winkel APM, oder durch seinen Nebenwinkel MPX = YAX. Hat man also den Winkel YAX festgesetzt, so bedarf es zu der Bestimmung des Punctes M nur der beiden Stücke AP und PM. Eben so bestimmt man den Punct M' durch die Länge der Linien AP' und P'M' uud durch denselben Winkel YAX, und so auch für alle übrigen Puncte. Man leistet also hier die Lagenbestimmung durch zwei Linien und einen Winkel, der Winkel ist aber für alle zu bestimmende Puncte ein und derselbe.

§. 12.

Die Linie AX heißt **Abscissenaxe**, die Linie AY **Ordinatenaxe**; jede Linie AP vom Anfangspuncte A aus auf der Abscissenaxe abgeschnitten, wird **Abscisse**, und jede Linie PM parallel zu der Ordinatenaxe von der Abscissenaxe bis an den zu bestimmenden Punct gezogen wird **Ordinate** genannt; Abscisse und Ordinate zusammen heißen **Coordinaten**; der Winkel, den Abscissenaxe und Ordinatenaxe mit einander bilden, heißt **Coordinatenwinkel**. Alle Abscissen und Ordinaten, wodurch eine ganze Reihe von Puncten bestimmt wird, zusammengenommen heißen ein **Coordinatensystem**.

Die Größe des Coordinatenwinkels ist in der Regel willkührlich oder hangt von anderweitigen Bedingungen ab; am einfachsten wird die Untersuchung, wenn man ihn $=90^\circ$ setzt; in diesem Falle heißt das Coordinatensystem ein rechtwinkliges oder orthogonales und die Coordinaten selbst Orthogonale. Bei jeder andern Annahme des Coordinatenwinkels heißt das Coordinatensystem ein schiefwinkliges (loxogonales), und die Coordinaten selbst werden Loxogonale genannt.

§. 13.

Soll der Punct, dessen Lage bestimmt werden soll, allgemein ein Punct im Raume seyn, so wird zu den vorigen Bestimmungsstücken noch ein Bestimmungsstück für die dritte Dimension des Raumes hinzutreten müssen. Sollen dabei die veränderlichen Winkel gleichfalls vermieden werden, so ziehe man (Fig. 5.) durch den Anfangspunct A noch eine gerade Linie AZ, die aber nicht in der Ebene liegt, welche durch AX und AY gelegt werden kann, und wähle sich die Größe der Winkel YAZ und ZAX (am einfachsten wird man AZ senkrecht auf AX und AY stellen). Soll nun der Punct R, der nicht in der Ebene YAX liegt, bestimmt werden, so ziehe man RS parallel zu AZ, ST parallel zu AY, und bestimme die Länge der Linien AT, TS und SR, so ist dadurch der Punct R bestimmt. Auf dieselbe Weise wird man dann auch jeden andern beliebig liegenden Punct V durch dieselben drei Winkel YAX, YAZ, ZAX, und durch die Länge der drei Linien AI, IL, LV bestimmen können.

§. 14.

Ueber die allgemeine Lagenbestimmung der Puncte im Raume enthalten wir uns ein Weiteres zu sagen, weil alle unsere nachfolgenden Untersuchungen sich doch nur auf Ebenen erstrecken sollen. Auch wollen wir uns im Folgenden immer nur der orthogonalen Coordinaten als der einfachern bedienen, falls nicht ein anderes ausdrücklich erwähnt wird. Hierbei ist denn durch Abscisse und Ordinate der Punct bestimmt; will man deshalb den Punct M (Fig. 6.) bezeichnen, und ist seine Abscisse AP = a, seine Ordinate PM = b, wo a und b Zahlen sind, so sagt man: M ist der Punct, dessen Coordinaten a und b sind. Wir wollen nun zusehen, ob für alle Werthe von a und b der Punct M ein bestimmter ist.

a sowohl als b können im Allgemeinen 0 oder positiv oder negativ seyn; daraus bilden sich folgende Fälle:

1) a = 0 und b = 0; 2) a = + und b = 0;
3) a = — und b = 0; 4) a = 0 und b = +;
5) a = 0 und b = —; 6) a = + und b = +;
7) a = — und b = +; 8) a = + und b = —;
9) a = — und b = —

Jeden dieser Fälle wollen wir betrachten.

§. 15.

Ist die Abscisse a = 0, so muß der gewünschte Punct in der Ordinatenaxe liegen; ist die Ordinate = 0, so muß er in der Abscissenaxe sich befinden. Ist die Abscisse a = +, so muß der Punct, wenn die Richtung von A nach X (Fig. 6.) als die positive betrachtet wird, auf der Seite der Ordinatenaxe liegen, auf welcher AX liegt; ist die Abscisse a = —, so muß der Punct auf der Seite der Ordinatenaxe sich befinden, auf welcher die negative Abscissenaxe AX′ liegt. Eben so verhält es sich mit der Ordinate b; ist b = +, so liegt der Punct über AX, falls AY als positive und AY′ also als negative Ordinatenaxe angesehen wird; ist b = —, so liegt er unter AX. Der zu bestimmende Punct für Fall 1) a = 0 und b = 0 ist also der Anfangspunct; für 2) a = + und b = 0, ist P (wenn a = AP ist); für 3) a = — und b = 0 ist P′ (wenn a = AP = AP′); für 4) a = 0 und b = + ist Q (wo AQ = b = AQ′ ist); für 5) a = 0 und b = — ist Q′; für 6) a = + und b = + ist M; für 7) a = — und b = + ist M′; für 8) a = + und b = — ist M‴; für 9) a = — und b = — ist M″.

Sind also beide Coordinaten reell, so liegt der Punct entweder im ersten, zweiten, dritten oder vierten Quadranten um den Anfangspunct, je nachdem die Abscisse und Ordinate positiv oder negativ ist.

§. 16.

Für jeden der (§. 14.) angeführten Fälle hat der zu bestimmende Punct eine andere Lage; die Lage eines Punctes ist also immer vollkommen bestimmt, sobald seine Abscisse und Ordinate gegeben sind, mögen diese übrigens positiv, negativ oder = 0 seyn. Gesetzt aber, es wäre nur eine der Coordinaten gegeben, was würde dann wohl durch diese bestimmt werden?

Wäre bloß die Abscisse AP = a gegeben (Fig. 6.), so würde jeder Punct, der um a = AP von der Ordinatenaxe absteht, der angegebenen Bedingung genügen, und also auch der zu bestimmende seyn können; zieht man also in einer Entfernung AP = a von der Ordinatenaxe AY eine gerade Linie MM‴ parallel zu AY, so wird jeder Punct dieser ins Unendliche beiderseits verlängerten geraden Linie der zu bestimmende seyn können. Die bloße Angabe der Abscisse drückt also eine Parallele zu der Ordinatenaxe aus; eben so bestimmt die alleinige Angabe der Ordinate eine Parallele zu der Abscissenaxe. Ist dabei die Abscisse a = +, so ist MM‴ die zu bestimmende Linie, ist a = —, so ist M′M″ dieselbe; ist b = +, so ist MM′ und ist b = —, so ist M″M‴ dieselbe.

Daß alles dieses auch dann gelte, wenn der Coordinatenwinkel nicht = 90°, sondern jeden beliebigen Werth hat, bedarf wohl kaum einer Erinnerung, weil die Größe des Coordinatenwinkels bei diesen Untersuchungen nicht in Betracht kommt. So liegt namentlich ein Punct, der in Bezug auf schiefwinklige Coordinaten bestimmt oder (wie man gewöhnlich sagt) auf schiefwinklige Coordinaten bezogen werden soll, im ersten Coordinatenwinkelraume, wenn Abscisse und Ordinate desselben positiv sind, im zweiten, wenn Abscisse negativ und Ordinate positiv, im dritten, wenn beide negativ, und im vierten, wenn Abscisse positiv und Ordinate negativ ist.

§. 17.

Auch bei Spiralcoordinaten ist die Lage eines Punctes durch seine beiden Coordinaten (§. 9.) bestimmt. Wir wollen sehen, ob das für alle Werthe dieser Coordinaten gelte. Es sey zu dem Ende (Fig. 7.) der Punct M zu bestimmen durch Spiralcoordinaten; AX Spiralaxe, A Anfangspunct, AM Radius Vector $= f$ und MAX Drehungswinkel $= \psi$. Im Allgemeinen könnte nun f positiv oder negativ oder $= 0$ seyn, und eben so auch ψ. Allein bedenkt man, daß der Radius Vector sich rings um A herumdrehen könne, um zu den verschiedenen um A herumliegenden Puncte M, N, N′ zu gelangen, so ist klar, daß bei ihm nie von Entgegensetzung der Richtung die Rede seyn könne, eben weil er schon in seinem ursprünglichen Zustande alle möglichen Richtungen annehmen kann; es fällt also bei ihm die Idee des Positiven und Negativen weg; jeder Radius Vector hat eine ursprüngliche Lage, er mag liegen, wie er will, jeder Radius Vector kann also auch nur positiv seyn, und ein negativer Radius Vector ist eben so gut unmöglich, als die Quadratwurzel aus einer negativen Zahl.

Ferner ist klar, daß sobald der Radius Vector $= 0$ ist, alsdann auch der Drehungswinkel $= 0$ seyn müsse, weil der Radius Vector ein Schenkel desselben ist. Ist also der Radius Vector $= 0$, so liegt der Punct im Anfangspuncte. Es bleiben uns also nur noch die drei Fälle zu betrachten übrig:

1) $f = +$ und $\psi = 0$; 2) $f = +$ und $\psi = +$;
3) $f = +$ und $\psi = -$.

1) $\psi = 0$ zeigt an, daß man sich nicht aus der Spiralaxe empor heben dürfe; ein Punct also, dessen Drehungswinkel $= 0$ ist, muß in der Spiralaxe selbst liegen; wäre nun $f = AV$, so ist V der Punct, der durch 1) bestimmt wird. 2) $f = +$ und $\psi = +$. Aus AX erhebt sich die Drehung; dreht man nun von AX nach M hinauf und betrachtet man diese Drehung als die ursprüngliche, so ist sie als positiv, und die Drehung von AX nach M′ hinunter als die negative zu betrachten. $\psi = + = MAX$ giebt also den Punct M, wenn $f = AM$ ist. 3) $f = +$ und $\psi = -$ bestimmen deshalb auch den Punct M′, wenn $\psi = M'AX$ und $f = AM'$ ist.

Für jeden möglichen Werth der Coordinaten hat also auch hier der Punct eine besondere Lage; durch Radius Vector und Drehungswinkel ist also die Lage eines Punctes vollkommen bestimmt.

§. 18.

Hat man eine Reihe isolirter von einander unabhängiger Puncte M, M′, M″ u. s. w. (Fig. 8.) zu bestimmen, so wird man für jeden Punct ein einzelnes Coordinatenpaar AP und PM, AP′ und P′M′ u. s. w. haben, und alle diese Coordinatenpaare werden von einander unabhängig seyn, eben weil die Puncte, welche sie bestimmen, von einander unabhängig sind; man wird also jedes einzelne Coordinatenpaar für sich berechnen müssen. Legt man durch diese Puncte eine Curve, so werden die Puncte der Curve von einander unabhängig seyn; man muß folglich jeden einzeln bestimmen und damit ist die Sache abgethan (wie dies häufige Anwendung in der practischen Geometrie findet). Solche Züge, deren einzelne Puncte von einander unabhängig sind, die also nicht nach einem und demselben Gesetze sich erzeugten, heißen ungesetzmäßige Züge.

Um sie kann sich die analytische Geometrie als Wissenschaft nicht kümmern, weil etwas Gesetzloses sich keinen allgemeinen Regeln unterwerfen läßt und also auch nicht Gegenstand einer Wissenschaft werden kann.

Anmerk. Wenn hier die Rede ist von etwas Gesetzlosem, so soll damit nicht gesagt seyn, daß es in der Größenbildung irgend etwas absolut Gesetzloses geben könne; ist auch eine Construction noch so verwickelt, so mußte, weil sie erzeugt ist, auch eine Ursache da seyn, die sie erzeugte, und diese Ursache ist dann das Gesetz ihrer Bildung. Der menschliche Verstand nennt das gesetzlos, wobei das Bildungsgesetz so tief liegt, daß er es nicht erfassen kann, und in diesem Sinne brauchen auch wir den Ausdruck: gesetzlos.

§. 19.

Gesetzmäßig heißt ein Zug oder überhaupt eine Construction, sobald alle ihre einzelnen Puncte ein und demselben Gesetze unterworfen sind. Man könnte freilich denken, daß ein Theil eines Zuges MM′ (Fig. 8.) nach einem und demselben Gesetze erzeugt, ein anderer Theil M′M″ nach einem andern Gesetze erzeugt seyn könne, ohne daß der Zug ein ungesetzmäßiger werde; allein dann wird der Theil MM′, eben so M′M″ jeder für sich betrachtet gesetzmäßig, in Verbindung mit einander aber werden sie ungesetzmäßig seyn; man wird also auch jeden Theil für sich betrachten müssen, und in so fern hat es also die analytische Geometrie immer nur mit Constructionen zu thun, die durchaus gesetzmäßig sind, in denen also alle Puncte nach einem und demselben Gesetze sich erzeugten.

§. 20.

Mit der Lagenbestimmung eines Punctes hob die analytische Geometrie an (§. 7.); sie soll nun ganze Züge betrachten, ihre Lage fixiren. Es fragt sich also: wie kann man von der Lagenbestimmung eines Punctes den Uebergang machen zu der Lagenbestimmung eines Zuges? Der Einfachheit wegen mögen diese Züge nicht unbestimmt im Raume, sondern in der Ebene liegen.

§. 21.

Da ein Zug nicht aus Puncten zusammengesetzt ist, so wird man ihn auch nicht dadurch betrachten können, daß man eine Reihe selbst unzählig vieler Puncte in ihm zur Construction bringt. Da aber die Züge, welche die analytische Geometrie betrachtet, gesetzmäßig seyn müssen, und da bei diesen alle Puncte nach einem und demselben Gesetze erzeugt werden können, so wird man aus einzelnen Puncten auf alle übrigen Puncte und auch auf den ganzen Zug schließen können. Dieses wird denn vollkommen geleistet durch die Bezeichnung und die Begriffe, welche Descartes in die mathematischen Wissenschaften einführte und von denen wir gegenwärtig reden wollen.

§. 22.

Veränderliche Größen sind solche, die jeden Werth annehmen können, die man bei ihrer Betrachtung nicht in einem ihrer Zustände fixirt, sondern die man ganz allgemein als jedes Werthes fähig betrachtet. Man bezeichnet solche veränderliche Größen gewöhnlich durch die letzten Buchstaben des Alphabets t, u, x, y, z u. s. w. Stehen nun zwei solche veränderliche Größen im Zusammenhange, findet sich also eine Gleichung unter ihnen vor, z. B.

$$y = x^{n},$$

so ist y bestimmt durch x und umgekehrt; man kann hier also für eine der veränderlichen Größen setzen, was man will, dadurch aber ist die andere bestimmt. Diejenige der veränderlichen Größen, für welche man beliebige Werthe setzen kann, um durch sie die andere veränderliche Größe zu bestimmen, heißt ursprünglich veränderlich, diese aber, die durch jene bestimmt wird, abgeleitet veränderlich; die abgeleitet veränderliche Größe wird Function der ursprünglich veränderlichen genannt. Wird z. B. in dem obigen Beispiele y durch x bestimmt, so ist y eine Function von x. Diesen Begriff bezeichnet man allgemein dadurch, daß man schreibt

$$y = F(x) \text{ oder } y = f(x) \text{ u. s. w.,}$$

was denn weiter nichts heißt, als y ist eine Function von x, wird durch x auf irgend eine Weise bestimmt.

§. 23.

Führt man den Begriff der veränderlichen Größe in die analytische Geometrie ein, so hat man dadurch den Schlüssel zu allen folgenden Untersuchungen. Wir wollen die Lage gesetzmäßiger Züge bestimmen durch eine der im Vorigen festgesetzten beiden Methoden der Lagenbestimmungen für einzelne Puncte; jeden solchen gesetzmäßigen Zug nennt man eine Curve; wir wollen demnach die Lage von Curven fixiren. Es sey N′NM (Fig. 7.) die zu bestimmende Curve, und zwar soll ihre Lage durch Spiralcoordinaten fixirt werden. Ist M ein Punct der Curve, so wird AM und Winkel MAX ihn bestimmen; setzen wir $AM = z$ und $MAX = \varphi$, so werden z und φ auf irgend eine Art unter sich zusammenhangen, welcher Zusammenhang sich denn nach Beschaffenheit der Curve N′NM richtet, es wird z. B. $z = n \cdot \cos\varphi$. Bestimmt man auf gleiche Weise mehre Puncte der Curve, N, N′, so werden auch NA und Winkel NAX, N′A und Winkel N′AX u. s. w. im Zusammenhange stehen. Weil nun die Curve eine gesetzmäßige ist, so wird auch unter den Bestimmungsstücken aller Puncte dasselbe Verhältniß Statt finden, weil alle Puncte sich auf gleiche Weise gebildet haben; es wird also auch

$NA = n \cdot \cos NAX$, $N'A = n \cdot \cos N'AX$ u. s. w. Nimmt man folglich in $z = n \cdot \cos\varphi$ die Größen z und φ als veränderlich an, so wird man durch $z = n \cdot \cos\varphi$ jeden Punct der Curve bestimmen können, je nachdem man für φ diesen oder jenen Werth setzt.

Läßt man den Zusammenhang unter zwei zusammengehörigen Coordinaten unbestimmt und zeigt nur bloß an, daß sie auf irgend eine Art zusammenhangen, so scheibt man denn (nach §. 22.)

$$z = f(\varphi),$$

und durch diese Gleichung wird man also so viele Puncte der Curve festlegen können, als man will.

Hätte man nicht Spiral-, sondern schiefwinklige oder orthogonale Coordinaten gewählt, so würde auf eben dieselbe Weise

$$y = f(x)$$

werden, wenn x die Abscisse und y die Ordinate bedeutet.

§. 24.

Durch diese Bezeichnungsart kann man also so viele Puncte der Curve bestimmen, als man will; da aber die Curve nicht als aus Puncten zusammengesetzt betrachtet werden kann, so hat man dadurch doch noch nicht die Lagenbestimmung der Curve selbst. Allein hier zeigt sich gerade die Kraft der gewählten Bezeichnung; die Curve geht continuirlich fort, kann nicht als aus Puncten zusammengesetzt betrachtet werden; betrachtet man aber die Gleichung

$$y = f(x),$$

so darf man für x setzen, was man will; so viele Werthe man aber auch für x gesetzt hat, so kann man die Reihe derselben nie erschöpfen; die Gleichung $y = f(x)$ drückt also gleichfalls etwas Continuirliches aus, und gibt deshalb die Lagenbestimmung der Curve vollkommen, obgleich einzelne Werthe von x auch nur einzelne Puncte der Curve bestimmen.

Für die Gleichung $z = f(\varphi)$ gilt dasselbe.

Die Gleichung $y = f(x)$ nennt man **Gleichung der Curve**, deren Lage sie bestimmt.

§. 25.

Ist die Lage eine Curve bestimmt, so ist sie selbst mit allen ihren Eigenschaften bestimmt; die Gleichung der Curve bestimmt also auch alle Eigenschaften der Curve, aus jener werden sich diese also auch ableiten lassen; es wird demnach einerlei seyn, ob wir die Curve selbst geometrisch betrachten, oder ob wir algebraisch ihre Eigenschaften aus ihrer Gleichung ableiten. Dadurch gerade sind wir berechtigt, der räumlichen Anschauung der Curve die arithmetische Betrachtung ihrer Gleichung zu substituiren, und auf diese Weise Geometrie ganz ohne geometrische Zeichnung zu treiben.

Anmerk. Man zeichnet dessenungeachtet in der analytischen Geometrie meistentheils die zu betrachtenden geometrischen Größen, nicht aber, um sie wirklich zu construiren, sondern lediglich deshalb, um der minder geübten Abstractionskraft des Anfängers dieser Wissenschaft zu Hilfe zu kommen,

§. 26.

Eine Gleichung zwischen zwei veränderlichen Größen stellt jedesmal eine Curve in der Ebene dar (§. 24.).

Träte zu diesen zwei veränderlichen Größen noch eine dritte hinzu, so wird durch die Gleichung zwischen diesen drei veränderlichen Größen nicht mehr eine Ebene, sondern ein Raum bezeichnet werden, weil durch drei veränderliche Größen auch drei Ausdehnungen des Raums bestimmt werden (§. 13). Es sey (Fig. 5.) AX die Abscissen-, AY die Ordinaten- und AZ die Axe der dritten Raumausdehnung, oder (wie man gewöhnlich sich ausdruckt) AX die Axe der x, AY die Axe der y, AZ die Axe der z, indem x die Abscisse, y die Ordinate und z die gerade Linie bedeutet, welche von dem Endpuncte der Ordinate bis an den Punct gezogen ist, dessen Lage bestimmt werden soll: so wird für jeden Punct R unter den Bestimmungsstücken AT, TS, SR, oder x, y, z ein Zusammenhang Statt finden, man wird z aus x und y berechnen können, es wird also auch

$$z = \varphi(x, y)$$

seyn, ganz in der Bedeutung wie (§. 22.). Die verschiedenen Puncte, welche durch diese Gleichung dargestellt werden, indem man für x und y beliebige Werthe setzt und dann z berechnet, können in dem ganzen Raume über oder unter der Ebene liegen, die durch AX und AY (die sogenannte Ebene der xy) gezogen werden kann. Alle durch die Gleichung $z = \varphi(x, y)$ bestimmten Puncte liegen also nicht in einer Ebene, sondern legt man durch diese Puncte eine Fläche, so wird diese im Allgemeinen eine krumme Fläche seyn, und weil alle jene Puncte durch ein und dasselbe Gesetz erzeugt sind, so ist diese krumme Fläche selbst eine gesetzmäßige.

Die Gleichung $z = \varphi(x, y)$ ist auch das Gesetz der ganzen Fläche, weil sie nicht bloß einzelne Puncte derselben bestimmt, sondern in sich selbst continuirlich ist (§. 24.); deshalb heißt die Gleichung $z = \varphi(x, y)$ die Gleichung der Fläche selbst, deren Lage sie bestimmt, und kann arithmetisch für die geometrische Betrachtung der Fläche substituirt werden (§. 25.).

Eine Gleichung zwischen drei veränderlichen Größen stellt also jedesmal eine gesetzmäßige krumme Fläche dar.

§. 27.

Will man die Lage einer Curve im Raume haben, so wird man nur die Lage zweier krummer Flächen zu bestimmen haben, denn die Schnittlinie zweier krummer Flächen gibt eine solche Curve im Raume. Zur Bestimmung zweier krummer Flächen sind aber zwei Gleichungen zwischen drei veränderlichen Größen erforderlich; zwei Gleichungen zwischen drei veränderlichen Größen werden also jedesmal eine Curve im Raume bestimmen; diese Curve wird dann eine Curve doppelter Krümmung seyn.

Weil es nicht unsere Absicht ist, im Folgenden von krummen Flächen und Curven doppelter Krümmung zu reden, so enthalten wir uns auch gegenwärtig alles weitern Räsonnements über dieselben und gehen zurück zu den Curven in der Ebene.

§. 28.

Jede Curve läßt sich, wie im Vorigen gezeigt ist, durch eine Gleichung zwischen zwei veränderlichen Größen arithmetisch darstellen. Umgekehrt wird sich auch zu jeder gegebenen Gleichung zwischen zwei veränderlichen Größen eine Curve in der Ebene finden lassen, weil, wenn $y = \varphi(x)$ gegeben ist, man für x verschiedene Werthe setzen, die zugehörigen y berechnen, und auf diese Weise so viele Puncte der Curve bestimmen kann, als man will.

In dieser Idee sieht man die beiden Hauptwege vor sich, welche die analytische Geometrie bei Betrachtung der Curve einschlagen kann, entweder

I) sie nimmt die Gleichung als bekannt an, und bestimmt daraus die Curve.

II) sie nimmt die Curve als gegeben an und sucht daraus ihre Gleichung.

§. 29.

Geht man darauf aus, aus der gegebenen Gleichung die Curve abzuleiten, so wird es am natürlichsten seyn, die Gleichungen nach den einzelnen Graden vorzunehmen, und so die Curven zu classificiren in Curven des ersten, zweiten, dritten u. s. w. Grades, je nachdem ihre Gleichung vom ersten, zweiten, dritten u. s. w. Grade ist. Man wird dann mit dem einfachsten Falle, den Curven des ersten Grades anheben und zu successiiv höhern Graden fortgehen.

Wollte man aus der Curve die Gleichung ableiten, so würde wohl keine weitere Classification Statt finden, als die

Curven in gerade und krumme abzutheilen, wo denn aber die Idee der krummen Curven eine sehr unbestimmte ist. Man sieht schon hieraus, daß der erstere Weg, aus der Gleichung die Curve zu suchen, der eigentlich wissenschaftliche sey. Bedenkt man dabei ferner, daß man, wenn man die Gleichung aus der gegebenen Curve ableiten will, nicht alle Eigenschaften der Curve, sondern nur eine einzige betrachten kann, um aus ihr die gewünschte Gleichung zu finden, und daß dann die Möglichkeit recht gut denkbar sey, daß eben diese Eigenschaft noch mehren andern Curven zukommen könne, und man also nicht die Gleichung jener einzelnen Curve, sondern die Gleichung einer ganzen Curvenart erhalten werde: so bleibt in Rücksicht der beiden zu wählenden Wege gewiß keine weitere Wahl übrig. Wir gehen deshalb in der analytischen Geometre den ersten Weg, wir nehmen die Gleichungen an und bestimmen daraus die Curven. Bei practischen Anwendungen wird aber nur der zweite Weg gestattet seyn, weil da nicht die Gleichungen, sondern nur einzelne Eigenschaften der Curven hervortreten können, aus denen man die Gleichungen zu suchen hat. Auch von dieser Methode werden wir einzelne Proben geben.

Anmerk. 1. Man findet häufig die Curven eingetheilt in algebraische und transcendentische, je nachdem die Gleichung der Curve algebraisch oder transcendentisch ist; indessen ist diese Terminologie ziemlich veraltet.

Anmerk. 2. In einer noch ältern Kunstsprache heißt jede Curve der geometrische Ort (locus geometr.) ihrer Gleichung; ist z. B. die Gleichung $y = ax$ gegeben, so heißt die Curve, die dieser Gleichung angehört, der geometrische Ort der Gleichung $y = ax$.

§. 30.

Ehe wir uns in die Theorie der einzelnen Curven einlassen können, müssen wir vorläufig noch eine Frage beantworten.

Wir treiben alles durch Coordinaten und zwar durch Spiral-Orthogonal- oder schiefwinklige Coordinaten. Jede dieser einzelnen Methoden bestimmt die Lage der Curve genau, es muß daher auch jede dieser drei Methoden die beiden übrigen genau bestimmen. Es ist also die Frage: wie kann man eine Curve, die durch eine jener drei Lagenbestimmungen fixirt ist, durch die beiden übrigen bestimmen? oder (was dasselbe ist) wie leitet man aus einer Art der Coordinaten die beiden andern ab? Die Beantwortung dieser Fragen machen das aus, was man gewöhnlich das Capitel der Coordinatenverwandlung nennt; sie soll uns im Folgenden beschäftigen.

Zweites Capitel.

Coordinatenverwandlung

§. 31.

Die Operation der Coordinatenverwandlung vornehmen, heißt eine Curve, die durch irgend welche Coordinaten bestimmt ist, auf ein anderes Coordinatensystem beziehen. Ist z. B. für irgend eine Curve $y = f(x)$, wo x die Abscisse und y die Ordinate bedeutet, und sind die Coordinaten etwa Orthogonale, und soll nun die Curve durch ein Spiralcoordinatensystem bestimmt, also $z = F(\varphi)$ werden, wo z den Radius Vector und φ den Drehungswinkel bezeichnet, so muß sich $z = F(\varphi)$ aus $y = f(x)$ ableiten lassen (§. 30.); dieses wird sofort möglich, wenn man y durch z und φ, und x durch z und φ ausdruckt, und diese Werthe für y und x in $y = f(x)$ substituirt; dadurch erhält man unmittelbar eine Gleichung zwischen z und φ oder $z = F(\varphi)$.

§. 32.

Bei der Coordinatenverwandlung kann man von beliebigen Coordinaten zu beliebigen übergehen; man kann Spiralcoordinaten zum Grunde legen und daraus orthogonale oder schiefwinklige Coordinaten ableiten; man kann orthogonale annehmen und daraus spirale oder schiefwinklige bestimmen; man kann schiefwinklige zum Grunde legen und daraus orthogonale oder spirale ableiten. Sache der Wissenschaft ist es, alle möglichen Fälle zu betrachten, um bei nachherigen Anwendungen gleich die nöthigen Formeln aus ihr herausheben zu können.

Wir werden deshalb vorläufig zu untersuchen haben, wie viele Fälle überhaupt möglich sind.

Alte Coordinaten sollen diejenigen heißen, von denen die Untersuchung ausgeht; neue Coordinaten diejenigen, welche aus den alten abgeleitet werden. Bei der Coordinatenverwandlung kann man die Richtung der neuen Coordinaten den Richtungen der alten parallel seyn lassen oder nicht; man kann ferner den Anfangspunt auf mehre Weise abändern, man kann den neuen Anfangspunct in den alten, oder in die Abscissenaxe, oder in die Ordinatenaxe u. s. w. fallen lassen. Die Verschiedenheit der einzelnen Fälle wird hier folglich so groß, daß man gewiß bald die Idee aufgibt, den einfachsten Weg einzuschlagen, und aus jedem partikulären Falle eine besondere Aufgabe zu machen. Man wird im Gegentheile auf den ersten Blick einsehen, daß man bei einer so großen Anzahl von einzelnen Fällen die allgemeinsten herausheben müsse, um nachher aus ihnen die partikulären abzuleiten. Man wird demnach erst untersuchen müssen, wie viele dergleichen allgemeinste Fälle es geben könne.

§. 33.

Was die Orthogonalen betrifft, so brauchen wir auf sie bei Aufsuchung der allgemeinsten Coordinatenverwandlungen keine Rücksicht zu nehmen; denn haben wir die Formeln für schiefwinklige Coordinaten, so brauchen wir nur den Coordinatenwinkel $= 90°$ zu setzen, um sofort Orthogonale zu erhalten; können wir also schiefwinklige Coordinaten verwandeln, so können wir auch Orthogonale verwandeln; Orthogonale fallen deshalb bei der Aufsuchung der allgemeinsten Fälle der Coordinatenverwandlung weg.

Was ferner den Umstand angeht, daß der neue Anfangspunct entweder in dem alten Anfangspuncte oder in einer der Axen liegen könne, so dürfen wir auch darauf nicht Rücksicht nehmen; denn hat der neue Anfangspunct keine von diesen Lagen, so müssen, weil seine Lage bestimmt seyn muß, seine Coordinaten gegeben seyn; dadurch nun, daß man beide oder nur eine der Coordinaten des neuen Anfangspunctes = 0 setzt, hat dieser denn sofort die gewünschte Lage. Auch das dürfen wir nicht berücksichtigen, ob bei schiefwinkligen Coordinaten der neue Anfangspunct im ersten, zweiten, dritten oder vierten Coordinatenwinkelraume der alten Axen liege, denn dieses ist aus seinen Coordinaten sofort von selbst klar (§. 16.). Wir nehmen deshalb hier jedesmal an, der neue Anfangspunct liege im ersten Coordinatenwinkelraume; soll er hernach etwa in einem andern liegen, so braucht man nur seine Coordinaten dahin abzuändern.

Was endlich die Richtungen der neuen Axen gegen die alten betrifft, so nehmen wir den Fall, wo sie parallel sind, als eine partikuläre Voraussetzung in diese allgemeine Untersuchung nicht mit auf; wir lassen die neuen Axen von den alten um einen namhaften Winkel abweichen, der gegeben werden muß, damit die Axen eine bestimme Lage haben. Sollen nun die neuen Axen den alten parallel seyn, so setzen wir nur diesen Winkel = 0; haben wir deshalb die Formeln für geneigte Axen, so haben wir sie auch für parallele.

§. 34.

Aus allem diesem folgt, daß wir nur von spiralen zu schiefwinkligen, von spiralen zu spiralen, von schiefwinkligen zu schiefwinkligen Coordinaten den Uebergang zu machen haben, daß wir dabei die Richtungen der Axen ändern, daß wir den neuen Anfangspunct in den ersten Coordinatenwinkelraum fallen lassen. Daraus bilden sich denn folgende vier Aufgaben:

1) man geht von Spiralcoordinaten zu Spiralcoordinaten über;

2) man geht von Spiral- zu schiefwinkligen Coordinaten über;
3) man geht von schiefwinkligen zu Spiralcoordinaten über;
4) man geht von schiefwinkligen zu schiefwinkligen Coordinaten über.

Jede dieser Aufgaben wollen wir einzeln betrachten.

I. Man geht über von Spiralen zu Spiralen, ändert die Lage des Anfangspunctes und die Richtung der Axe.

§. 35.

Es sey (Fig. 9.) A der alte Anfangspunct, $AM = z$ der Radius Vector, $MAD = \varphi$ der Drehungswinkel. Der neue Anfangspunct sey B, der neue Radius Vector $MB = z'$, der neue Drehungswinkel $MBS = \varphi'$, die neue Axe also BS; diese neige sich gegen die alte Axe AD um den Winkel $SRD = \chi$, so ist χ als bekannt zu betrachten, weil die Lage der Axen gegen einander gegeben seyn muß. Ferner muß auch der neue Anfangspunct B bestimmt seyn, es müssen also die Coordinaten desselben $AB = a$ und Winkel $BAR = \psi$ gegeben seyn *). Es wird jetzt nur darauf ankommen, z und φ durch z′ und φ' auszudrucken (§. 31.).

*) Es ist gerade nicht nöthig, daß man den Punct B durch Spiralcoordinaten bestimmt, man könnte auch schiefwinklige oder orthogonale Coordinaten geben, dann wird aber durch trigonometrische Auflösung des Dreiecks sich AB und Winkel BAR berechnen lassen; wäre z. B. $AL = d$, $BL = f$ und Winkel $ALB = \varrho$ gegeben, so ist bekannten Lehren der Trigonometrie gemäß

$$AB = a = \sqrt{(d^2 + f^2 - 2df.\cos\varrho)},$$

$$\operatorname{tg}\psi = \frac{d\sin\varrho}{f - d\cos\varrho}.$$

Wir sind also berechtigt, a und ψ als bekannt anzunehmen; deshalb wollen wir in der Folge den neuen Anfangspunct auch immer durch die Art von Coordinaten bestimmen, von denen als den alten Coordinaten unsere Untersuchung ausgeht.

Im Dreiecke ABM ist

$$\frac{AB}{\sin. M} = \frac{MB}{\sin. MAB},$$

oder substituirt

$$\frac{a}{\sin. M} = \frac{z'}{\sin. MAB};$$

aber $MAB = MAD - BAD = \varphi - \psi$, und um M zu finden, verlängere man MB bis D, so ist

$$ABD = RBD + ABR = \varphi' + ABR.$$

Es ist nun

$$\chi = \psi + ABR, \text{ oder}$$
$$ABR = \chi - \psi,$$

folglich ist

$$ABD = \varphi' + \chi - \psi;$$

ABD ist aber auch $= M + MAB = M + \varphi - \psi$, also ist

$$M + \varphi - \psi = \varphi' + \chi - \psi, \text{ oder}$$
$$M = \varphi' + \chi - \varphi,$$

also für M und MAB in die obige Formel

$$\frac{a}{\sin M} = \frac{z'}{\sin MAB}$$

substituirt, so ist

$$\frac{a}{\sin(\varphi' + \chi - \varphi)} = \frac{z'}{\sin(\varphi - \psi)};$$

hieraus suchen wir nun φ zu entwickeln; es wird

$$a \sin(\varphi - \psi) = z' \sin(\varphi' + \chi - \varphi),$$

oder $\sin(\varphi - \psi)$ und $\sin(\varphi' + \chi - \varphi) = \sin((\varphi' + \chi) - \varphi)$ entwickelt, so ist

$$a \sin\varphi \cos\psi - a \cos\varphi \sin\psi$$
$$= z' \sin(\varphi' + \chi) \cos\varphi - z' \cos(\varphi' + \chi) \sin\varphi.$$

Dividirt durch $\cos\varphi$, so ist

$$a \cos\psi \operatorname{tg}\varphi - a \sin\psi = z' \sin(\varphi' + \chi) - z' \cos(\varphi' + \chi) \operatorname{tg}\varphi,$$

oder die Glieder in $\operatorname{tg}\varphi$ zusammengezogen

$$[a \cos\psi + z' \cos(\varphi' + \chi)] \operatorname{tg}\varphi = a \sin\psi + z' \sin(\varphi' + \chi),$$

daraus ergibt sich

$$\operatorname{tg}\varphi = \frac{a \sin\psi + z' \sin(\varphi' + \chi)}{a \cos\psi + z' \cos(\varphi' + \chi)}.$$

Dadurch hat man φ in Werthen von z' und φ', indem alle übrigen in der Formel vorkommenden Größen bekannt sind.

Die Formel für z ergiebt sich sofort durch die Auflösung des schiefwinkligen Dreiecks ABM; es ist nämlich

$$AM = \sqrt{(BM^2 + AB^2 - 2BM.AB.\cos ABM)},$$

oder die Werthe gesetzt

$$z = \sqrt{(z'^2 + a^2 - 2z'a\cos ABM)}.$$

In dieser Formel ist nur noch der Winkel ABM zu bestimmen.

$$ABM = 180^\circ - (\varphi' + ABR);$$

$$ABR \text{ ist } = \chi - \psi, \text{ also}$$

$$ABM = 180^\circ - (\varphi' + \chi - \psi),$$

folglich $\cos ABM = \cos(\varphi' + \chi - \psi)$,

dieses substituirt in die Formel für z, so ist

$$z = \sqrt{(z'^2 + a^2 - 2z'a\cos(\varphi' + \chi - \psi))};$$

dadurch ist auch z durch z' und φ' ausgedruckt. Hätte man also eine Curve durch $z = f(\varphi)$ dargestellt, und wollte man sie durch $z' = F(\varphi')$ bestimmen, so braucht man nur in $z = f(\varphi)$ für z und φ die gefundenen Werthe zu substituiren und man erhält sofort $z' = F(\varphi')$.

§. 36.

Hinsichtlich der Lage der neuen Axe gegen die alte kann man in der allgemeinen Aufgabe drei Fälle unterscheiden:

Erster Fall. Die neue Axe schließt mit der alten den Winkel χ ein; dafür sind die Formeln

$$\operatorname{tg}\varphi = \frac{a\sin\psi + z'\sin(\varphi' + \chi)}{a\cos\psi + z'\cos(\varphi' + \chi)}$$

und

$$z = \sqrt{(z'^2 + a^2 - 2z'a\cos(\varphi' + \chi - \psi))}$$

gefunden. In Rücksicht auf die Lage des Anfangspunctes kann

1) $\psi = 0$ werden, d. h. der Anfangspunct liegt in der Axe AD, etwa in R, wenn $AR = a$ ist; unter dieser Bedingung wird

$$\mathrm{tg}\,\varphi = \frac{z' \sin(\varphi' + \chi)}{a + z' \cos(\varphi' + \chi)}$$

und

$$z = \sqrt{(z'^2 + a^2 - 2\,z'\,a \cos(\varphi' + \chi))}.$$

2) $\psi = 0$ und $a = 0$, d. h. der neue Anfangspunct fällt in den alten, und die Richtung BS in AW, wo DAW $= \chi$ ist; unter dieser Voraussetzung muß $z = z'$ und $\varphi = \varphi' - \chi$ werden. Untersuchen wir unsere Formeln, so wird für $\psi = 0$ und $a = 0$ offenbar

$$z = \sqrt{(z'^2)} = z' \text{ und}$$

$$\mathrm{tg}\,\varphi = \frac{z' \sin(\varphi' + \chi)}{z' \cos(\varphi' + \chi)}, \text{ oder}$$

$$\mathrm{tg}\,\varphi = \mathrm{tg}(\varphi' + \chi), \text{ also}$$

$$\varphi = \varphi' + \chi.$$

Nach der Construction muß aber $\varphi = \varphi' - \chi$ werden, wir haben hier also einen Widerspruch in dem Resultate des Calculs $\varphi = \varphi' + \chi$ mit dem der Construction $\varphi = \varphi' - \chi$, indessen ist dieser nur scheinbar. Denn um aus der alten Axe AD in die neue AW zu gelangen, muß man sich entweder von AD herunter bis AW drehen, und demnach einen negativen Winkel beschreiben, weil die Drehung von AD nach M hinauf als die ursprüngliche betrachtet wurde, indem φ positiv seyn sollte; oder man muß sich von AD aus nach M hinauf bis AW drehen und so den Winkel $360° -$ DAW beschreiben; wir müssen also in der Formel

$$\mathrm{tg}\,\varphi = \frac{z' \sin(\varphi' + \chi)}{z' \cos(\varphi' + \chi)}$$

entweder χ negativ oder $= 360° - \chi$ nehmen; setzen wir χ negativ, so wird

$$\mathrm{tg}\,\varphi = \mathrm{tg}(\varphi' - \chi), \text{ also}$$

$$\varphi = \varphi' - \chi.$$

Setzt man $\chi = 360° - \chi$, so wird

$$\mathrm{tg}\,\varphi = \frac{\sin(\varphi' + 360° - \chi)}{\cos(\varphi' + 360° - \chi)}, \text{ oder}$$

$$\mathrm{tg}\,\varphi = \frac{\sin(360° - (\chi - \varphi'))}{\cos(360° - (\chi - \varphi'))}.$$

Da nun $\sin(360^\circ - (\chi - \varphi')) = -\sin(\chi - \varphi')$,
und da $\cos(360^\circ - (\chi - \varphi')) = \cos(\chi - \varphi')$ ist, so wird

$$\operatorname{tg}\varphi = -\frac{\sin(\chi - \varphi')}{\cos(\chi - \varphi')}$$

$$= -\operatorname{tg}(\chi - \varphi'), \text{ folglich}$$

$$\varphi = -(\chi - \varphi'), \text{ oder}$$

$$\varphi = \varphi' - \chi.$$

Hieraus erhellet denn, daß jener Widerspruch des Calculs mit der Construction nur scheinbar war.

§. 37.

Zweiter Fall. Die Richtung **BS** der neuen Axe fällt in die Radius Vector-Richtung des neuen Anfangspunctes **AB**.

Unter dieser Voraussetzung muß der Winkel $\chi = \psi$ werden; nehmen wir deshalb die allgemeinen Formeln für φ und z aus §. 35., und setzen in ihnen $\psi = \chi$, so erhalten wir die Formeln für den vorliegenden partikulären Fall. Es ist also

$$\operatorname{tg}\varphi = \frac{a\sin\psi + z'\sin(\varphi' + \psi)}{a\cos\psi + z'\cos(\varphi' + \psi)},$$

und

$$z = \sqrt{(z'^2 + a^2 - 2z'a\cos\varphi')}.$$

Hinsichtlich des neuen Anfangspunctes könnte man auch noch $\psi = 0$ setzen, der neue Anfangspunct **B** würde dann in **R**, wenn **AR** $= a$, und die neue Axe in die Richtung der alten fallen, es würde also für diesen Fall **MRD** $= \varphi'$; dann ist

$$\operatorname{tg}\varphi = \frac{z'\sin\varphi'}{a + z'\cos\varphi'},$$

und

$$z = \sqrt{(z'^2 + a^2 - 2z'a\cos\varphi')}.$$

Setzte man nun noch $a = 0$, so fielen die neuen Coordinaten mit den alten zusammen; dasselbe geben die Formeln

$$\operatorname{tg}\varphi = \frac{z'\sin\varphi'}{z'\cos\varphi'} = \operatorname{tg}\varphi', \text{ also}$$

$$\varphi = \varphi', \text{ und}$$

$$z = \sqrt{z'^2} = z'.$$

§. 38.

Dritter Fall. Die Richtung der neuen Axe BS soll mit der Richtung der alten AD zusammenfallen, BS also parallel zu AD werden.

Für diesen Fall wird $\chi = 0$; wir setzen daher in den allgemeinen Formeln des §. 35. nur $\chi = 0$, so erhalten wir die Formeln für diesen Fall. Es ist also

$$\operatorname{tg} \varphi = \frac{a \sin \psi + z' \sin \varphi'}{a \cos \psi + z' \cos \varphi'},$$

und

$$z = \sqrt{(z'^2 + a^2 - 2 z' a \cos(\varphi' - \psi))}.$$

Rücksichtlich der Lage des neuen Anfangspunctes könnte $\psi = 0$ werden, d. h. B in R fallen, wenn AR $= a$ ist; unter dieser Voraussetzung ist

$$\operatorname{tg} \varphi = \frac{z' \sin \varphi'}{a + z' \cos \varphi'},$$

und

$$z = \sqrt{(z'^2 + a^2 - 2 z' a \cos \varphi')}.$$

Diese Formeln stimmen überein mit den Formeln des §. 37., wo $\psi = 0$ gesetzt wurde, und sie müssen dies auch thun, weil die Construction beide Male dieselbe ist.

Wollte man überdieß noch $a = 0$ setzen, so würden $\varphi = \varphi'$ und $z = z'$ werden, also die alten Coordinaten mit den neuen zusammenfallen.

II. Man geht von Spiralcoordinaten über zu schiefwinkligen, ändert die Richtung der Axen und die Lage des Anfangspunctes.

§. 39.

Es sey (Fig. 10.) A der Anfangspunct der Spiralen, AM $= z$, Winkel MAD $= \varphi$; gegeben ist $z = f(\varphi)$. B sey der neue Anfangspunct, seine Lage ist gegeben, also AB $= a$ und Winkel BAD $= \psi$ bekannt; BX sey die Richtung der Absciſſen, BY die Richtung der Ordinaten; ihre Lagen müssen gegeben seyn, also ist der Winkel $BGD = \chi$ und der Coordinatenwinkel $YBX = B$ bekannt. PB ist $= x$ und $PM = y$; es soll nun eine Function $y = F(x)$ gefunden werden. Wir suchen zu dem Ende (wie dies immer bei Coordinatenverwandlungen geschehen muß) z und φ durch x und y auszudrucken, substituiren dann in $z = f(\varphi)$ die für z und φ gefundenen Werthe, und erhalten so die gewünschte Gleichung zwischen x und y.

Suchen wir zuerst φ, so ist im Dreiecke ABL

$$\frac{BL}{\sin LAB} = \frac{AB}{\sin L}.$$

Da nun $LAB = LAD - BAD = \varphi - \psi$, und

$$L = 180^\circ - (LAB + ABL), \text{ so ist}$$
$$L = 180^\circ - (\varphi - \psi + ABL).$$

Es ist aber $ABL = 180^\circ - (YBX + ABG)$

$$= 180^\circ - (B + ABG).$$

Da nun $ABG = \chi - \psi$ ist, so ist

$$ABL = 180^\circ - (B + \chi - \psi),$$

diesen Werth für ABL in den Ausdruck von L substituirt, so ist

$$L = 180^\circ - [\varphi - \psi + 180^\circ - (B + \chi - \psi)], \text{ oder}$$
$$L = 180^\circ - \varphi + \psi - 180^\circ + B + \chi - \psi, \text{ oder}$$
$$L = B + \chi - \varphi.$$

Ferner ist $AB = a$.

Substituirt man diese Werthe in die Gleichung

$$\frac{BL}{\sin LAB} = \frac{AB}{\sin L},$$

so wird

$$\frac{BL}{\sin(\varphi - \psi)} = \frac{a}{\sin(B + \chi - \varphi)}.$$

Können wir also nur noch BL durch φ und andere bekannte Größen ausdrucken, so erhalten wir eine Gleichung, in der φ die einzige unbekannte Größe ist; löset man darauf die Gleichung, so hat man φ.

Um BL zu finden, ziehe man PF parallel zu AM; dann ist

$$LR = PM = y, \text{ also}$$
$$BL = y - BR,$$

es wird demnach nur darauf ankommen, BR zu finden; BR ergibt sich aus dem Dreiecke BRP, denn es ist

$$\frac{BR}{\sin P} = \frac{BP}{\sin R}.$$

Da nun PFD $= \varphi = \chi + P$ ist, so ist

$$P = \varphi - \chi.$$

Ferner ist

$$R = 180^\circ - (RPB + RBP)$$
$$= 180^\circ - (\varphi - \chi + RBP),$$

es ist aber RBP $= 180^\circ - B$, also

$$R = 180^\circ - (\varphi - \chi + 180^\circ - B), \text{ oder}$$
$$R = B + \chi - \varphi.$$

Ferner ist

$$BP = x;$$

diese Werthe in $\frac{BR}{\sin P} = \frac{BP}{\sin R}$ substituirt, so ist

$$\frac{BR}{\sin(\varphi - \chi)} = \frac{x}{\sin(B + \chi - \varphi)}, \text{ also}$$
$$BR = \frac{x \sin(\varphi - \chi)}{\sin(B + \chi - \varphi)}.$$

Es war nun BL $= y - $ BR, also ist

$$BL = y - \frac{x \sin(\varphi - \chi)}{\sin(B + \chi - \varphi)}.$$

Diesen Werth für BL in die obige Gleichung

$$\frac{BL}{\sin(\varphi - \psi)} = \frac{a}{\sin(B + \chi - \varphi)}$$

substituirt, so erhält man

$$\frac{y - \frac{x \sin(\varphi - \chi)}{\sin(B + \chi - \varphi)}}{\sin(\varphi - \psi)} = \frac{a}{\sin(B + \chi - \varphi)},$$

oder

$$y - \frac{\sin(\varphi - \chi)}{\sin(B + \chi - \varphi)} = \frac{a \sin(\varphi - \psi)}{\sin(B + \chi - \varphi)},$$

mit $\sin(B + \chi - \varphi)$ multiplicirt, so wird

$$y \sin(B + \chi - \varphi) - x \sin(\varphi - \chi) = a \sin(\varphi - \psi).$$

Die drei Ausdrücke $\sin(\varphi - \chi)$, $\sin(\varphi - \psi)$ und $\sin(B + \chi - \varphi) = \sin((B + \chi) - \varphi)$ entwickelt, erhält man

$$y \sin(B + \chi) \cos\varphi - y \cos(B + \chi) \sin\varphi - x \sin\varphi \cos\chi + \\ + x \cos\varphi \sin\chi = a \sin\varphi \cos\psi - a \cos\varphi \sin\psi.$$

Dividirt man durch $\cos\varphi$, so ist

$$y \sin(B + \chi) - y \cos(B + \chi) \operatorname{tg}\varphi - x \cos\chi \operatorname{tg}\varphi + x \sin\chi = \\ = a \cos\psi \operatorname{tg}\varphi - a \sin\psi.$$

Die Glieder in $\operatorname{tg}\varphi$ zusammengefaßt, gibt

$$[a \cos\psi + x \cos\chi + y \cos(B + \chi)] \operatorname{tg}\varphi = \\ = a \sin\psi + x \sin\chi + y \sin(B + \chi),$$

oder

$$\operatorname{tg}\varphi = \frac{a \sin\psi + x \sin\chi + y \sin(B + \chi)}{a \cos\psi + x \cos\chi + y \cos(B + \chi)}.$$

Auf ähnliche Weise berechnet man z. Im Dreicke NAM ist nämlich:

$$\frac{AM}{\sin N} = \frac{MN}{\sin MAN}, \text{ oder}$$

$$\frac{z}{\sin N} = \frac{MN}{\sin\varphi}.$$

Da nun $N = D = 180° - (B + \chi)$, also $\sin N = \sin(B + \chi)$ ist, so wird

$$\frac{z}{\sin(B + \chi)} = \frac{MN}{\sin\varphi}, \text{ oder}$$

$$z = \frac{MN \sin(B + \chi)}{\sin\varphi}.$$

Es ist $\qquad MN = y + PN,$

um also MN zu finden, bestimme man PN; es ist aber

$$\frac{PN}{\sin\chi} = \frac{GP}{\sin(B + \chi)},$$

es ist $GP = x + GB$; da nun

$$\frac{GB}{\sin\psi} = \frac{a}{\sin\chi},$$

so ist $GP = x + \frac{a \sin\psi}{\sin\chi}$,

folglich ist $\frac{PN}{\sin\chi} = \frac{x + \frac{a \sin\psi}{\sin\chi}}{\sin(B + \chi)}$

multiplicirt mit $\sin\chi$, so ist

$$PN = \frac{x \sin\chi + a \sin\psi}{\sin(B+\chi)}.$$

Es war nun $MN = y + PN$, also ist

$$MN = y + \frac{x \sin\chi + a \sin\psi}{\sin(B+\chi)},$$

diesen Werth für MN in den obigen Ausdruck von z substituirt, erhält man

$$z = \frac{\left[y + \frac{x \sin\chi + a \sin\psi}{\sin(B+\chi)}\right] \sin(B+\chi)}{\sin\varphi},$$

oder

$$z = \frac{y \sin(B+\chi) + x \sin\chi + a \sin\psi}{\sin\varphi}.$$

Aus diesem Ausdrucke von z muß $\sin\varphi$ eliminirt werden. Bekanntlich ist

$$\sin\varphi = \frac{\operatorname{tg}\varphi}{\sqrt{(1+\operatorname{tg}\varphi^2)}}.$$

Da nun $\operatorname{tg}\varphi = \frac{a \sin\psi + x \sin\chi + y \sin(B+\chi)}{a \cos\psi + x \cos\chi + y \cos(B+\chi)}$ ist, so wird

$$\sin\varphi = \frac{\frac{a \sin\psi + x \sin\chi + y \sin(B+\chi)}{a \cos\psi + x \cos\chi + y \cos(B+\chi)}}{\sqrt{\left\{1 + \frac{[a \sin\psi + x \sin\chi + y \sin(B+\chi)]^2}{[a \cos\psi + x \cos\chi + y \cos(B+\chi)]^2}\right\}}},$$

oder bringt man den Nenner auf gleiche Benennung, zieht dann aus dem Nenner des Nenners die Quadratwurzel, so hebt sich der Nenner des Nenners gegen den Nenner des Zählers auf; man hat dann

$$\sin\varphi = \frac{a \sin\psi + x \sin\chi + y \sin(B+\chi)}{\sqrt{\left\{[a \cos\psi + x \cos\chi + y \cos(B+\chi)]^2 + [a \sin\psi + x \sin\chi + y \sin(B+\chi)]^2\right\}}};$$

substituirt man diesen Werth für $\sin\varphi$ in den Ausdruck von z, so hebt sich der Zähler gegen den Zähler des Nenners auf, und es bleibt

$$z = \sqrt{\left\{[a \cos\psi + x \cos\chi + y \cos(B+\chi)]^2 + [a \sin\psi + x \sin\chi + y \sin(B+\chi)]^2\right\}}.$$

Erhebt man die beiden Größen unter dem Wurzelzeichen wirklich zum Quadrate, so wird

$$z = \sqrt{\left\{\begin{array}{l} a^2 \cos\psi^2 + x^2 \cos\chi^2 + y^2 \cos(B+\chi)^2 \\ + 2ax\cos\psi\cos\chi + 2ay\cos\psi\cos(B+\chi) \\ + 2xy\cos\chi\cos(B+\chi) + a^2\sin\psi^2 + x^2\sin\chi^2 \\ + y^2\sin(B+\chi)^2 + 2ax\sin\psi\sin\chi \\ + 2ay\sin\psi\sin(B+\chi) + 2xy\sin\chi\sin(B+\chi) \end{array}\right\}}.$$

Es ist aber

$$\begin{aligned} a^2\cos\psi^2 + a^2\sin\psi^2 &= a^2, \\ x^2\cos\psi^2 + x^2\sin\psi^2 &= x^2, \\ y^2\cos(B+\chi)^2 + y^2\sin(B+\chi)^2 &= y^2. \end{aligned}$$

Ferner ist nach bekannten trigonometrischen Lehren

$2ax\cos\psi\cos\chi + 2ax\sin\psi\sin\chi = 2ax\cos(\psi-\chi)$, und

$$2ay\cos\psi\cos(B+\chi) + 2ay\sin\psi\sin(B+\chi) = 2ay\cos(B+\chi-\psi);$$

eben so wird

$2xy\cos\chi\cos(B+\chi) + 2xy\sin\chi\sin(B+\chi) = 2xy\cos B$, wovon man sich leicht überzeugt, wenn man nur $\cos(B+\chi)$ und $\sin(B+\chi)$ entwickelt, dann die beiden gleichen entgegengesetzten Glieder wegläßt und die beiden andern in $\cos\chi^2$ und $\sin\chi^2$ multiplicirten zusammen zieht.

Dieses in z substituirt gibt

$$z = \sqrt{\left\{\begin{array}{l} a^2 + x^2 + y^2 + 2ax\cos(\psi-\chi) \\ \qquad + 2ay\cos(B+\chi-\psi) + 2xy\cos B \end{array}\right\}}.$$

§. 40.

Aus diesen beiden Formeln für z und φ ergeben sich die Formeln für eine ganze Reihe partikulärer diesem allgemeinen Falle untergeordneter Coordinatenverwandlungen. Vor allem sind zwei Fälle zu unterscheiden, entweder der Coordinatenwinkel ist $= 90°$ oder nicht; für beide wollen wir die nöthigen Formeln aus jenen beiden allgemeinen Formeln ableiten.

Erster Fall. Man geht von Spiralcoordinaten zu schiefwinkligen über.

1) es bleiben dabei die allgemeinen Bedingungen des vorigen §., dann bleiben auch die Formeln desselben

$$\operatorname{tg}\varphi = \frac{a\sin\psi + x\sin\chi + y\sin(B+\chi)}{a\cos\psi + x\cos\chi + y\cos(B+\chi)},$$

und

$$z = \sqrt{\left\{\begin{matrix}a^2 + x^2 + y^2 + 2ax\cos(\psi-\chi) \\ + 2ay\cos(B+\chi-\psi) + 2xy\cos B\end{matrix}\right\}}.$$

2) sollte die Richtung der Abscissenaxe in die Richtung des Radius Vectors des neuen Anfangspunctes fallen, so wird $\chi = \psi$ seyn müssen, also

$$\operatorname{tg}\varphi = \frac{a\sin\psi + x\sin\psi + y\sin(B+\psi)}{a\cos\psi + x\cos\psi + y\cos(B+\psi)},$$

und

$$z = \sqrt{\{a^2 + x^2 + y^2 + 2ax + 2ay + 2xy\cos B\}},$$

oder

$$\operatorname{tg}\varphi = \frac{(a+x)\sin\psi + y\sin(B+\psi)}{(a+x)\cos\psi + y\cos(B+\psi)},$$

und

$$z = \sqrt{\{(a+x)^2 + y^2 + 2(a+x)y\cos B\}}.$$

3) soll die Spiralaxe parallel seyn mit der Abscissenaxe, so muß in den allgemeinen Formeln $\chi = 0$ gesetzt werden; es wird folglich

$$\operatorname{tg}\varphi = \frac{a\sin\psi + y\sin B}{a\cos\psi + y\cos B},$$

und

$$z = \sqrt{\{a^2 + x^2 + y^2 + 2ax\cos\psi + 2ay\cos(B-\psi) + 2xy\cos B\}}.$$

Die Formeln für die verschiedenen Lagen des Anfangspunctes der schiefwinkligen Coordinaten werden sich aus den hier gegebenen Formeln leicht finden lassen; wir halten uns dabei nicht auf.

§. 41.

Zweiter Fall. Man soll von Spiralcoordinaten zu Orthogonalen übergehen.

1) Es bleiben die allgemeinen Bedingungen; für diesen Fall gelten die allgemeinen Formeln (§. 39.), nur muß in ihnen $B = 90°$ gesetzt werden; da nun

$\sin(90^\circ + \alpha) = \cos\alpha$, und $\cos(90^\circ + \alpha) = -\sin\alpha$, so ist

$$\operatorname{tg}\varphi = \frac{a\sin\psi + x\sin\chi + y\cos\chi}{a\cos\psi + x\cos\chi - y\cos\chi},$$

und

$$z = \sqrt{\{a^2 + x^2 + y^2 + 2ax\cos(\psi - \chi) - 2ay\sin(\chi - \psi)\}}.$$

Fiele aber der Anfangspunct der Orthogonalen in die Spiralaxe, etwa in F, wo $AF = a$, so würde $\psi = 0$, also

$$\operatorname{tg}\varphi = \frac{x\sin\chi + y\cos\chi}{a + x\cos\chi - y\sin\chi},$$

und

$$z = \sqrt{\{a^2 + x^2 + y^2 + 2ax\cos(-\chi) - 2ay\sin\chi\}},$$

oder da $\cos(-\chi) = \cos\chi$, so ist

$$z = \sqrt{\{a^2 + x^2 + y^2 + 2ax\cos\chi - 2ay\sin\chi\}}.$$

Sollte nun auch noch $a = 0$ werden, also der neue Anfangspunct in den alten fallen, so würde

$$\operatorname{tg}\varphi = \frac{x\sin\chi + y\cos\chi}{x\cos\chi - y\sin\chi},$$

und

$$z = \sqrt{(x^2 + y^2)}.$$

2) Die Richtung der Abscissenaxe fällt zusammen mit der Richtung des Radius Vectors des neuen Anfangspunctes. Denn wird $\chi = \psi$, also

$$\operatorname{tg}\varphi = \frac{(a + x)\sin\psi + y\cos\psi}{(a + x)\cos\psi - y\sin\psi},$$

und

$$z = \sqrt{\{(a + x)^2 + y^2\}}.$$

Soll dabei der Anfangspunct in F liegen, also $\psi = 0$ werden (wo denn nothwendig die Abscissenaxe in die Spiralaxe fällt), so ist

$$\operatorname{tg}\varphi = \frac{y}{a + x},$$

und

$$z = \sqrt{\{(a + x)^2 + y^2\}}.$$

Fiele endlich B in A, also $a = 0$ und $\psi = 0$, so wird

$$\operatorname{tg}\varphi = \frac{y}{x},$$

und

$$z = \sqrt{(x^2 + y^2)}.$$

3) Die Abscissenaxe soll parallel seyn der Spiralaxe, also $\chi = 0$ werden; dann ist

$$\operatorname{tg}\varphi = \frac{a\sin\psi + y}{a\cos\psi + x},$$

und

$$z = \sqrt{\{a^2 + x^2 + y^2 + 2ax\cos\psi + 2ay\sin\psi\}},$$

weil $\sin(-\psi) = -\sin\psi$ ist.

Fiele hierbei B in F, so würde $\psi = 0$, also

$$\operatorname{tg}\varphi = \frac{y}{a + x},$$

und

$$z = \sqrt{\{a^2 + x^2 + y^2 + 2ax\}} = \sqrt{\{(a + x)^2 + y^2\}}.$$

Würde nun auch noch $a = 0$, fiele also B in A, so wäre

$$\operatorname{tg}\varphi = \frac{y}{x},$$

und

$$z = \sqrt{(x^2 + y^2)}.$$

III. Man soll übergehen von schiefwinkligen Coordinaten zu spiralen, die Richtung der Axen und die Lage des Anfangspunctes ändern.

§. 42.

Diese Aufgabe ist nur die Umkehrung der vorigen, man würde deshalb alle nöthigen Formeln durch Umkehrung aus den Formeln der vorigen Aufgabe erhalten können; indessen läßt sich diese Aufgabe viel leichter auf urspünglichem Wege auflösen. Es sey (Fig. 11.) A Anfangspunct der alten Coordinaten, AX Abscissen-, AY Ordinatenaxe, und der Coordinatenwinkel YAX = B. Ferner sey der Punct B der neue Anfangspunct, seine Coordinaten AD = a und DB = b sind gegeben; BR sey die Spiralaxe, sie neige sich gegen die Abscissenaxe um den Winkel $RLP = \psi$. $AP = x$, $PM = y$; $BM = z$, $MBR = \varphi$. Gegeben ist uns $y = f(x)$, man wird also x und y in Werthen von z und φ zu suchen, diese Werthe für x und y zu substituiren haben, und so die Gleichung zwischen z und φ oder $z = F(\varphi)$ finden.

Zieht man BX parabel zu AX, so ist

$$AP = AD + DP = AD + BG, \text{ oder}$$
$$x = a + BG.$$

Nun ist aber

$$\frac{BG}{\sin M} = \frac{MB}{\sin G};$$
$$MB = z; \quad \sin G = \sin(180^\circ - B) = \sin B;$$

ferner

$$M + MBG = BGP, \text{ oder}$$
$$M + (\varphi + \psi) = B, \text{ also}$$
$$M = B - (\varphi + \psi),$$

folglich ist

$$\frac{BG}{\sin[B - (\varphi + \psi)]} = \frac{z}{\sin B}, \text{ also}$$
$$BG = \frac{z \cdot \sin[B - (\varphi + \psi)]}{\sin B}.$$

Da nun $x = a + BG$, so ist

$$x = a + \frac{z \cdot \sin[B - (\varphi + \psi)]}{\sin B}.$$

Eben so entwickelt sich y; denn

$$PM = PG + GM = DB + GM,$$

oder

$$y = b + GM.$$

Nun ist aber

$$\frac{GM}{\sin.(\varphi + \psi)} = \frac{z}{\sin B},$$

also

$$GM = \frac{z \sin(\varphi + \psi)}{\sin B};$$

folglich ist

$$y = b + \frac{z \sin(\varphi + \psi)}{\sin B}.$$

§. 43.

Die alten Coordinaten können nun entweder schiefwinklig oder orthogonal seyn.

Erster Fall. Man geht von schiefwinkligen Coordinaten über zu Spiralcoordinaten.

1) bleiben die allgemeinsten Bedingungen, so ist

$$x = a + \frac{z \sin[B - (\varphi + \psi)]}{\sin B}, \text{ und}$$

$$y = b + \frac{z \sin(\varphi + \psi)}{\sin B}.$$

Soll dabei B in A fallen, so ist $a = 0$ und $b = 0$, also

$$x = \frac{z \sin[B - (\varphi + \psi)]}{\sin B},$$

$$y = \frac{z \sin(\varphi + \psi)}{\sin B}.$$

Soll B in D oder E fallen, so setzt man nur eine der Coordinaten a und $b = 0$.

2) Die Spiralaxe soll der Abscissenaxe parallel werden; dann ist $\psi = 0$, also

$$x = a + \frac{z \sin(B - \varphi)}{\sin B},$$

$$y = b + \frac{z \sin \varphi}{\sin B}.$$

Sollte auch hier B in D, E in A liegen, so setzt man eine oder beide Coordinaten a und b des Punctes $B = 0$.

3) Die Spiralaxe fällt in die Richtung der Ordinate des neuen Anfangspunctes; dann wird $\psi = B$, also

$$x = a + \frac{z \sin(-\varphi)}{\sin B} = a - \frac{z \sin \varphi}{\sin B}, \text{ und}$$

$$y = b + \frac{z \sin(B + \varphi)}{\sin B}.$$

§. 44.

Zweiter Fall. Man geht von Orthogonalen über zu Spiralcoordinaten.

Man setze nur in den allgemeinen Formeln (§. 42.) den

Coordinatenwinkel $B = 90^\circ$, so gelten die Formeln für diesen Fall, es wird also

$$x = a + z\cos(\varphi + \psi), \text{ und}$$
$$y = b + z\sin(\varphi + \psi).$$

1) Bleibt der Anfangspunct in B und neigt sich die Spiralaxe um den Winkel ψ gegen die Abscissenaxe, so gelten die eben abgeleiteten Formeln.

Soll dabei $a = 0$ und $b = 0$ seyn, also B in A fallen, so wird

$$x = z\cos(\varphi + \psi),$$
$$y = z\sin(\varphi + \psi).$$

2) wird die Spiralaxe parallel zu der Abscissenaxe, also $\psi = 0$, so ist

$$x = a + z\cos\varphi, \text{ und}$$
$$y = b + z\sin\varphi.$$

Soll dabei B in A fallen, so ist

$$x = z\cos\varphi,$$
$$y = z\sin\varphi.$$

3) wird die Spiralaxe senkrecht auf die Abscissenaxe, so ist $\psi = 90^\circ$, also

$$x = a + z\sin\varphi,$$
$$y = b + z\cos\varphi.$$

Soll dabei $a = 0$ und $b = 0$ werden, so ist

$$x = z\sin\varphi,$$
$$y = z\cos\varphi.$$

IV. Man soll von schiefwinkligen Coordinaten zu schiefwinkligen fortgehen, die Richtung der Axen und die Lage des Anfangspunctes ändernd.

§. 45.

Es sey (Fig. 12.) A der alte, A′ der neue Anfangspunct; die Lage von A′ ist gegeben, also $AB = a$ und $BA' = b$ bekannt; ferner sey die alte Abscissenaxe AX, die alte Ordinatenare AY, $AP = x$, $PM = y$, der alte Coordinatenwinkel $YAX = A$. Die neue Abscissenrichtung sey $A'X'$ und weiche von der alten AX um den Winkel $X'WX = \alpha$ ab; die neue Ordinatenaxe $A'Y'$, der neue Coordinatenwinkel $Y'A'X' = A'$; $A'Q = x'$, $QM = y'$. Es ist uns also gegeben $y = f(x)$, und wir suchen $y' = F(x')$; wir müssen also y und x durch y' und x' ausdrucken.

Zieht man A'X und QX parallel zu AX, und QS parallel zu AY, so ist

$$AP = AB + BS + SP, \text{ oder}$$
$$x = a + A'F + QR;$$

um also x bestimmen zu können, müssen wir A'F und QR berechnen. Zu dem Ende ist

$$\frac{A'F}{\sin A'QF} = \frac{A'Q}{\sin F};$$

$$A'Q = x'; \quad F = 180^\circ - A; \quad A'QF + QA'F = A'FS,$$
$$\text{oder } A'QF = A - \alpha;$$

folglich ist substituirt

$$\frac{A'F}{\sin(A-\alpha)} = \frac{x'}{\sin A}, \text{ also}$$
$$A'F = \frac{x' \sin(A-\alpha)}{\sin A}.$$

Ferner ist

$$\frac{QR}{\sin M} = \frac{QM}{\sin QRM};$$

$$QM = y'; \quad QRM = 180^\circ - A; \quad QRP = A = M + MQR,$$
$$\text{also } M = A - MQR$$
$$= A - (A' + \alpha);$$

substituirt, so ist

$$QR = \frac{y' \sin[A-(A'+\alpha)]}{\sin A}.$$

Setzt man die gefundenen Werthe für A'F und QR in den Ausdruck $x = a + A'F + QR$, so wird

$$x = a + \frac{x' \sin(A-\alpha)}{\sin A} + \frac{y' \sin[A-(A'+\alpha)]}{\sin A}.$$

Auf ähnliche Weise berechnet sich auch y; es ist nämlich

$$PM = PV + VR + RM, \text{ oder}$$
$$y = b + QF + RM.$$

Es kommt hier also auf die Bestimmung von QF und RM an;

$$\frac{QF}{\sin\alpha} = \frac{A'Q}{\sin F};$$
$$A'Q = x'; \quad F = 180^\circ - A, \text{ also}$$
$$QF = \frac{x' \sin\alpha}{\sin A}.$$

Ferner ist

$$\frac{RM}{\sin(A' + \alpha)} = \frac{QM}{\sin R};$$
$$QM = y'; \quad R = 180^\circ - A, \text{ also}$$
$$RM = \frac{y' \sin(A' + \alpha)}{\sin A}.$$

Substituirt in $y = b + QF + RM$, so ist

$$y = b + \frac{x' \sin\alpha}{\sin A} + \frac{y' \sin(A' + \alpha)}{\sin A}.$$

§. 46.

In dieser allgemeinen Aufgabe liegen vier besondere Hauptfälle, die wir einzeln betrachten wollen.

Erster Fall. Man macht den Uebergang von schiefwinkligen zu schiefwinkligen Coordinaten.

1) Die neue Axe ist gegen die alte geneigt, und der Anfangspunct der neuen Coordinaten liegt in A'; dann gelten die allgemeinen Formeln des vorigen §.

$$x = a + \frac{x' \sin(A - \alpha)}{\sin A} + \frac{y' \sin[A - (A' + \alpha)]}{\sin A},$$
$$y = b + \frac{x' \sin\alpha}{\sin A} + \frac{y' \sin(A' + \alpha)}{\sin A}.$$

Bliebe dabei der neue Anfangspunct in A, so würde $a = 0$ und $b = 0$, also

$$x = \frac{x' \sin(A - \alpha)}{\sin A} + \frac{y' \sin[A - (A' + \alpha)]}{\sin A},$$
$$y = \frac{x' \sin\alpha}{\sin A} + \frac{y' \sin(A' + \alpha)}{\sin A}.$$

2) Die neue Abscissenaxe wird der alten parallel, also $\alpha = 0$; da ist

$$x = a + x' + \frac{y' \sin(A - A')}{\sin A},$$

$$y = b + \frac{y' \sin A'}{\sin A}.$$

Sollte hierbei A′ in A fallen, so würde

$$x = x' + \frac{y' \sin(A - A')}{\sin A},$$

$$y = \frac{y' \sin A'}{\sin A}.$$

§. 47.

Zweiter Fall. Man geht von Orthogonalen über zu schiefwinkligen Coordinaten.

Da hier die alten Coordinateu rechtwinklig seyn sollen, so wird man in den allgemeinen Formeln (§. 45.) weiter nichts zu ändern haben, als den Coordinatenwinkel $A = 90°$ zu setzen.

1) Die Axen neigen sich unter dem Winkel α gegen einander; dann ist

$$x = a + x' \cos\alpha + y' \cos(A' + \alpha),$$
$$y = b + x' \sin\alpha + y' \sin(A' + \alpha);$$

sollte hierbei A′ in A liegen, so ist $a = 0$ und $b = 0$, also

$$x = x' \cos\alpha + y' \cos(A' + \alpha),$$
$$y = x' \sin\alpha + y' \sin(A' + \alpha).$$

2) Die Axen sind parallel, also $\alpha = 0$, folglich

$$x = a + x' + y' \cos A',$$
$$y = b + y' \sin A';$$

fiele überdieß A′ in A, so ist

$$x = x' + y' \cos A';$$
$$y = y' \sin A'.$$

§. 48.

Dritter Fall. Man soll aus schiefwinkligen Coordinaten Orthogonale ableiten.

Man setzt in den allgemeinen Formeln (§. 45.) den Coordinatenwinkel der neuen Coordinaten $A' = 90^\circ$.

1) Die Abscissenaxen neigen sich um den Winkel α gegen einander; dann ist

$$x = a + \frac{x' \sin(A - \alpha)}{\sin A} + \frac{y' \sin[A - (90^\circ + \alpha)]}{\sin A};$$

es ist aber

$$\sin[A - (90^\circ + \alpha)] = \sin[(A - \alpha) - 90^\circ] = -\cos(A - \alpha),$$

also
$$x = a + \frac{x' \sin(A - \alpha)}{\sin A} - \frac{y' \cos(A - \alpha)}{\sin A}, \text{ und}$$

$$y = b + \frac{x' \sin \alpha}{\sin A} + \frac{y' \cos \alpha}{\sin A}.$$

Soll dabei der neue Anfangspunct in dem alten liegen, so ist

$$x = \frac{x' \sin(A - \alpha)}{\sin A} - \frac{y' \cos(A - \alpha)}{\sin A},$$

$$y = \frac{x' \sin \alpha}{\sin A} + \frac{y' \cos \alpha}{\sin A}.$$

2) Die Abscissenaxen sind parallel, also $\alpha = 0$; dann ist

$$x = a + x' - y' \operatorname{cotg} A, \text{ und}$$

$$y = b + \frac{y'}{\sin A};$$

fielen dabei die Anfangspuncte zusammen, so würde

$$x = x' - y' \operatorname{cotg} A, \text{ und}$$

$$y = \frac{y'}{\sin A}.$$

§. 49.

Vierter Fall. Man soll von Orthogonalen übergehen zu Orthogonalen.

Man setzt in den allgemeinen Formeln (§. 45.) beide Coordinatenwinkel $A = 90^\circ$ und $A' = 90^\circ$.

1) Die Axen neigen sich gegen einander um den Winkel α;

$$x = a + x' \sin(90^\circ - \alpha) + y' \sin(-\alpha), \text{ oder}$$

$$x = a + x' \cos \alpha - y' \sin \alpha, \text{ und}$$

$$y = b + x' \sin \alpha + y' \cos \alpha.$$

Soll dabei A′ in A liegen, so ist

$$x = x' \cos \alpha - y' \sin \alpha \text{ und}$$
$$y = x' \sin \alpha + y' \cos \alpha.$$

2) Die Abscissenaxen sind parallel, also $\alpha = 0$; dann ist

$$x = a + x',$$
$$y = b + y'.$$

Fiele hierbei noch A′ in A, so würde

$$x = x',$$
$$y = y',$$

wie die Construction es verlangt.

§. 50.

Wir haben bei allen diesen Untersuchungen den neuen Anfangspunct im ersten Coordinatenwinkel liegen lassen; soll er in einen der drei übrigen fallen, so wird die Untersuchung ganz dieselbe bleiben, nur muß man den Coordinaten des neuen Anfangspunctes die gehörigen Zeichen geben (§. 16.). Zur Probe mag einer dieser Fälle herausgehoben werden.

Es sollen beide Arten der Coordinaten Orthogonale seyn (Fig. 13.); A alter Anfangspunct, AX alte Abscissen=, AY alte Ordinatenaxe, AP = x, PM = y. A′ sey neuer Anfangspunct im vierten Coordinatenwinkelraume der alten Axen, seine Coordinaten AD = a, DA′ = b sind gegeben; A′Q = x′, QM = y′. Die neue Abscissenaxe A′X′ neige sich gegen die alte um den Winkel ASA′ = α.

Zieht man A′L und TQ parallel mit AX, QL parallel mit AY, und verlängert man PM bis an AL, so ist

$$AP = AD + DR - PR, \text{ oder}$$
$$x = a + A'L - TQ.$$

Da nun $A'L = A'Q \cos QA'L = x' \cos \alpha$, und

$$TQ = MQ \sin M = y' \sin \alpha, \text{ so ist}$$
$$x = a + x' \cos \alpha - y' \sin \alpha.$$

Eben so ist $PM = TM + QL - DA'$, oder

$$y = TM + QL - b.$$

Da nun $TM = y' \cos\alpha$, und
$QL = x' \sin\alpha$, so ist

$$y = x' \sin\alpha + y' \cos\alpha - b.$$

Wollen wir diese Formeln aus unserer allgemeinen Aufgabe IV. (§. 45.) ableiten, so dienen dazu die Formeln §. 49. Nr. 1.

$$x = a + x' \cos\alpha - y' \sin\alpha,$$
$$y = b + x' \sin\alpha + y' \cos\alpha.$$

Dabei lag der neue Anfangspunct, dessen Abscisse $= a$ und dessen Ordinate $= b$ ist, im ersten Coordinatenwinkelraume; jetzt soll er im vierten liegen, wir müssen daher seine Ordinate b negativ nehmen (§. 16.); vollziehen wir dieses, so ist

$$x = a + x' \cos\alpha - y' \sin\alpha,$$
$$y = x' \sin\alpha + y' \cos\alpha - b$$

ganz dieselben Formeln, wie sie sich aus ursprünglicher Betrachtung ergeben haben. Und so wird man denn für jeden beliebigen Coordinatenwinkelraum, in welchem der neue Anfangspunct liegen soll, nur die Coordinaten dieses Punctes den Zeichen nach gehörig zu ändern haben, um die allgemeinen im Vorigen aufgestellten Formeln auch für diese partikulären Voraussetzungen brauchbar zu machen.

Drittes Capitel.

Curven des ersten Grades.

§. 51.

Jede gesetzmäßige Curve in einer Ebene läßt sich, wie (§. 26.) gezeigt ist, durch eine Gleichung zwischen zwei veränderlichen Größen darstellen, von denen die eine die Abscisse, die andere die Ordinate bezeichnet, falls die Curve auf schief- oder rechtwinklige Coordinaten bezogen wird, oder von denen die eine den Radius Vector, die andere den Drehungswinkel vorstellt, falls die Lagenbestimmung durch Spiralcoordinaten gemacht wird. Da die eine der Lagenbestimmungen so gut ist, als die andere, so wollen wir uns in der Folge immer der einfachsten von ihnen, der Bestimmung durch Orthogonale, bedienen. Verlangt dann etwa bei practischen Anwendungen die Natur der Aufgabe spirale oder schiefwinklige Coordinaten, so wird man nur die Formeln des vorigen Capitels anzuwenden haben, um sofort jeder Forderung zu genügen.

§. 52.

Wollen wir die Curven des ersten Grades finden, so werden wir die allgemeinste Form der Gleichung des ersten Grades zwischen zwei Veränderlichen zu nehmen und dann zu untersuchen haben, wie viele Curven aus ihr sich ableiten lassen. Die allgemeinste Gleichung des ersten Grades zwischen zwei Veränderlichen kann nur drei Glieder enthalten; bezeichnen wir die Veränderlichen durch x und y, so wird in ihr ein Glied erscheinen, in dem nur x vorkommt, ein Glied, in dem nur y enthalten ist, überdieß wird noch ein Glied da seyn, welches keine der beiden Veränderlichen in sich schließt. Die allgemeinste Gleichung des ersten Grades zwischen zwei Veränderlichen ist also

$$ay + bx + c = 0,$$

wo a, b, c constante Größen sind.

Dieser Gleichung läßt sich zum Zwecke unserer nachfolgenden Untersuchungen eine noch bequemere Form geben. Mag x Abscisse und y Ordinate bedeuten, so ist durch a dividirt

$$y + \frac{b}{a}x + \frac{c}{a} = 0, \text{ oder}$$

$$y = -\frac{b}{a}x - \frac{c}{a};$$

b, a, c sind constante Größen, folglich auch die aus ihnen gebildeten Quotienten $\frac{b}{a}$ und $\frac{c}{a}$; setzt man nun der Vereinfachung wegen $-\frac{b}{a} = A$ und $-\frac{c}{a} = B$, so erhält man als allgemeinste Form der Gleichung des ersten Grades zwischen zwei Veränderlichen

$$y = Ax + B.$$

§. 53.

So wie in dieser Gleichung $y = Ax + B$ die Constanten A und B andere Werthe annehmen, wird die Gleichung $y = Ax + B$ eine andere, und es wäre möglich, daß wir so viele Curven des ersten Grades erhalten könnten, als die Gleichung verschiedene Gestalten anzunehmen vermag; wir müssen deshalb jede einzelne dieser Gestalten genau untersuchen, wenn wir alle Curven des ersten Grades darstellen wollen. A und B können im Allgemeinen $= 0$ oder positiv oder negativ seyn. Wollte man jedoch $A = 0$ setzen, so würde $y = B$ keine Gleichung zwischen zwei Veränderlichen mehr, und also nicht der Ausdruck einer Curve (§. 16.). A muß dem zufolge jedesmal reell seyn, übrigens kann es positiv oder negativ seyn; stellen wir damit die drei möglichen Fälle für B ($B = 0$, $B = +$ und $B = -$) zusammen, so treten daraus folgende Formen der allgemeinen Gleichung des ersten Grades hervor:

$$\begin{aligned}
&1.\quad y = + Ax + B,\\
&2.\quad y = + Ax - B,\\
&3.\quad y = - Ax + B,\\
&4.\quad y = - Ax - B,\\
&5.\quad y = + Ax,\\
&6.\quad y = - Ax.
\end{aligned}$$

§. 54.

In jeder dieser Formen wird man für x sowohl positive, als negative Werthe setzen müssen, und so wird denn jede Curve in zwei Theile zerfallen, in einen, welcher der positiven und in einen, welcher der negativen Abscissenaxe zugehört; dem zufolge zerfällt also die Gleichung

$$1.\quad y = Ax + B \text{ in diese zwei } \begin{cases} y = + Ax + B \\ y = - Ax + B. \end{cases}$$

Eben so zerfällt die Gleichung

$$2.\quad y = + Ax - B \text{ in diese zwei } \begin{cases} y = + Ax - B \\ y = - Ax - B. \end{cases}$$

Endlich theilt sich auch die Gleichung

$$5.\quad y = Ax \text{ in die beiden } \begin{cases} y = + Ax \\ y = - Ax. \end{cases}$$

Die Gleichungen 1 und 3, 2 und 4, 5 und 6, geben folglich jedesmal nur eine einzige Curve, wir brauchen also nur die drei Gleichungen

$$\begin{aligned}
&\text{I.}\quad y = Ax + B,\\
&\text{II.}\quad y = Ax - B,\\
&\text{III.}\quad y = Ax,
\end{aligned}$$

zu betrachten; so viele verschiedene Curven daraus resultiren, so viele Curven des ersten Grades sind denn auch überhaupt vorhanden. Jede dieser Formen wollen wir einzeln betrachten.

§. 55.

I. $y = Ax + B$.

Ist die Gleichung einer Curve gegeben, und soll man aus ihr diese selbst finden, so wird man für einzelne Abscissen einzelne Ordinaten berechnen, dadurch einzelne Curvenpuncte bestimmen, und dann zusehen, ob man aus diesen einzelnen Puncten der Curve nicht allgemeine characteristische Merkmale derselben ableiten könne.

Am interessantesten werden vor allen die Puncte seyn, in welchen die Curve die Abscissenaxe und Ordinatenaxe schneidet, wenn es sonst überhaupt möglich ist, daß sie diese schneidet. Mit der Bestimmuug dieser Puncte wird man deshalb in der Regel anfangen. Um den Punct zu erhalten', wo die Curve die Ordinatenaxe schneidet, muß man $x = 0$ setzen und das zugehörige y berechnen; um den Punct zu erhalten, wo die Curve die Abscissenaxe schneidet, setzt man $y = 0$, und bestimmt das correspondirende x (§. 15.).

Wendet man dieses auf unsere vorliegende Gleichung

$$y = Ax + B$$

an, so ist für $x = 0$, die Ordinate $y = B$.

Es sey nun A (Fig. 14.) Anfangspunct, so geht die Curve nicht durch ihn; es ist aber B eine bestimmte Größe, sie wird sich durch eine Linie repräsentiren lassen, es mag also $B = AC$ seyn, so ist C der Punct, durch welchen die Curve geht, indem sie die Ordinatenaxe schneidet, vorausgesetzt daß AX Abscissenaxe, AY Ordinatenaxe sey.

Setzt man $y = 0$, so ist

$$Ax + B = 0,$$

$$x = -\frac{B}{A}.$$

$\frac{B}{A}$ mag nach derselben Einheit, wonach $AC = B$ ist, $= AG$ seyn, so wird man, um den Punct zu erhalten, wo die Curve die Abscissenaxe schneidet, AG von A aus auf ihr abzutragen haben, aber nicht nach der ursprünglichen Richtung der Abscissen AX, sondern nach der entgegengesetzten AX', weil $x = -\frac{B}{A}$ für $y = 0$ ist; es ist folglich G der Punct, wo die Curve die Abscissenaxe schneidet.

Die Curve geht also durch die Puncte C und G.

Setzt man x positiv, so wird auch y positiv und zwar immer größer, je größer x wird; die Curve geht demnach rechts von AY immer weiter von der Abscissenaxe weg.

Setzt man x negativ, so wird $y = -Ax + B$; so lange also $B - Ax$ positiv bleibt, so lange ist auch y positiv; soll $B - Ax$ positiv seyn, so muß $B > Ax$, folglich

$$\frac{B}{A} > x \text{ seyn.}$$

$\frac{B}{A}$ ist aber $= AG$; so lange also x von A nach X' hin kleiner bleibt als AG, so lange ist y positiv, d. h. so lange bleibt die Curve über der Abscissenaxe.

Wird $x = AG$ auf der negativen Abscissenaxe, so geht die Curve durch die Abscissenaxe, wie vorhin gezeigt ist; wird $x > AG$ von A nach X' hin, so wird $-Ax + B$ negativ, y selbst also negativ, und nun immer größer, je größer x wird; von G aus geht also die Curve nach X' hin unter die Abscissenaxe, und entfernt sich bei weiterm Fortgange immer weiter von ihr. Rechts von G geht demnach die Curve über, und links von G geht sie unter der Abscissenaxe immer weiter von ihr ins Unendliche fort. Wie verhalten sich denn nun wohl die beiden durch G getrennten Theile der Curve?

Will man zwei Dinge mit einander vergleichen, so thut man am besten, wenn man sich zwischen beide in die Mitte stellt, weil man sie von da aus auf gleiche Weise übersehen kann. Man verlege also den Anfangspunct aus A nach G, mache G zum neuen Anfangspuncte. Die alte Abscisse war $AP = x$, die neue wird GP seyn und mag durch x' bezeichnet werden, die alte Ordinate PM ist auch die neue. Es ist nun

$$GP = GA + AP, \text{ oder}$$
$$x' = \frac{B}{A} + x, \text{ also}$$
$$x = x' - \frac{B}{A};$$

substituirt man diesen Werth für x in die Gleichung

$$y = Ax + B, \text{ so wird sie}$$
$$y = A\left(x' - \frac{B}{A}\right) + B = Ax - B + B, \text{ oder}$$
$$y = Ax', \text{ oder schlichtweg}$$

$y = Ax$, wo denn aber x die Abscisse von dem Anfangspunct G an bedeutet.

Aus dieser Gleichung erhellet, daß die beiden Theile GM' und GM der Curve M'M ganz dieselben sind, weil y, man mag x positiv oder negativ setzen, der Größe nach denselben Werth behält. Ist z. B. $GP = GP'$, so ist auch $PM = P'M'$.

Die hier gefundene Gleichung $y = Ax$ ist identisch mit der (§. 54.) aufgestellten Gleichung III. $y = Ax$. Beide Fälle I. und III. geben also auch dieselbe Curve, die nur auf einen verschiedenen Anfangspunct bezogen ist. Wir brauchen also den Fall III. $y = Ax$, nicht mehr besonders zu betrachten.

§. 56.

II. $y = Ax - B$.

Die Untersuchung über die Curve, für welche diese Gleichung gilt, geht wieder ganz denselben Gang, wie die des vorhergehenden §. Ist A (Fig. 14.) wieder Anfangspunct, AX Abscissen- und AY Ordinatenaxe, so ist $x = 0$ gesetzt, $y = -B$; um also den Punct zu erhalten, in welchem die Curve die Ordinatenaxe schneidet, muß man $AC = B$ von A aus nach Y' abtragen, weil $y = -B$ für $x = 0$ ist; ist demnach $AC' = AC$, so wird C' der Punct seyn, in welchem die Ordinatenaxe von der Curve geschnitten wird.

Setzt man ferner $y = 0$, um den Punct zu finden, wo die Curve die Abscissenaxe schneidet, so wird

$$Ax - B = 0,$$

$$x = \frac{B}{A}.$$

$\frac{B}{A}$ sollte nach dem vorigen §. $= AG$ seyn; macht man also $AG' = AG$, so ist G der Punct, in welchem die Abscissenaxe von der Curve geschnitten wird.

Bezieht man wieder die Curve auf den Punct, wo sie die Abscissenaxe schneidet, also auf G', und bezeichnet man die neue Abscisse durch x', so ist

$$x = x' + AG' = x' + \frac{B}{A};$$

diesen Werth in die Gleichung $y = Ax - B$ substituirt, wird

$$y = A\left(x + \frac{B}{A}\right) - B, \text{ oder}$$

$$y = Ax,$$

ganz dieselbe Gleichung, wie wir sie im vorigen §. fanden; die Curve, deren Gleichung $y = Ax - B$, ist also völlig identisch mit der Curve, deren Gleichung $y = Ax + B$ ist.

§. 57.

Alle Formen der allgemeinen Gleichung des ersten Grades geben also nur eine einzige Curve; es ist demnach überhaupt nur eine einzige Curve des ersten Grades möglich. Die Verschiedenheit der Coefficienten in der allgemeinen Gleichung des ersten Grades kann also nur eine verschiedene Lage der Curve gegen ein und dieselbe Abscissenaxe und denselben Anfangspunct, nicht aber verschiedene Curven bezeichnen.

§. 58.

Der Theil der Curve über der Abscissenaxe ist gleich dem Theile derselben unter der Abscissenaxe (§. 55.) $GM = GM'$ (Fig. 14.); wir brauchen also nur einen solchen Theil zu betrachten; mag dieser GM seyn, so ist seine Gleichung auf G als Anfangspunct bezogen

$$y = Ax.$$

Daraus folgt, daß $\frac{y}{x} = A$ sey. Der Quotient also, welcher aus der Division der Ordinate durch die Abscisse entsteht, ist ein constanter. Ziehen wir also mehre Ordinaten PM und QR, so ist

$$\frac{PM}{GP} = A, \text{ und } \frac{QR}{GQ} = A, \text{ folglich}$$

$$\frac{PM}{GP} = \frac{QR}{GQ}.$$

Führt man nun von G nach R eine gerade Linie GR, so ist bekannten Lehren der Aehnlichkeit der Dreiecke gemäß

$$\frac{PT}{GP} = \frac{QR}{GQ}.$$

Da nun $\frac{PM}{GP} = \frac{QR}{GQ}$ war, so ist auch

$$\frac{PT}{GP} = \frac{PM}{GP}, \text{ folglich auch}$$

$$PT = PM,$$

es kann also PM nicht größer und nicht kleiner seyn, als PT, es muß folglich der Punct M der Curve in der geraden Linie liegen. Dasselbe gilt von jedem andern Puncte der Curve GMR, sie müssen alle in der geraden Linie GR liegen, folglich ist die Curve die gerade Linie selbst.

§. 59.

Da $\frac{y}{x} = \operatorname{tg} G$ ist, so ist auch $A = \operatorname{tg} G$, es ist also die Gleichung der geraden Linie GM diese $y = \operatorname{tg} G \cdot x$. Für den Zug GM′ wird also auch

$$y = \operatorname{tg} P'GM'x \text{ seyn,}$$

daraus folgt, daß $\operatorname{tg} G = \operatorname{tg} P'GM'$ ist, also

$$\text{Winkel } G = \text{Winkel } P'GM'.$$

Da nun $G + RGP' = 180°$, so ist auch

$$RGP' + P'GM' = 180°,$$

folglich ist die gerade Linie GM' nur die Verlängerung der geraden Linie GM und beide machen eine einzige gerade Linie aus.

§. 60.

Die Gleichung $y = \operatorname{tg} G . x + B$ und die Gleichung $y = \operatorname{tg} G . x$ stellen jede eine einzige gerade Linie dar, und zwar dieselbe, weil die letzte Gleichung nur eine Folge der ersten ist. Zur Bestimmung einer geraden Linie (wir reden hier immer nur von Curven in der Ebene) reichen zwei Data hin, die Festlegung eines Punctes, durch den die gerade Linie gehen soll, und die Angabe der Winkelabweichung von einer andern ursprünglich bekannten Richtung. Beide Bestimmungsstücke gibt die Gleichung $y = \operatorname{tg} G . x + B$, denn B führt in den Punct, wo die Curve die Ordinatenaxe schneidet, und tg G ist die trigonometrische Tangente des Abweichungswinkels der Curve von der Abscissenaxe.

Auch die Gleichung $y = \operatorname{tg} G . x$ gibt diese beiden Bestimmungen genau; denn in der Form dieser Gleichung liegt die Lage eines Punctes, durch welchen die Curve gehen muß; für $x = 0$ ist $y = 0$, die Curve geht also durch den Anfangspunct der Coordinaten; den Abweichungswinkel der geraden Linie von der Abscissenaxe bestimmt wieder tg G.

§. 61.

Jeder Gleichung des ersten Grades zwischen zwei veränderlichen Größen gehört also als Curve die gerade Linie an; es gibt demnach nur eine einzige Curve des ersten Grades und diese ist die gerade Linie. Umgekehrt wird sich auch jede gerade Linie durch eine Gleichung des ersten Grades arithmetisch darstellen lassen.

Es sey AX Abscissenaxe, AY Ordinatenaxe, A der Anfangspunct und der Coordinatenwinkel ein rechter (Fig. 15.). NM sey eine beliebige gerade Linie, deren Gleichung gefunden werden soll; sie schließe mit der Abscissenaxe den Winkel G ein; AP sey $= x$, PM $= y$.

Zieht man durch A eine gerade Linie AL parallel zu NM, so ist der Winkel LAP = dem gegebenen Winkel G. Ist nun die Ordinate PL der Linie AL etwa $= z$, so ist beständig

$$\frac{z}{x} = \operatorname{tg} G, \text{ also}$$

$$z = \operatorname{tg} G . x,$$

Gleichung der geraden Linie, die durch den Anfangspunct der Coordinaten geht.

Nun ist immer $MP = PL + LM = PL + AC$, oder

$$y = z + AC, \text{ also}$$

$$z = y - AC,$$

substituirt man diesen Werth für z in die Gleichung $z = \operatorname{tg} G . x$, so ist

$$y - AC = \operatorname{tg} G . x, \text{ also}$$

$$y = \operatorname{tg} G . x + AC.$$

In dieser Gleichung ist weiter nichts unbekannt, als die Linie AC. Soll aber die Linie NM eine bestimmte Lage haben, so muß außer dem Winkel G, den sie mit der Abscissenaxe einschließt, noch irgend eine andere Bedingung, etwa noch ein Punct gegeben seyn, durch welchen sie gehen soll, weil jede Parallele zu NM der Bedingung genügt, daß der von ihr mit der Abscissenaxe eingeschlossene Winkel = G ist. Wäre dieser Punct C, so müssen dessen Coordinaten gegeben seyn, oder weil hier $x = 0$ ist, braucht nur $AC = B$ gegeben zu seyn, und dann ist die Gleichung der geraden Linie MN,

$$y = \operatorname{tg} G . x + B$$

völlig bestimmt. Wäre statt des Puncts C ein anderer Punct, durch den die Curve gehen soll, etwa O, also $AD = a$ und $DO = b$ gegeben, so wird sich $AC = B$ aus a und b leicht berechnen lassen; denn

$$AC = B = DO - DF = b - DF;$$

es ist aber

$$DF = a . \operatorname{tg} G, \text{ also}$$
$$B = b - a . \operatorname{tg} G;$$

es ist folglich die Gleichung der geraden Linie MN,

$$y = \operatorname{tg} G x + b - a \operatorname{tg} G, \text{ oder}$$
$$y = (x - a) \operatorname{tg} G + b.$$

§. 62.

Die Gleichung der geraden Linie ist also beständig eine Gleichung des ersten Grades von der Form $y = Ax + B$, wo A und B constante Größen sind. Die Bestimmung dieser Constanten hangt denn ab von den gegebenen Bedingungen, wodurch die jedesmalige Lage der geraden Linie, welcher die Gleichung $y = Ax + B$ angehört, fixirt wird.

Im vorigen §. war ein Punct gegeben, durch den die gerade Linie gehen sollte, und der Winkel bestimmt, den sie mit einer andern ursprünglichen geraden Linie (der Abscissenaxe) einschloß. Für diesen Winkel brauchte nur noch ein zweiter Punct gegeben zu seyn, durch welchen die gerade Linie hindurch gehen sollte, so wäre ihre Lage eine bestimmte, ihre Gleichung müßte also auch bestimmt seyn. Es sey dieser Punct etwa R (Fig. 15.), so sind seine Coordinaten $AQ = \alpha$ und $RQ = \beta$ bekannt. $DA = a$, $DO = b$ sind gleichfalls gegeben.

Die Gleichung der geraden Linie muß die Form haben

$$y = Ax + B.$$

Die Puncte O und R liegen in der geraden Linie; für sie wird deshalb diese Form der Gleichung auch gelten, es wird also

$$b = Aa + B, \text{ und}$$
$$\beta = A\alpha + B$$

seyn. In diesen beiden Gleichungen sind zwei unbekannte Größen A und B, sie werden sich durch Auflösung der Gleichungen bestimmen lassen.

Zieht man die zweite von der ersten ab, so ist

$$b - \beta = Aa - A\alpha, \text{ also}$$
$$A = \frac{b-\beta}{a-\alpha};$$

substituirt man diesen Werth für A in eine der beiden Gleichungen, etwa in die erste, so ist

$$b = a\left(\frac{b-\beta}{a-\alpha}\right) + B, \text{ also}$$
$$B = b - a\left(\frac{b-\beta}{a-\alpha}\right)$$
$$= \frac{ab - \alpha b - ab + a\beta}{a-\alpha}$$
$$= \frac{a\beta - \alpha b}{a-\alpha};$$

es ist also die Gleichung der geraden Linie MN

$$y = \left(\frac{b-\beta}{a-\alpha}\right)x + \frac{a\beta - \alpha b}{a-\alpha},$$

wo denn, wie immer, $\frac{b-\beta}{a-\alpha}$ die trigonometrische Tangente des Winkels ist, denn die gerade Linie MN mit der Abscissenaxe einschließt, und wo $\frac{a\beta - \alpha b}{a-\alpha}$ = der Ordinate AC ist. Die Richtigkeit dieser Werthe läßt sich auch leicht in der Construction nachweisen; denn zieht man durch O und C Parallelen mit AX, so ist

$\text{tg}\, O = \text{tg}\, C = \text{tg}\, A$ die Tangente des Winkels, den NM mit AX einschließt;

$$\text{tg}\, O = \frac{RS}{OS} = \frac{RQ - OD}{AQ - AD} = \frac{\beta - b}{\alpha - a} = \frac{b-\beta}{a-\alpha}.$$

Eben so $CA = OD - OF = b - OF$,

$$OF = \text{tg}\, C \,.\, CF = a\left(\frac{b-\beta}{a-\alpha}\right), \text{ also}$$
$$CA = b - a\frac{(b-\beta)}{a-\alpha} = \frac{\beta a - \alpha b}{a-\alpha}.$$

§. 63.

Betrachten wir nun den Lauf zweier gerader Linien, die neben einander herlaufen. Es sey (Fig. 16.) die eine MN, ihre Gleichung $y = Ax + B$ auf die Abscissenaxe AX, den Anfangspunct A und auf rechtwinklige Coordinaten bezogen; es sey die zweite gerade Linie SR, ihre Gleichung $y' = Cz + D$, auf dieselben Coordinaten und denselben Anfangspunct bezogen, so ist nach (§. 60.)

$$A = \operatorname{tg} MNX, \quad B = AL;$$
$$C = \operatorname{tg} RSX, \quad D = AO.$$

Es seyen nun die beiden Linien um den Winkel $\alpha =$ MGR gegen einander geneigt, so ist

$$\text{Winkel } MNX = RSX + \alpha;$$

oder bezeichnen wir die Winkel mit dem Buchstaben an ihrem Scheitelpuncte

$$N = S + \alpha, \text{ also}$$
$$S = N - \alpha.$$

Die Gleichung für MN ist also $y = \operatorname{tg} N x + B$,

" " " SR " " $y' = \operatorname{tg}(N - \alpha) x + D$.

Wo werden sich die beiden Linien schneiden?

In allen den Puncten, wo die Ordinate der ersten y gleich ist der Ordinate der zweiten y', oder wo

$$\operatorname{tg} N x + B = \operatorname{tg}(N - \alpha) x + D \text{ ist; woraus}$$
$$[\operatorname{tg} N - \operatorname{tg}(N - \alpha)] x = D - B, \text{ oder}$$
$$x = \frac{D - B}{\operatorname{tg} N - \operatorname{tg}(N - \alpha)} \text{ folgt.}$$

Weil x nur einen Werth erhält, so können sich die beiden geraden Linien auch nur in einem einzigen Puncte schneiden. Ist $B > D$, wie in unserer Figur, wo $B = AL$, $D = AO$ ist, so wird $x = -\frac{(B - D)}{\operatorname{tg} N - \operatorname{tg}(N - \alpha)} =$ negativ; dieses x mag AH seyn, so ist AH die Abscisse des Schnittpuncts beider gerader Linien; jenachdem nun die Ordinate dieses Puncts positiv oder negativ oder $= 0$ ist, liegt der Schnittpunct über oder unter oder in der Abscissenaxe. Will man diese Ordinate finden, so setze man nur in einer der Gleichungen für MN oder SR statt x den eben gefundenen Werth, so ist

$$y = GH = \frac{tg N[-(B-D)]}{tg N - tg(N-\alpha)} + B$$

$$= \frac{-B tg N + D tg N + B tg N - B tg(N-\alpha)}{tg N - tg(N-\alpha)}$$

$$= \frac{D tg N - B tg(N-\alpha)}{tg N - tg(N-\alpha)};$$

so lange nun dieser Werth positiv ist, wird der Schnittpunct beider Linien über AX liegen.

Will man den weitern Fortgang beider gerader Linien gegen einander betrachten, so wird es am bequemsten seyn, beider Gleichungen auf den Punct H zu beziehen; für ihn ist die Gleichung der geraden Linie MN nun $y = tg N . x + GH$, und die
" " " " SR " $y' = tg(N-\alpha)x + GH$,
wo x die Abscisse vom Puncte H an gerechnet bedeutet.

Es ist also

$$PM - PR = y - y' = tg N . x - tg(N-\alpha)x, \text{ oder}$$
$$MR = [tg N - tg(N-\alpha)]x;$$

$tg N - tg(N-\alpha)$ ist eine bestimmte constante Größe, mag sie $= g$ seyn, so ist $MR = gx$. Je größer nun x wird, desto größer wird auch MR; bei weiterm Fortgange von H aus nach X hin gehen also die beiden geraden Linien immer weiter aus einander. Eben so ist

$$WT - WV = [tg N - tg(N-\alpha)](-x), \text{ oder}$$
$$VT = -gx;$$

je größer also hier x wird, desto größer wird auch VT.

Die beiden geraden Linien gehen also auf beiden Seiten von H immer weiter auseinander. Ferner ist, wenn

$$HW = HP,$$
$$MR = g . HP \text{ und}$$
$$VT = g . HW, \text{ folglich}$$
$$VT = MR.$$

In gleichen Entfernungen von H und also auch von G ist immer VT = MR, in gleichen Entfernungen vom Schnittpuncte sind also die geraden Linien immer gleich weit von einander entfernt.

Die Linien VT und MR messen freilich nicht unmittelbar die Abstände der geraden Linien von einander, weil sie nicht senkrecht auf einer von ihnen stehen. Canstruirt man aber diese Abstände wirklich, also RB und VC beide senkrecht auf TM, so ist Dreieck TVC ähnlich Dreieck BRM, also

$$\frac{TV}{VC} = \frac{RM}{BR}.$$

Da nun $TV = RM$, so ist auch $VC = BR$.

Schneiden sich ein paar gerade Linien, so kann dieses nur in einem Puncte geschehen, und dann gehen sie auf beiden Seiten des Schnittpuncts immer weiter aus einander, und zwar sind sie in gleichen Entfernungen vom Schnittpuncte immer gleich weit von einander entfernt.

§. 64.

Sollte die gerade Linie RS parallel zu der Abscissenaxe AX werden, so ist $\alpha = N$, also wird die Gleichung der geraden Linie RS

$$y' = \operatorname{tg}(N - N)x + D,$$
$$y' = D.$$

Dieselbe Gleichung, welche wir schon früher für eine der Abscissenaxe parallele gerade Linien fanden (§. 16.).

§. 65.

Sollen die beiden geraden Linien RS und MN parallel unter einander werden, so ist $\alpha = 0$, also die Gleichung für MN

$y = \operatorname{tg} N x + B$, und die Gleichung für SR

$y' = \operatorname{tg} N x + D$;

es ist aber der Coefficient vor x jedesmal die trigonometrische Tangente des Winkels, den die gerade Linie mit der Abscissenaxe einschließt; in beiden Gleichungen ist dieser Coefficient derselbe; sind also zwei Linien parallel, so schließen sie mit einer durch sie gezogenen dritten geraden Linie gleiche Winkel ein

§. 66.

Soll die gerade Linie RS senkrecht stehen auf MN, so ist $\alpha = 90^\circ$, also die Gleichung für MN

$$y = \operatorname{tg} N . x + B,$$

und die Gleichung für SR

$$y' = \operatorname{tg}(N - 90^\circ) x + D;$$

es ist aber $\operatorname{tg}(N - 90^\circ) = -\operatorname{cotg} N = \operatorname{cotg}(180^\circ - N)$, folglich $y' = \operatorname{cotg}(180^\circ - N) x + D$;

$\operatorname{cotg}(180^\circ - N)$ ist aber als Coefficient vor x die trigonometrische Tangente des Winkels, den die gerade Linie RS mit der Abscissenaxe einschließt. Stehen also zwei gerade Linien senkrecht auf einander, so sind die Winkel, welche sie mit der Abscissenaxe einschließen, so beschaffen, daß die trigonometrische Tangente des einen Winkels gleich ist der trigonometrischen Cotangente des Differenzwinkels zwischen zwei Rechten und dem andern Winkel, der kleinere Winkel + dem Nebenwinkel des größern ist demnach $= 90^\circ$.

§. 67.

Will man die Gleichung der geraden Linie auf schiefwinklige Coordinaten beziehen, so dienen dazu die Formeln (§. 47. Nr. 2.), wenn A der Coordinatenwinkel ist und der Anfangspunct derselbe bleibt,

$$x = x' + y' \cos A,$$
$$y = y' \sin A.$$

Diese Werthe substituirt man in die Gleichung der geraden Linie auf Orthogonale bezogen $y = \operatorname{tg} G . x + B$, so erhält man die Gleichung der geraden Linie in Bezug auf schiefwinklige Coordinaten; sie wird

$$y' \sin A = \operatorname{tg} G (x' + y' \cos A) + B, \text{ oder}$$
$$y' \sin A - y' \cos A \operatorname{tg} G = x' \operatorname{tg} G + B, \text{ oder}$$
$$y' (\sin A - \cos A \operatorname{tg} G) = x' \operatorname{tg} G + B,$$

multiplicirt mit $\cos G$, so ist

$$y' (\sin A \cos G - \cos A \operatorname{tg} G \cos G) = x' \operatorname{tg} G \cos G + B \cos G.$$

Da nun $\operatorname{tg} G \cos G = \sin G$, so ist

$$y' (\sin A \cos G - \cos A \sin G) = x' \sin G + B \cos G.$$

Es ist aber

$$\sin A \cos G - \cos A \sin G = \sin (A - G), \text{ also}$$

$$y' \sin (A - G) = x' \sin G + B \cos G,$$

folglich $$y' = \frac{\sin G}{\sin (A - G)} x' + \frac{B \cos G}{\sin (A - G)},$$

wo B die Ordinate für den Punct $x = 0$ in Bezug auf Orthogonale, also $= AC$ (Fig. 14.) ist.

§. 68.

Setzt man in dieser Gleichung $x' = 0$, so ist $y' = \frac{B \cos G}{\sin (A - G)}$; $\frac{B \cos G}{\sin (A - G)}$ ist daher die Ordinate des Puncts $x = 0$, d. h. des Anfangspunctes; ist also (Fig. 17.) AX Abscissenaxe, AY Ordinatenaxe, so ist $\frac{B \cos G}{\sin (A - G)} = AM$.

Dieses laßt sich denn auch wieder leicht in der Construction nachweisen, denn im Dreiecke CAM ist

$$\frac{AM}{\sin ACM} = \frac{AC}{\sin M}.$$

Es ist aber $MAX = MGX + GMA$, oder nach unserer Bezeichnung

$$A = G + M, \text{ also}$$

$$M = A - G, \text{ also}$$

$$\sin M = \sin (A - G).$$

Ferner ist $G + GCA = 90°$, also

$$\sin GCA = \cos G;$$

es ist aber $\sin GCA = \sin (180° - ACM) = \sin ACM$,

$$\text{also } \sin ACM = \cos G.$$

Endlich ist $AC = B$, also

$$\frac{AM}{\cos G} = \frac{B}{\sin (A - G)}, \text{ folglich}$$

$$AM = \frac{B \cos G}{\sin (A - G)}.$$

Mag AM etwa durch E bezeichnet werden, so ist die Gleichung der geraden Linie auf schiefwinklige Coordinaten bezogen

$$y = \frac{\sin G}{\sin (A - G)} x + E,$$

wo G der Winkel der geraden Linie mit der Abscissenaxe, A der Coordinatenwinkel und E die Ordinate des Anfangspunctes ist.

§. 69.

Bezieht man die gerade Linie auf den Punct (Fig. 17.), wo sie die Abscissenaxe schneidet, als Anfangspunct, so wird AM = E = 0, also

$$y = \frac{\sin G}{\sin (A - G)} x.$$

§. 70.

Will man die gerade Linie auf Spiralen beziehen, so dienen, wenn man die Gleichung der geraden Linie in Bezug auf Orthogonale zum Grunde legt, dazu die Formeln (§. 44. Nr. 2.)

$$x = z \cos \varphi,$$
$$y = z \sin \varphi.$$

Macht man nun den Punct G (Fig. 18.), wo die gerade Linie die Abscissenaxe schneidet, zum Anfangspuncte, so ist

$$y = \operatorname{tg} G . x,$$

also in Bezug auf Spiralen

$$z \sin \varphi = \operatorname{tg} G \, z \cos \varphi,$$
$$\frac{z \sin \varphi}{z \cos \varphi} = \operatorname{tg} G,$$
$$\operatorname{tg} \varphi = \operatorname{tg} G,$$
$$\varphi = G.$$

Da haben wir keine Gleichung zwischen veränderlichen Größen mehr. Auf diesen Punct läßt sich also die gerade Linie in Bezug auf Spiralen nicht bringen. Das rechtfertigt denn auch die Construction, denn der Radius Vector kann als gerade Linie die gerade Linie GM, mit der er schon einen Punct G gemein hat, nicht weiter treffen, es sey denn, daß er völlig mit ihr zusammenfiele, wofür die gefundene Gleichung $\varphi = G$ gelten muß.

§. 71.

Nehmen wir deshalb A (Fig. 18.) zum Anfangspuncte, so ist die Gleichung auf Orthogonale bezogen

$$y = \operatorname{tg} G x + B,$$

wo $B = AC$ ist. Für Spiralen ist also

$$z \sin\varphi = \operatorname{tg} G z \cos\varphi + B,$$

$$z(\sin\varphi - \operatorname{tg} G \cos\varphi) = B,$$

$$z = \frac{B}{\sin\varphi - \operatorname{tg} G \cos\varphi}.$$

Dieser Gleichung läßt sich noch eine etwas bequemere Form geben, indem man Zähler und Nenner mit $\cos G$ multiplicirt; dann ist

$$z = \frac{B \cos G}{\sin\varphi \cos G - \operatorname{tg} G \cos G \cos\varphi},$$

$$z = \frac{B \cos G}{\sin\varphi \cos G - \sin G \cos\varphi},$$

$$z = \frac{B \cos G}{\sin(\varphi - G)}.$$

$B \cos G$ ist constant und beständig als positiv zu betrachten. So lange also $G > \varphi$ ist, wird $\sin(\varphi - G)$ der sin eines negativen Winkels, es wird also $\sin(\varphi - G)$ negativ, folglich auch z negativ. Es kann aber z als Radius Vector nie negativ werden, denn der Radius Vector dreht sich in allen möglichen Lagen um einen festen Punct herum, es kann also bei ihm von keiner Entgegensetzung und folglich auch nicht von etwas Negativen die Rede seyn, ein negativer Radius Vector gehört also zu den Unmöglichkeiten. So lange also $\varphi < G$, kann es keinen Radius Vector geben.

Wird $\varphi = G$, so ist $\sin(\varphi - G) = 0$, also $z = \frac{B \cos G}{0}$; für $\varphi = G$ gibt es demnach auch noch keinen Radius Vector.

Wird $\varphi > G$, so wird z möglich und immer kleiner, so wie $(\varphi - G)$ größer wird, aber noch ein spitzer Winkel bleibt, denn der sin eines wachsenden spitzen Winkels wächst mit dem Winkel; so wie also $(\varphi - G)$ größer wird, wird $\sin(\varphi - G)$ größer, $\frac{B \cos G}{\sin(\varphi - G)} = z$ also kleiner. Wird $(\varphi - G) = 90^\circ$, so hat $\sin(\varphi - G)$ seinen größten Werth $= 1$, folglich ist in diesem Falle $z = \frac{B \cos G}{\sin(\varphi - G)} = B \cos G$ ein Kleinstes. Es ist aber $\varphi - G = GMA$; soll also z seinen kleinsten Werth haben, so muß $GMA = 90^\circ$ seyn, also z senkrecht auf der Linie GM stehen, bekannter Satz, daß das Perpendikel von einem Puncte auf eine gerade Linie die kürzeste aller Linien sey, die aus diesem Puncte auf jene gezogen werden können.

Wird $\varphi = 180^\circ$, so ist

$$z = \frac{B \cos G}{\sin(180^\circ - G)},$$

$$z = \frac{B \cos G}{\sin G} = \frac{B}{\operatorname{tg} G} = B \operatorname{cotg} G.$$

$\operatorname{tg} G$ ist aber $= \frac{AC}{GA} = \frac{B}{GA}$, folglich ist für $\varphi = 180^\circ$,

$$z = GA.$$

Wird $\varphi > 180^\circ$ und $< 180^\circ + G$, also $\varphi = 180^\circ + a$, wo aber $a < G$, so ist

$$z = \frac{B \cos G}{\sin[180^\circ + (a - G)]};$$

es ist aber $\sin[180^\circ + (a - G)] = -\sin(a - G)$, also

$$z = \frac{B \cos G}{-\sin(a - G)}.$$

Da nun $a < G$, so ist $a - G = -$, also $\sin(a - G) = -$, und folglich $-\sin(a - G) = +$, z also möglich; nun wird z immer wieder größer, so wie a größer wird, aber noch $< G$ bleibt, denn so wie a größer wird, wird $a - G$ kleiner, weil $a < G$ ist, $\sin(a - G)$ also auch kleiner, folglich z größer.

Wird $a = G$, so ist

$$z = \frac{B \cos G}{\sin(180^\circ - G + G)} = \frac{B \cos G}{o},$$

also unmöglich.

Wird endlich $a > G$, aber immer noch $< (180^\circ - G)$, so wird

$$z = \frac{B \cos G}{\sin[180^\circ + (a - G)]} = \frac{B \cos G}{-\sin(a - G)},$$

also auch hier z unmöglich.

Wollte man φ über 360° hinauswachsen lassen, so repetirt sich ganz die eben angestellte Untersuchung.

Daß alles dieses sich auch in der Construction rechtfertige, bedarf kaum einer Erinnerung.

Viertes Capitel.

Curven des zweiten Grades

§. 72.

Um die Curven des zweiten Grades zu finden, verfahren wir ganz auf dieselbe Weise, wie im vorigen Capitel bei der Untersuchung über die Curve des ersten Grades. Wir nehmen die allgemeine Gleichung des zweiten Grades, untersuchen, wie viele Formen sie anzunehmen vermag, und bestimmen die Curven, welche diesen einzelnen Formen angehören. So viele Curven wir daraus erhalten, so viele Curven des zweiten Grades sind denn überhaupt möglich.

Der Vereinfachung unserer Untersuchungen wegen nehmen wir wieder orthogonale Coordinaten, und machen etwa nachher von ihnen den Uebergang zu spiralen oder schiefwinkligen Coordinaten. Bedeutet u die Abscisse und t die Ordinate, so sind t und u die beiden Veränderlichen, aus deren Potenzen sich die einzelnen Glieder der allgemeinen Gleichung des zweiten Grades bilden. Diese Gleichung wird alle Glieder des zweiten Grades und alle Glieder des ersten Grades jener Veränderlichen, und überdieß noch ein constantes Glied enthalten müssen, um in gänzlicher Vollständigkeit oder höchster Allgemeinheit zu erscheinen. Die Glieder des zweiten Grades von t und u sind t^2, u^2 und $t.u$, die Glieder des ersten Grades sind t und u selbst; es wird demnach die allgemeinste Gleichung des zweiten Grades zwischen zwei Veränderlichen die Gestalt haben:

$$\alpha t^2 + \beta u^2 + \gamma tu + \delta t + \varepsilon u + \eta = 0,$$

wo α, β, γ, δ, ε, η constante Größen bezeichnen.

§. 73.

Wollte man diese Form betrachten, wie sie da liegt, so würde eine solche Anzahl verschiedener Fälle hervortreten, daß die Betrachtung jedes einzelnen dieser Fälle eine unerträgliche Arbeit werden würde. Man sucht deshalb zuvor diese Gleichung zu vereinfachen; diese Vereinfachung muß jedoch so beschaffen seyn, daß dadurch der Allgemeinheit der Gleichung in Bezug auf die durch sie darzustellenden Curven nicht geschadet wird.

Befreien wir t^2 vom Coefficienten, indem wir durch ihn die ganze Gleichung dividiren, so ist

$$t^2 + \frac{\beta}{\alpha}u^2 + \frac{\gamma}{\alpha}tu + \frac{\delta}{\alpha}t + \frac{\varepsilon}{\alpha}u + \frac{\eta}{\alpha} = 0,$$

oder

$$t^2 = -\left(\frac{\beta}{\alpha}u^2 + \frac{\gamma}{\alpha}tu + \frac{\delta}{\alpha}t + \frac{\varepsilon}{\alpha}u + \frac{\eta}{\alpha}\right);$$

α, β, γ, δ, ε, η sind lauter constante Größen, es werden also auch die verschiedenen aus ihnen gebildeten Quotienten constant seyn; setzen wir deshalb

$$-\frac{\beta}{\alpha} = a; \; -\frac{\gamma}{\alpha} = b; \; -\frac{\delta}{\alpha} = c; \; -\frac{\varepsilon}{\alpha} = d;$$

$$-\frac{\eta}{\alpha} = f,$$

so ist

$$t^2 = au^2 + btu + ct + du + f.$$

Diese Gleichung mag die Curve MDM' (Fig. 19.) darstellen, wo A Anfangspunct der Coordinaten, $AP = u$, $PM = t$ ist; diese Curve wird freilich noch eine unbestimmte seyn, weil sie alle Curven des zweiten Grades, falls es sich durch unsere folgenden Untersuchungen bewähren sollte, daß es deren mehr gibt, vorstellt. So viel ist indessen klar, daß für jedes u ein doppeltes t sich vorfinden wird, weil t^2 in der Gleichung enthalten ist, und man also t in der Form $a \pm \sqrt{(b)}$ finden wird.

Für jede Abscisse AP gibt es also eine doppelte Ordinate PM und PM', von denen man aber noch nicht bestimmen kann, ob die eine positiv und die andere negativ sey, wie sie in der Figur gezeichnet sind, oder wie sie sich sonst verhalten werden, indem man von der Curve selbst noch nichts weiß.

Aus jeder Gleichung höhern Grades läßt sich bekannten Lehren der Algebra gemäß durch eine gehörige Substitution für eine der unbekannten Größen das zweite Glied wegschaffen. Unsere Gleichung enthält zwei Glieder in t, fassen wir diese zusammen, so ist

$$t^2 = au^2 + (bu + c)t + du + f;$$

es wird sich das zweite Glied $(au + c)t$ durch Substitution für t wegschaffen lassen; es sey zu dem Ende

$$t = y + \lambda,$$

wo y eine Veränderliche, λ eine Constante ist, so ist

$$t^2 = y^2 + 2\lambda y + \lambda^2, \text{ und}$$

$$(bu + c)t = buy + bu\lambda + cy + c\lambda;$$

diese Werthe in die obere Gleichung für t^2 und $(bu + c)t$ gesetzt, wird

$$y^2 + 2\lambda y + \lambda^2 = au^2 + buy + bu\lambda + cy + du + f + c\lambda,$$

oder

$$y^2 = au^2 + buy + cy - 2\lambda y + b\lambda u + du + f + c\lambda - \lambda^2,$$

oder

$$y^2 = au^2 + (bu + c - 2\lambda)y + (b\lambda + d)u + (f + c\lambda - \lambda^2).$$

Soll nun das zweite Glied $(bu + c - 2\lambda)y = 0$ werden, so muß der Coefficient desselben $= 0$ werden; daraus bestimmt sich denn die oben unbestimmt eingeführte Constante, denn

$$bu + c - 2\lambda = 0 \text{ gibt}$$

$$\lambda = \frac{bu + c}{2}.$$

Um also in der allgemeinen Gleichung

$$t^2 = au^2 + (bu + c)t + du + f,$$

das zweite Glied verschwinden zu machen, muß

$$t = y + \lambda = y + \frac{bu+c}{2}$$

werden. Substituirt man, so wird

$$y^2 = au^2 + (b\lambda + d)u + (f + c\lambda - \lambda^2)$$

$$= au^2 + \left[b\left(\frac{bu+c}{2}\right) + d\right]u + f + c\left(\frac{bu+c}{2}\right) - \left(\frac{bu+c}{2}\right)^2$$

$$= au^2 + \frac{b^2u^2}{2} + \frac{bcu}{2} + du + f + \frac{cbu}{2} + \frac{c^2}{2}$$

$$- \frac{b^2u^2}{4} - \frac{bcu}{2} - \frac{c^2}{4}$$

$$= au^2 + \frac{b^2u^2}{4} + \frac{bcu}{2} + du + f + \frac{c^2}{4}$$

$$= \left(a + \frac{b^2}{4}\right)u^2 + \left(d + \frac{bc}{2}\right)u + \left(f + \frac{c^2}{4}\right).$$

Setzen wir $a + \frac{b^2}{4} = A$; $d + \frac{bc}{2} = B$ und $f + \frac{c^2}{4} = C$, so ist

$$y^2 = Au^2 + Bu + C$$

die aus jener allgemeinen Gleichung abgeleitete viel einfachere. Können wir nun zeigen, daß diese Gleichung auch alle Curven des zweiten Grades darstelle, so können wir sie statt jener verwickelten unseren folgenden Untersuchungen zum Grunde legen. Dieses wird bewiesen seyn, sobald wir darthun, daß die Gleichung $y^2 = Au^2 + Bu + C$ auch die Curve MDM' (Fig. 19.) darstelle und nur auf eine andere Art von Coordinaten sich beziehe.

$$t \text{ war} = PM;$$

Die Größe c ist eine bestimmte in unserer Gleichung, es wird sich also $\frac{c}{2}$ durch eine Linie AB parallel zu PM darstellen lassen; zieht man nun durch B eine Parallele BQ zu AP, so ist

$$MQ = PM - PQ = t - \frac{c}{2}.$$

Von irgend einem Puncte G der Linie BQ ziehe man eine Linie GH parallel zu PM, und mache $\frac{GH}{G} = \frac{b}{2}$, so ist, wenn man durch H und B die gerade Linie BR zieht,

$$\frac{QR}{BQ} = \frac{GH}{BG} = \frac{b}{2}, \text{ also}$$

$$QR = \frac{bu}{2}.$$

Es ist folglich

$$RM = MQ - RQ = t - \frac{c}{2} - \frac{bu}{2};$$

setzen wir nun $RM = y$, so ist $y = t - \frac{c}{2} - \frac{bu}{2}$, also

$$t = y + \left(\frac{bu + c}{2}\right).$$

Substituiren wir diesen Werth für t in die allgemeine Gleichung

$$t^2 = au^2 + but + ct + du + f,$$

wo $t = PM$ und $u = AP$, so erhalten wir die Gleichung der Curve zwischen $u = AP$ und $y = RM$. Dadurch aber, daß wir $t = y + \frac{bu + c}{2}$ setzen, erhalten wir die Gleichung

$$y^2 = Au^2 + Bu + C,$$

denn dieses ist gerade der Werth, wodurch wir oben die allgemeine Gleichung in diese besondere umschufen. Diese Gleichung gilt also auch für die Curve MDM′, weil sie sich aus jener allgemeinen Gleichung durch eine einzige Coordinatenverwandlung ableiten läßt. Es sind hier freilich die Coordinaten AP und RM, und nicht BR und RM, indessen läßt sich sofort aus AP auch BR finden durch eine elementare Auflösung des Dreiecks BRQ; denn

$$\frac{BR}{BQ} = \frac{BH}{BG}.$$

$\frac{BH}{BG}$ ist eine bestimmte Größe, weil wir $\frac{GH}{BG} = \frac{b}{2}$ gemacht haben; es sey $\frac{BH}{BG} = \frac{n}{2}$, wo n irgend eine constante Größe ist, und also im Dreiecke BHG die Seite $HG = b$, $BH = n$ und $BG = 2$ ist.

Es wird also

$$\frac{BR}{BQ} = \frac{n}{2};$$

bezeichnen wir die Abscisse BR durch v, so ist

$$\frac{v}{u} = \frac{n}{2}, \text{ also}$$

$$u = \frac{2v}{n}.$$

Dieses für u in die Gleichung substituirt, so erhalten wir

$$y^2 = \frac{4Av^2}{n^2} + \frac{2Bv}{n} + C,$$

Gleichung zwischen den Coordinaten BR und RM. Weil hier

$$y = \pm\sqrt{\frac{4Av^2}{n^2} + \frac{2Bv}{n} + C},$$

so gehören zu jedem v = BR zwei der Größe nach gleiche, dem Zeichen nach entgegengesetzte y = RM = RM'. Die Abscissenaxe BR theilt also alle Parallelen zu RM in zwei gleiche Theile.

§. 74.

Von dieser Gleichung $y^2 = \frac{4Av^2}{n^2} + \frac{2Bv}{n} + C$ geht nun unsere Untersuchung weiter. Auch sie läßt sich noch vereinfachen; denn weil in ihr ein constantes Glied vorkommt, so kann für y = 0 nicht v = 0 werden, es kann also die Curve nicht durch den Anfangspunct der Coordinaten, durch B, gehen. Suchen wir den Punct, wo die Curve die Abscissenaxe BR schneidet; für y = 0 ist

$$\frac{4Av^2}{n^2} + \frac{2Bv}{n} + C = 0, \text{ also}$$

$$v^2 + \frac{nBv}{2A} = -\frac{Cn^2}{4A}.$$

Daraus ergibt sich

$$v = -\frac{Bn}{4A} \pm \sqrt{\left\{\frac{B^2n^2}{16A^2} - \frac{Cn^2}{4A}\right\}}$$

$$= -\frac{Bn}{4A} \pm \frac{\sqrt{(B^2n^2 - 4ACn^2)}}{4A}$$

$$= -\frac{Bn \pm n\sqrt{(B^2 - 4AC)}}{4A} = n\left(\frac{-B \pm \sqrt{(B^2 - 4AC)}}{4A}\right).$$

Es kann also zwei Puncte geben, wo die Curve die Abscissenaxe schneidet; auf einen dieser Puncte, für welchen $v = \frac{n(\sqrt{(B^2 - 4AC)} - B)}{4A}$ ist, wollen wir die Gleichung der Curve beziehen. Es mag dieses $v = DB$ seyn, und es sey die neue Absciſſe $DR = x$, so ist

$$v = x + \frac{n(\sqrt{(B^2 - 4AC)} - B)}{4A};$$

folglich ist

$$\frac{4Av^2}{n^2} = \frac{4A}{n^2}x^2 + \frac{4A}{n^2}\left(\frac{2xn(\sqrt{(B^2 - 4AC)} - B)}{4A}\right) + \frac{4A}{n^2}\left(\frac{n^2(\sqrt{(B^2 - 4AC)} - B)^2}{16A^2}\right)$$

$$= \frac{4A}{n^2}x^2 + \frac{2x\sqrt{(B^2 - 4AC)}}{n} - \frac{2xB}{n} + \frac{B^2 - 4AC}{4A} - \frac{B\sqrt{(B^2 - 4AC)}}{2A} + \frac{B^2}{4A}$$

$$= \frac{4A}{n^2}x^2 + \frac{2x\sqrt{(B^2 - 4AC)}}{n} - \frac{2xB}{n} + \frac{B^2}{2A} - C - \frac{B\sqrt{(B^2 - 4AC)}}{2A};$$

$$\frac{2Bv}{n} = \frac{2Bx}{n} + \frac{2Bn(\sqrt{(B^2 - 4AC)} - B)}{4An}$$

$$= \ldots\ldots + \frac{2Bx}{n} - \frac{B^2}{2A} \ldots + \frac{B\sqrt{(B^2 - 4AC)}}{2A};$$

$$C = \ldots\ldots\ldots\ldots\ldots + C;$$

---

also $y^2 = \frac{4A}{n^2}x^2 + \frac{2x\sqrt{(B^2 - 4AC)}}{n}$.

§. 75.

Diese Gleichung $y^2 = \frac{4A}{n^2}x^2 + \frac{2x\sqrt{(B^2 - 4AC)}}{n}$ ist denn die Fundamentalgleichung aller folgenden Untersuchungen über die Curven des zweiten Grades; sie ist aus der §. 72. in gänzlicher Vollständigkeit aller Glieder aufgestellten Gleichung des zweiten Grades durch bloße Coordinatenverwandlung gefunden;

sie muß deshalb auch alle Curven des zweiten Grades in sich enthalten.

Zuvor ist zu bemerken, daß $\sqrt{(B^2 - 4AC)}$ jedesmal eine mögliche Größe werden muß, weil sonst y unmöglich wird, und folglich von keiner Curve die Rede seyn kann. Soll $\sqrt{(B^2 - 4AC)}$ eine mögliche Größe werden, so muß

$$B^2 > 4AC \text{ seyn.}$$

Substituirt man für A, B und C die entsprechenden Werthe aus (§. 73.), so daß man A, B und C durch die Coefficienten der allgemeinen Gleichung $\alpha t^2 + \beta u^2 + \gamma tu + \delta t + \varepsilon u + \eta = 0$ (§. 72.) ausgedruckt erhält, so wird man finden, in was für einer Beziehung die einzelnen Coefficienten dieser Gleichung stehen müssen, damit dieselbe wirklich eine Curve darstelle. Für unsere Zwecke ist diese Betrachtung unnütz. Wir nehmen an, $\sqrt{(B^2 - 4AC)}$ sey eine mögliche Größe, und es sey $\frac{2\sqrt{(B^2 - 4AC)}}{n} = D$, so wird die zu betrachtende Gleichung

$$y^2 = \frac{4A}{n^2}x^2 + Dx,$$

oder wenn wir $\frac{4A}{n^2} = E$ setzen, so ist sie

$$y^2 = Ex^2 + Dx.$$

§. 76.

E und D können nun im Allgemeinen alle Werthe annehmen, also positiv, negativ oder null seyn. Würde jedoch $D = 0$, so würde $y^2 = Ex^2$, also $y = x\sqrt{(E)}$ bliebe keine Gleichung des zweiten Grades mehr; diesen Fall müssen wir von unserer Untersuchung ausschließen. Es sind daher nur folgende sechs Fälle möglich:

1. $y^2 = Dx,$
2. $y^2 = -Dx,$
3. $y^2 = -Ex^2 + Dx,$

$$4.\quad y^2 = -Ex^2 - Dx,$$
$$5.\quad y^2 = Ex^2 + Dx,$$
$$6.\quad y^2 = Ex^2 - Dx.$$

Setzen wir jedoch in Nr. 2. x negativ, so erhalten wir $y = + Dx$, also die Form Nr. 1.; diese beiden Gleichungen geben folglich auch nur eine einzige Curve (vergleiche §. 54.). Eben so verhält es sich mit 3. und 4. und mit 5. und 6. Wir brauchen also nur die drei Fälle zu betrachten:

$$\text{I.}\quad y^2 = Dx.$$
$$\text{II.}\quad y^2 = Dx - Ex^2.$$
$$\text{III.}\quad y^2 = Dx + Ex^2.$$

§. 77.

Bewährt es sich also bei weiterer Untersuchung, daß jeder einzelnen dieser Gleichungen eine besondere Curve zukommt, so ist dadurch zugleich bewiesen, daß nur drei Curven des zweiten Grades möglich sind. Die Bedingungen für jede einzelne ausgedruckt durch die Coefficienten der allgemeinen Gleichung des zweiten Grades zwischen zwei Veränderlichen (§. 72.) wird man erfahren, wenn man E durch fortgesetzte Substitution seiner bekannten Werthe ausdruckt durch jene Coefficienten. Es war

$$E = \frac{4A}{n^2}, \text{ und}$$

$$A = a + \frac{b^2}{4}; \text{ ferner}$$

$$a = -\frac{\beta}{\alpha}, \text{ und } b = -\frac{\gamma}{\alpha}; \text{ folglich}$$

$$A = \frac{\gamma^2}{4\alpha^2} - \frac{\beta}{\alpha}, \text{ also}$$

$$E = \frac{4}{n^2}\left(\frac{\gamma^2}{4\alpha^2} - \frac{\beta}{\alpha}\right), \text{ oder}$$

$$E = \frac{1}{n^2\alpha^2}(\gamma^2 - 4\alpha\beta).$$

In der Gleichung I. ist $y^2 = Dx$, also $E = 0$, es muß folglich für diese $\gamma^2 = 4\alpha\beta$ seyn.

Für die Gleichung II. $y^2 = Dx - Ex^2$ ist E negativ, was nicht anders geschehen kann, als wenn

$$\gamma^2 < 4\alpha\beta \text{ ist.}$$

Für die Gleichung III. $y^2 = Dx + Ex^2$ muß E positiv, folglich

$$\gamma^2 > 4\alpha\beta \text{ seyn.}$$

Die allgemeine Gleichung war

$$\alpha t^2 + \beta u^2 + \gamma tu + \delta t + \varepsilon u + \eta = 0 \text{ (§. 72.).}$$

γ^2 ist also das Quadrat des Coefficienten im Gliede tu; $4\alpha\beta$ ist das vierfache Product aus den Coefficienten der Glieder t^2 und u^2. Hieraus erhellet, daß die Verschiedenheit der Curven des zweiten Grades (wenn es sonst die fortgesetzte Rechnung beweiset, daß es eine solche wirklich gibt), denen die allgemeine Gleichung

$$\alpha t^2 + \beta u^2 + \gamma tu + \delta t + \varepsilon u + \eta = 0$$

angehört, nicht von den Coefficienten der Glieder des ersten Grades δt und εu und auch nicht von dem bekannten Gliede η abhange; diese müssen nur gegen einander und gegen die übrigen Coefficienten ein solches Verhältniß haben, daß die Curve überhaupt möglich werde, welches der Fall ist, sobald $B^2 > 4AC$ (§. 75.). Lediglich die Coefficienten der Glieder des zweiten Grades α, β, γ bestimmen die Form der Curve des zweiten Grades; je nachdem nämlich das Quadrat des Coefficienten im Gliede tu gleich, kleiner oder größer ist, als das vierfache Product aus den Coefficienten der Glieder in t^2 und u^2, ist auch die Curve des zweiten Grades der Gleichung $y^2 = Dx$, oder $y^2 = Dx - Ex^2$, oder $y^2 = Dx + Ex^2$ angehörig. Jede dieser Gleichungen wollen wir einzeln betrachten und die ihr zukommende Curve darstellen.

I. $y^2 = Dx$.

§. 78.

Man ziehe (Fig. 20.) eine Abscissenaxe AX und eine Ordinatenaxe AY, A sey der Anfangspunct und der Coordinatenwinkel sey ein rechter. Bedeutet nun in der Gleichung $y^2 = Dx$ die Veränderliche y die Ordinate und x die Abscisse, so ist beiderseits die Wurzel ausgezogen, um y selbst zu erhalten,

$$y = \sqrt{(Dx)}.$$

Da nun die Ordinate gleich ist der Quadratwurzel aus einer Größe, so hat sie für jedes x einen doppelten Werth $+\sqrt{(Dx)}$ und $-\sqrt{(Dx)}$; diese beiden Werthe sind der Größe nach gleich und dem Zeichen nach entgegengesetzt, es ist also jedesmal $PM = PM'$; es ist folglich unterhalb der Abscissenaxe alles so, wie oberhalb derselben, die Abscissenaxe AX theilt also die Curve in zwei congruente Hälften AM und AM′, von denen die eine auf der positiven, die andere auf der negativen Seite der Ordinatenaxe liegt.

§. 79.

Setzt man $x = 0$, so wird $y = 0$, d. h. die Curve geht durch den Anfangspunct A der Coordinaten.

Setzt man x = dem vierten Theile der in der Gleichung der Curve vorkommenden Constante D, also $x = \frac{1}{4}D$, welches = AF seyn mag, so ist

$$y = FS = \sqrt{(\tfrac{1}{4}D \,.\, D)} = \tfrac{1}{2}D.$$

So wie x größer wird, wird auch $y = \sqrt{(Dx)}$ größer; die Curve geht demnach bei weiterm Fortgange auf der Abscissenaxe immer weiter von der Abscissenaxe fort, und diese Entfernung kann ins Unendliche wachsen, so wie x ins Unendliche größer und größer wird.

Nimmt man x negativ, so wird $y = \sqrt{(-Dx)}$ = unmöglich; über der negativen Abscissenaxe AX′ kann also nichts von der Curve liegen.

§. 80.

Diese Curve, deren Gleichung $y = \sqrt{(Dx)}$ ist, heißt **Parabel**; die constante Größe D in ihrer Gleichung heißt ihr

Parameter, und wird gewöhnlich durch b bezeichnet, so daß also die Gleichung der Parabel die Form

$$y = \sqrt{(bx)}$$

erhält. Die Linie AX, welche die Parabel in zwei identische Hälften theilt, heißt Axe derselben, so wie der Punct A, wo die Axe die Parabel schneidet, der Scheitelpunct dieser Curve genannt wird.

II. $y^2 = Dx - Ex^2$.

§. 81.

Es sey (Fig. 32.) AX Abscissenaxe, AY Ordinatenaxe, A der Anfangspunct, der Coordinatenwinkel ein rechter, x Abscisse, y Ordinate.

Es ist

$$y = \pm \sqrt{(Dx - Ex^2)};$$

die Curve besteht also aus zwei Hälften, von denen die eine über der Abscissenaxe, die andere unter derselben liegt. Weil beide identisch sind, brauchen wir nur eine zu betrachten; wir nehmen deshalb

$$y = + \sqrt{(Dx - Ex^2)}.$$

§. 82.

Für $x = 0$ ist $y = 0$, die Curve geht also durch den Anfangspunct der Coordinaten. Es kann aber y auch noch für einen andern Werth von $x = 0$ werden, sobald nämlich

$$Dx - Ex^2 = 0, \text{ oder}$$

$$D - Ex = 0, \text{ oder}$$

$$x = \frac{D}{E} \text{ wird.}$$

$\frac{D}{E}$ wird als eine constante Größe sich durch eine bestimmte Linie $AB = a$ darstellen lassen; die Curve geht also durch die Puncte A und B der Abscissenaxe.

Weil $AB = a$ unmittelbar in der Construction hervortritt,

wollen wir dasselbe statt D in die Gleichung der Curve einführen; es ist nämlich $D = E a$, also

$$y = \sqrt{(E a x - E x^2)}, \text{ oder}$$
$$y = \sqrt{(E(a x - x^2))}.$$

Im Puncte A und B ist $y = 0$; von A nach B hin müssen die Ordinaten also zu- und abnehmen; es liegt deshalb die Frage sehr nahe, sollte nicht y zwischen A und B irgend wo einen größten Werth haben, und in welchem Puncte der Abscissenaxe wird dieses der Fall seyn?

y wird seinen größten Werth haben, sobald $\sqrt{(E(ax - x^2))}$ ein Größtes ist. $\sqrt{(E(a x - x^2))}$ ist ein Größtes, wenn $(a x - x^2)$ ein Größtes ist.

Es ist aber
$$\begin{aligned} a x - x^2 &= \tfrac{1}{4} a^2 - \tfrac{1}{4} a^2 + a x - x^2 \\ &= \tfrac{1}{4} a^2 - (\tfrac{1}{4} a^2 - a x + x^2) \\ &= \tfrac{1}{4} a^2 - (\tfrac{1}{2} a - x)^2. \end{aligned}$$

Es wird also y ein Größtes werden, wenn $\frac{1}{4} a^2 - (\frac{1}{2} a - x)^2$ ein Größtes wird; dieses geschieht, sobald die von der Constante $\frac{1}{4} a^2$ abzuziehende Veränderliche $(\frac{1}{2} a - x)^2 = 0$ wird,

$$\text{also } \tfrac{1}{2} a = x \text{ ist.}$$

y erhält also seinen größten Werth, wenn $x = \frac{1}{2} a$ ist, folglich in der Mitte der geraden Linie AB, etwa in C; den Werth dieser größten Ordinate CD erfahren wir, wenn wir in der Gleichung der Curve $x = \frac{1}{2} a$ setzen, also

$$CD = \sqrt{(E(\tfrac{1}{2} a^2 - \tfrac{1}{4} a^2))}, \text{ oder}$$
$$CD = \sqrt{(E \tfrac{1}{4} a^2)} = \tfrac{1}{2} a \sqrt{(E)};$$

und da $CD = Cd$ seyn muß, so ist

$$CD + Cd = Dd = a \sqrt{(E)}.$$

Dieser Werth von Dd mag durch c bezeichnet werden, so ist

$$a \sqrt{E} = c,$$
$$\sqrt{E} = \frac{c}{a},$$
$$E = \frac{c^2}{a^2}.$$

Diese Größe wollen wir statt E in die Gleichung der Curve substituiren, so wird

$$y = \sqrt{\left(\frac{c^2}{a^2}(ax - x^2)\right)}, \text{ oder}$$

$$y = \frac{c}{a}\sqrt{(ax - x^2)}.$$

§. 83.

Die Curve, welche dieser Gleichung angehört, heißt Ellipse. Die Linie AB = a wird die große und die Linie Dd = c wird die kleine Axe der Ellipse genannt; die Puncte A und B, wo die Curve die große Axe schneidet, nennt man Scheitelpuncte, und die Constante D in der Gleichung der Ellipse $y = \sqrt{(Dx - Ex^2)}$ heißt ihr Parameter.

§. 84.

Es war D = aE (nach dem vorigen §.), und $E = \frac{c^2}{a^2}$,

also $D = \frac{c^2}{a}$, und

$$c = \sqrt{(aD)};$$

die kleine Axe ist also die mittlere Proportionale zwischen der großen Axe und dem Parameter der Ellipse.

§. 85.

Setzt man in der Gleichung der Ellipse die Abscisse negativ, so ist

$$y = \frac{c}{a}\sqrt{(-ax - x^2)} = \frac{c}{a}\sqrt{(-(ax + x^2))},$$

also unmöglich, welches anzeigt, daß es über der negativen Abscissenaxe AX′ keine Curve gibt.

Setzt man x positiv, so wird y und mit ihr die Curve so lange möglich bleiben, als die Größe unter dem Wurzelzeichen positiv ist; dieses findet Statt, so lange

$$x^2 < ax, \text{ also}$$
$$x < a \text{ ist;}$$

so lange also $x < a$, so lange wird y möglich; ist aber $x > a$, so kann von keiner Curve mehr die Rede seyn; jenseits des Puncts B gibt es also auch auf der positiven Abscissenaxe keine Curve mehr. Die Ellipse befindet sich also dem Gesagten zufolge nur in dem geschlossenen Raume über und unter ihrer großen Axe AB, sie ist eine in sich selbst zurückkehrende krumme Linie, und ist also von der vorhin betrachteten Parabel, die mit zwei Schenkeln ins Unendliche geht, wesentlich verschieden.

III. $y^2 = Dx + Ex^2$.

§. 86.

Es sey (Fig. 46.) AX Abscissenaxe, AY Ordinatenaxe, A der Anfangspunct, der Coordinatenwinkel ein rechter.

Weil $y = \pm\sqrt{(Dx + Ex^2)}$,

so hat die Curve zwei congruente Schenkel, den einen über, den andern unter der Abscissenaxe. Wir betrachten deshalb nur den einen, für welchen

$$y = +\sqrt{(Dx + Ex^2)}.$$

Für $x = 0$, ist $y = 0$; die Curve geht also durch den Anfangspunct der Coordinaten. Nimmt man x positiv, so wird y positiv und immer größer, so wie x größer wird. Die Curve geht demnach von A aus nach der Richtung AX mit zwei congruenten Schenkeln ins Unendliche immer weiter von der Abscissenaxe fort.

Nimmt man x negativ, so wird

$$y = \sqrt{(-Dx + Ex^2)};$$

wird also $Ex^2 - Dx = 0$, oder

$$Ex = D, \text{ oder}$$
$$x = \frac{D}{E},$$

so wird $y = 0$ und die Curve schneidet die Abscissenaxe. Mag $\frac{D}{E} = a = AB$ seyn, so wird, wenn x auf der negativen Abscissenaxe AX′ den Werth AB erhält, $y = 0$; im Puncte B schneidet also die Curve die Abscissenaxe.

So lange auf der negativen Abscissenaxe $x < a$ ist, wird $Dx > Ex^2$, also $Ex^2 - Dx$ negativ, folglich y, und mit ihr die Curve unmöglich; über und unter AB kann also nichts von der Curve liegen. Setzt man aber x auf der negativen Seite $> a$, so wird $Ex^2 > Dx$, y also möglich, und zwar nun immer um so größer, je größer x wird, weil Ex^2 nun $> Dx$ ist, und dieses immer mehr überwiegt, je größer x ist, indem in Ex^2 die zweite, in Dx aber nur die erste Potenz von x enthalten ist. Links von B über der negativen Abscissenaxe geht also die Curve gleichfalls mit zwei congruenten Schenkeln ins Unendliche von der Abscissenaxe weg.

§. 87.

Diese Curve heißt Hyperbel; sie hat vier ins Unendliche sich immer weiter von der Abscissenaxe entfernende Schenkel und besteht aus von einander getrennten Stücken MAM′ und mBm′, welche man die Aeste der Hyperbel nennt. Die Linie AB heißt die große Axe (wie bei der Ellipse); eine kleine Axe kann hier freilich nicht hervortreten, weil es über der großen Axe keine Curve gibt; der Symmetrie halber mit der Ellipse nennt man jedoch eine mittlere Proportionale zwischen der großen Axe und der in der Gleichung der Hyperbel enthaltenen Größe D (dem sogenannten Parameter dieser Curve) die kleine Axe der Hyperbel und construirt sie gleichfalls in der Mitte C der großen Axe, wo also CD die halbe kleine Axe ist. Bezeichnet man diese kleine Axe durch c, so ist

$$c = \sqrt{(a.D)} = Dd, \text{ oder}$$

$$D = \frac{c^2}{a}.$$

Ferner war

$$a = \frac{D}{E}, \text{ also}$$

$$a = \frac{\frac{c^2}{a}}{E}, \text{ oder}$$

$$E = \frac{c^2}{a^2};$$

substituirt man diese Werthe für D und E in die Gleichung der Hyperbel, so wird sie

$$y = \sqrt{\left(\frac{c^2}{a}x + \frac{c^2}{a^2}x^2\right)}$$

$$= \sqrt{\left(\frac{c^2\,ax + c^2x^2}{a^2}\right)}$$

$$= \frac{c}{a}\sqrt{(ax + x^2)}.$$

Die Puncte A und B heißen die Scheitelpuncte der Hyperbel.

§. 88.

Die Hyperbel ist also eine Curve mit vier ins Unendliche gehenden Schenkeln, ein Merkmal, welches sie hinlänglich von den beiden vorigen Curven, Parabel und Ellipse, unterscheidet. Jede der drei Gleichungen I. II. III. gibt folglich eine besondere Curve, und wir haben demnach drei Curven des zweiten Grades: Parabel, Ellipse und Hyperbel. Alle drei zusammen heißen gewöhnlich Kegelschnitte; woher dieser Name, werden wir im Folgenden sehen. Wir wollen nun dazu fortgehen, jede dieser drei Curven genauer zu betrachten. Zuvor jedoch noch einen besondern Fall der allgemeinen Gleichung des zweiten Grades.

§. 89.

Ließe sich die allgemeine Gleichung des zweiten Grades (§. 73.)

$$y^2 + \alpha x^2 + \beta xy + \gamma x + \delta y + \varepsilon = 0,$$

in zwei rationale Ausdrücke des ersten Grades zerlegen, also

$$(y + Ax + B)(y + ax + b) = 0,$$

so ist klar, daß dann die Gleichung des zweiten Grades, weil sie nur scheinbar eine solche ist, nicht mehr eine krumme Linie darstellen kann; denn es ist sowohl

$$y + Ax + B = 0, \text{ als auch}$$

$$y + ax + b = 0;$$

jede dieser Gleichungen des ersten Grades druckt aber eine gerade Linie aus. In diesem Falle stellt also die Gleichung des zweiten Grades zwei gerade Linien dar.

Ein Beispiel zu diesem Falle wird im achten Capitel §. 226. vorkommen.

Fünftes Capitel.

Die Parabel.

§. 90.

Die Parabel ist diejenige von den drei Curven des zweiten Grades, deren Gleichung $y = \sqrt{(bx)}$ ist. Soll aus dieser Gleichung die Parabel construirt werden, so muß der Parameter b bekannt seyn; ist dieser gegeben, so lassen sich zu den einzelnen beliebig angenommenen Abscissen die zugehörigen Ordinaten berechnen und so einzelne Puncte der Parabel festlegen.

Da $y = \sqrt{(bx)}$, so ist

$y^2 = bx$, folglich

$\frac{b}{y} = \frac{y}{x}$.

Die Ordinate der Parabel ist also die mittlere Proportionale zwischen der ihr zukommenden Abscisse und dem Parameter.

Mit Hilfe dieses Satzes lassen sich beliebig viele Puncte der Parabel auf geometrische Weise festlegen. Man ziehe (Fig. 21.) eine unbestimmte gerade Linie KX, trage den gegebenen Parameter b von K aus auf KX ab, so daß KA=b wird, und ziehe senkrecht auf KX durch A die unbestimmte gerade Linie Ss. Nun nehme man beliebige Puncte C auf der Linie KX und beschreibe aus ihnen mit dem Radien KC Kreise KrPr, so werden diese die Linien KX und Ss in den Puncten P und r schneiden. Aus den Puncten P ziehe man Perpendikel Pm, und aus r gleichfalls Perpendikel rm, die ersten auf AX, die letzten auf Ss; wo jede zwei solche Perpendikel Pm und rm sich schneiden, da liegt ein Punct der Parabel; denn

$$\frac{KA}{Ar} = \frac{Ar}{AP},$$

oder weil $Ar = Pm$, so ist auch

$$\frac{KA}{Pm} = \frac{Pm}{AP};$$

KA war $= b$; Pm ist $= y$, $AP = x$, also

$$\frac{b}{y} = \frac{y}{x}, \text{ oder}$$

$$y = \sqrt{(bx)},$$

folglich sind alle Puncte m Puncte der Parabel, deren Parameter $b = KA$ ist.

§. 91.

Wollte man auf diese Weise viele Puncte der Parabel festlegen, so müßte man für jeden Punct eine neue Construction vornehmen; man berechnet deshalb lieber die einzelnen Ordinaten nach der Formel $y = \sqrt{(bx)}$, wo man Parameter und Absciſſe in Zahlen darstellt. Für jedes andere x muß man eine neue Wurzelausziehung vornehmen und es wird nur wenige Werthe von x geben, für welche $\sqrt{(bx)}$ rational wird, man kann also auf diese Weise nur wenige Puncte der Curve genau bestimmen; deshalb taugt die Ordinate nicht zur Construction der Parabel.

Zieht man aus dem Scheitel A (Fig. 22.) eine gerade Linie AM an irgend einen Punct M der Curve, so ist

$$AM = \sqrt{(x^2 + y^2)} = \sqrt{(x^2 + bx)} = \sqrt{[x(x+b)]}$$
$$= \sqrt{[AP(AP+b)]};$$

jede aus dem Scheitel an irgend einen Punct der Curve gezogene gerade Linie ist also die mittlere Proportionale zwischen der Absciſſe und der Summe aus der Absciſſe in den Parameter. Diese Linie AM wird demnach gleichfalls irrational, und taugt also zur Construction der Parabel eben so wenig, als die Ordinate. Es fragt sich daher:

§. 92.

Sollte sich nicht ein Punct liegend in irgend einer Lage gegen die Axe der Parabel ausfindig machen lassen, der so beschaffen wäre, daß jede aus ihm an die Parabel gezogene gerade Linie sich durch eine rationale Zahl darstellen ließe? Läßt sich ein solcher Punct finden, so hat man dadurch ein vollkommen brauchbares Mittel, so viele Puncte der Parabel zu bestimmen, als man will.

Wir nehmen die Sache problematisch auf; es sey C (Fig. 22.) dieser Punct, seine Abscisse $AF = f$, seine Ordinate $FC = g$; jede Linie CM soll rational werden; ist dies möglich, so wird sich daraus denn auch f und g bestimmen lassen. Zieht man CH parallel zu der Axe AX, so ist

$$\begin{aligned} CM^2 &= MH^2 + CH^2 \\ &= (MP - CF)^2 + (AP - AF)^2 \\ &= (y - g)^2 + (x - f)^2; \end{aligned}$$

oder weil $y = \sqrt{(bx)}$, so ist

$$\begin{aligned} CM^2 &= (\sqrt{(bx)} - g)^2 + (x - f)^2 \\ &= x^2 - 2g\sqrt{(bx)} + bx - 2fx + g^2 + f^2. \end{aligned}$$

Soll nun CM rational werden, so muß sein Ausdruck

$$x^2 - 2g\sqrt{(bx)} + bx - 2fx + g^2 + f^2$$

ein vollständiges Quadrat $A^2 + 2AB + B^2$ seyn. Die Identität dieser beiden Ausdrücke gibt

$$\text{I.} \quad A^2 = x^2, \text{ also}$$

$$A = x.$$

$$\text{II.} \quad 2AB = bx - 2fx - 2g\sqrt{(bx)};$$

für A substituirt

$$2xB = bx - 2fx - 2g\sqrt{(bx)},$$

durch 2x dividirt

$$B = \frac{b}{2} - f - g\sqrt{\left(\frac{b}{x}\right)}.$$

$$\text{III.} \quad B^2 = g^2 + f^2, \text{ oder}$$

$$\left[\frac{b}{2} - f - g\sqrt{\left(\frac{b}{x}\right)}\right]^2 = g^2 + f^2;$$

$g^2 + f^2$ ist eine Constante, es muß also auch die ihr gleiche Größe $\left[\frac{b}{2} - f - g\sqrt{\left(\frac{b}{x}\right)}\right]^2$ eine Constante seyn, es muß folglich $g\sqrt{\left(\frac{b}{x}\right)} = 0$ seyn, also $g = 0$ werden, weil $\sqrt{\left(\frac{b}{x}\right)}$ nicht $= 0$ seyn kann. Daraus folgt

$$\left(\frac{b}{2} - f\right)^2 = f^2, \text{ oder}$$

$$\frac{b^2}{4} - bf + f^2 = f^2; \text{ also}$$

$$\frac{b^2}{4} = bf, \text{ folglich}$$

$$f = \frac{b}{4}.$$

CM wird also rational werden, sobald die Ordinate des Punctes C, nämlich $g, = 0$ und die Abscisse desselben $f = \frac{b}{4}$ ist. Soll $g = 0$ seyn, so muß C in der Axe liegen; soll überdieß $f = \frac{b}{4}$ seyn, so muß er um die Länge $\frac{b}{4}$ = dem vierten Theile des Parameters von dem Scheitelpuncte A entfernt seyn. Macht man also $AF = \frac{1}{4}b$, so ist F der Punct, der so beschaffen ist, daß jede aus ihm gezogene in irgend einem Puncte der Parabel endigende gerade Linie FM rational wird. Es wird nämlich

$$\begin{aligned} FM &= \sqrt{(PM^2 + FP^2)} \\ &= \sqrt{(y^2 + (x - \tfrac{1}{4}b)^2)} \\ &= \sqrt{(bx + x^2 - \tfrac{1}{2}bx + \tfrac{1}{16}b^2)} \\ &= \sqrt{(x^2 + \tfrac{1}{2}bx + \tfrac{1}{16}b^2)} \\ &= x + \tfrac{1}{4}b. \end{aligned}$$

Dieser Punct F, der vom Scheitelpuncte der Parabel um den vierten Theil des Parameters absteht und in der Axe liegt, heißt Brennpunct der Curve (woher diese Benennung komme, werden wir in der Folge sehen).

Der Brennpunct besitzt unter andern Eigenschaften auch die, daß eine senkrechte Linie durch ihn auf die Axe, beiderseits bis in die Parabel verlängert, gleich ist dem Parameter; denn setzt man in der Gleichung $y = \sqrt{(bx)}$ die Abscisse $x = \frac{1}{4}b = AF$ (Fig. 20.), so wird

$$y = FS = \sqrt{\left(\frac{b^2}{4}\right)} = \frac{b}{2}, \text{ folglich}$$
$$2FS = Ss = b.$$

§. 93.

Jede aus dem Brennpuncte F (Fig. 22.) an irgend einen Punct der Parabel gezogene gerade Linie FM heißt ein **Vector** der Parabel. Jeder Vector FM ist nach dem vorigen §. $= x + \frac{1}{4}b$ also = der correspondirenden Abscisse + dem vierten Theile des Parameters.

Hierdurch kann man so viele Puncte der Parabel finden, als man will, indem man die Abscissen beliebig annimmt, zu jeder derselben den vierten Theil des Parameters addirt, und so den dieser Abscisse zukommenden Vector hat.

Die Formel $FM = x + \frac{1}{4}b$ gibt auch eine bequeme geometrische Construnctionsart der Parabel. Ist der Parameter b gegeben, so wähle man sich eine beliebige Abscissenaxe X′X (Fig. 23.), und in ihr einen Anfangspunct A, trage aus A vorwärts und rückwärts den vierten Theil des gegebenen Parameters b ab, $DA = AF = \frac{1}{4}b$, so ist F der Brennpunct. Jetzt ziehe man Perpendikel auf die Abscissenaxe MM′, mm′ u. s. w., beschreibe mit dem Radius DP aus F einen Kreis, der die Linie MM′ in M und M′ schneidet, so sind M und M′ Puncte der Parabel, weil

$$DP = FM = FM' = DA + AP = x + \tfrac{1}{4}b \text{ ist.}$$

Eben so beschreibe man mit DP′ aus F einen Kreis, der mm′ in m und m′ schneidet, so sind wieder die Puncte m und m′ in der Parabel. Auf dieselbe Weise kann man fortfahren, und so viele Puncte der Parabel bestimmen, als man will

§. 94.

Zieht man durch D (Fig. 23.) unter der Voraussetzung, daß $DA = \frac{1}{4}b$ ist, ein Perpendikel RR′ auf AX, so heißt die Linie RR′ die Directrix der Parabel; zieht man auf diese Directrix senkrechte Linien RM, R′M′ u. s. w. an die Parabel, so ist $RM = DP$, also $RM = x + \frac{1}{4}b = FM$; eben so $R'M' = FM'$ u. s. w. Der Vector an irgend einen Punct der Parabel ist also jedesmal gleich dem aus demselben Puncte der Curve gezogenen Perpendikel auf die Directrix.

Anmerkung. In ältern Lehrbüchern der analytischen Geometrie findet man häufig diese Eigenschaft der Parabel zu ihrer Definition gemacht, und daraus ihre andern Beschaffenheiten abgeleitet. Wie man aus ihr die Gleichung der Curve finde, wird das achte Capitel lehren.

§. 95.

Auf den vorigen Satz, daß jedesmal $RM = FM$, gründet sich die Construction der Parabel durch continuirliche Bewegung. Man construire aus dem gegebenen Parameter die Directrix RR′ (Fig. 24.), lege auf sie ein Lineal ZRR′Z′, so daß die innere Kante desselben mit RR′ zusammenfällt, und befestige es in dieser Lage; an dieses Lineal lege man einen rechtwinkligen Winkelhaken MRS, der mit einer Seite LR dicht an das Lineal anschließt; jetzt nehme man einen Faden von der Länge RS, befestige das eine Ende desselben im Brennpuncte F, und das andere Ende in S. Spannt man nun mit einem Stifte M den Faden, und drückt ihn an die Seite des Winkelhakens, während man diesen selbst auf DR schiebt, so beschreibt M die Parabel; denn es ist nach der Annahme

$$RS = FM + MS,$$

folglich auch

$$RS - MS = FM,$$

oder

$$RM = FM.$$

§. 96.

Will man den Fortgang der Parabel betrachten, will man namentlich über die Krümmung derselben an verschiedenen Puncten urtheilen, so muß man, weil die Tangente, wie aus der Elementargeometrie bekannt ist, die momentane Richtung eines Puncts der Curve angibt, ein Mittel haben, an jeden beliebigen Punct der Parabel eine Tangente ziehen zu können. Um dieses zu bewerkstelligen, nehmen wir erstlich eine gerade Linie, welche die Parabel schneidet, und suchen dann die Bedingungen auf, denen diese gerade Linie unterworfen werden muß, wenn sie Tangente der Parabel werden soll.

Man ziehe also (Fig. 25.) von irgend einem Puncte T der rückwärts verlängerten Axe AX eine gerade Linie TB in die Parabel. Daß diese Linie die Parabel treffen werde, erleidet keinen Zweifel, weil man den Winkel BTX so klein nehmen kann, als man will; es sey $AT = f$, wo denn f noch ganz unbestimmt genommen wird, und sich erst im Laufe der Untersuchung bestimmen soll. Will man nun den Lauf der Parabel mit dem Laufe der geraden Linie TB vergleichen, so muß man die Gleichungen beider vergleichen; soll dieses geschehen, so wird es am bequemsten seyn, beider Gleichungen auf denselben Anfangspunct zu beziehen; dieser mag T seyn, so ist die Gleichung der geraden Linie $y' = \operatorname{tg} T x'$ (§. 59.), wo y' die Ordinate, x' die Abscisse und T den Winkel bezeichnet, den die gerade Linie mit der Abscissenaxe einschließt.

Die Gleichung der Parabel auf A bezogen, ist $y = \sqrt{(bx)}$; soll nun T Anfangspunct werden, so ist

$$AP = TP - TA, \text{ oder}$$

$$x = x' - f;$$

also ist die Gleichung der Parabel auf T bezogen

$$y = \sqrt{(b(x' - f))}.$$

Wo werden sich gerade Linie und Parabel schneiden? In allen den Puncten, wo die Ordinate der Parabel gleich ist der

Ordinate der geraden Linie; setzt man also $y = y'$ und löset die dadurch zwischen x' und f sich bildende Gleichung auf, so erfährt man die Schnittpuncte; es ist also

$$\operatorname{tg} T x' = \sqrt{(b(x' - f))}, \text{ quadrirt}$$
$$\operatorname{tg} T^2 x'^2 = b(x' - f), \text{ oder}$$
$$\operatorname{tg} T^2 x'^2 - b x' = - b f, \text{ oder}$$
$$x'^2 - \frac{b x'}{\operatorname{tg} T^2} = - \frac{b f}{\operatorname{tg} T^2};$$

also ist nach der gewöhnlichen Regel für die Lösung quadratischer Gleichungen

$$x' = \frac{b}{2 \operatorname{tg} T^2} \pm \sqrt{\left(\frac{b^2}{4 \operatorname{tg} T^4} - \frac{b f}{\operatorname{tg} T^2}\right)}.$$

§. 97.

Die gerade Linie schneidet folglich die Parabel in zwei Puncten; beide Werthe von x' erhält man, nachdem man $\pm \sqrt{}$ nimmt. Soll nun die gerade Linie Tangente der Parabel werden, so darf sie dieselbe nur in einem einzigen Puncte schneiden *), es darf also unter dieser Voraussetzung

---

*) Verlangte man dafür einen Beweis, so läßt sich der leicht geben. Soll die Tangente eines Puncts der Parabel diese noch in einem Puncte z. B. N (Fig. 25.) schneiden, so wird sie über MnN mit ihr einen bestimmten Raum einschließen, weil sie nicht ganz mit diesem Bogen zusammen fallen kann, indem jede gerade Linie höchstens zwei Puncte mit der Parabel gemein hat, wie oben gezeigt ist. Man ziehe nun zu der Tangente unter M her eine Parallele so dicht, daß sie in den Raum MnN tritt, so wird diese die Parabel in n zum zweiten Male schneiden, und weil sie in den geschlossenen Raum MnN tritt, so muß sie bei hinlänglicher Verlängerung aus ihm heraustreten, also entweder die Tangente oder die Curve durchschneiden; die Tangente kann sie nicht schneiden, denn sie ist mit ihr parallel, sie müßte also die Curve nochmals schneiden, hätte also einen dritten Punct mit ihr gemein, was unmöglich ist. Daraus erhellet, daß auch die Tangente die Parabel nur in einem einzigen Puncte treffen kann.

$$x' = \frac{b}{2\,tg\,T^2} \pm \sqrt{\left(\frac{b^2}{4\,tg\,T^4} - \frac{bf}{tg\,T^2}\right)},$$

auch nur einen einzigen Werth haben; dieses ist aber nicht anders möglich, als wenn die Größe unter dem Wurzelzeichen $= 0$ wird. Man hat also für die Tangente die beiden Gleichungen:

$$\text{I.} \quad x' = \frac{b}{2\,tg\,T^2}, \text{ und}$$

$$\text{II.} \quad \frac{b^2}{4\,tg\,T^4} - \frac{bf}{tg\,T^2} = 0.$$

In diesen beiden Gleichungen sind zwei unbekannte Größen T und f vorhanden, beide werden sich also durch die Lösung der Gleichungen ergeben; dividirt man die zweite durch $\frac{b}{tg\,T^2}$, so hat man

$$\frac{b}{4\,tg\,T^2} - f = 0, \text{ oder}$$

$$\frac{b}{4f} = tg\,T^2; \text{ also}$$

$$tg\,T = \sqrt{\left(\frac{b}{4f}\right)}.$$

Substituirt man in I. für $tg\,T^2$ den Werth $\frac{b}{4f}$, so erhält man

$$x' = \frac{b}{2 \cdot \frac{b}{4f}} = 2f.$$

Es war nun $x' = x + f$, also ist

$$x + f = 2f, \text{ oder}$$

$$x = f,$$

wo x die Abscisse vom Scheitelpuncte bedeutet.

Substituirt man x für f in die obige Formel $tg\,T = \sqrt{\left(\frac{b}{4f}\right)}$, so wird

$$tg\,T = \sqrt{\left(\frac{b}{4x}\right)} = \tfrac{1}{2}\sqrt{\left(\frac{b}{x}\right)}.$$

§. 98.

Soll also an den Punct M (Fig. 26.) der Parabel eine Tangente gezogen werden, so muß $TA = f = x = AP$ seyn.

Die Linie TP heißt Subtangente; sie ist $= TA + AP = x + f = 2x$. Um also an M eine Tangente zu ziehen, fälle man von M auf die Axe das Perpendikel PM, mache $AP = AF$, ziehe durch T und M die gerade Linie TM, so ist TM die Tangente an den Punct M der Parabel.

§. 99.

In der Formel für die Subtangente, $\text{subtang} = 2x$, ist von keinem Parameter die Rede, sie ist also von ihm auch völlig unabhängig. Hat man also mehre Parabeln AM, AM′ u. s. w. (Fig. 26.), die alle denselben Scheitel A haben, und zieht man an M eine Tangente TM, so geht, wenn man aus M ein Perpendikel auf die Axe fällt, welches die Parabel AM′ in M′ schneidet, die Tangente dieses Puncts M′ gleichfalls durch den Punct T.

§. 100.

Die Länge der Tangente ist

$$TM = \sqrt{(PT^2 + PM^2)}, \text{ oder}$$

$$TM = \sqrt{(4x^2 + y^2)} = \sqrt{(4x^2 + bx)} = \sqrt{((4x + b)x)}.$$

Da der Vector FM der Parabel $= x + \frac{1}{4}b$ ist (§. 92.), so ist

$$4FM = 4x + b, \text{ also ist}$$

$$TM = \sqrt{(4FM \cdot AP)};$$

d. h. die Tangente ist die mittlere Proportionale zwischen der Abscisse und dem vierfachen Vector.

§. 101.

Zieht man im Berührungspuncte M (Fig. 27.) ein Perpendikel MR auf die Tangente, so heißt dieses bis an die Axe AX verlängerte Perpendikel MR die Normale, und PR die Subnormale des Puncts M der Parabel. Die Werthe für beide ergeben sich sofort aus der Auflösung des Dreiecks PRM. Es ist nämlich

$$PR = \text{cotg}.PRM.y;$$

Da nun $PRM = 90^\circ - MTR$, so ist

$$\text{cotg}\,PRM = \text{tg}\,MTR, \text{ also}$$

$$PR = \text{tg}\,MTR.y; \text{ es ist aber}$$

$$\text{tg}\,MTR = \tfrac{1}{2}\sqrt{\left(\frac{b}{x}\right)}, \text{ und}$$

$$y = \sqrt{(bx)}; \text{ folglich}$$

$$PR = \tfrac{1}{2}\sqrt{\left[\left(\frac{b}{x}\right)bx\right]}, \text{ oder}$$

$$PR = \frac{b}{2};$$

d. h. die Subnormale gleichet dem halben Parameter, und ist also für alle Puncte ein und derselben Parabel dieselbe, weil hier der Parameter immer derselbe ist.

Da $AF = \frac{1}{4}b$ und $PR = \frac{1}{2}b$ ist, so wird

$$FR = AR - AF = AP + PR - AF$$
$$= x + \tfrac{1}{2}b - \tfrac{1}{4}b = x + \tfrac{1}{4}b.$$

Es ist aber auch der Vector

$$FM = x + \tfrac{1}{4}b,$$

also ist $FR = FM$, folglich Dreieck FMR gleichschenklig.

§. 102.

Die Länge der Normale gibt der Pythagorische Satz,

$$MR = \sqrt{(PM^2 + PR^2)}$$
$$= \sqrt{\left(y^2 + \frac{b^2}{4}\right)}$$
$$= \sqrt{\left(bx + \frac{b^2}{4}\right)}$$
$$= \sqrt{(b(x + \tfrac{1}{4}b))};$$

die Normale ist folglich die mittlere Proportionale zwischen dem Parameter und dem Vector des jedesmaligen Berührungspunctes.

§. 103.

Legt man durch den Berührungspunct M eine Parallele MX zu der Axe AX (Fig. 27.), so ist der Vector FM $= x + \frac{1}{4}b$; es ist aber auch $FT = TA + AF = TP - AT + AF = 2x - x + \frac{1}{4}b = x + \frac{1}{4}b$; folglich $FM = FT$; deshalb ist FTM ein gleichschenkliges Dreieck, also Winkel $MTF = TMF$. Da nun Winkel $MTF = NMX$, weil MX parallel ist zu AX, so ist auch Winkel $NMX = TMF$.

Ferner ist $TMR = RMN$ (jeder = einem rechten), also

$TMR - TMF = RMN - NMX$, oder

Winkel FMR = Winkel RMX.

Die Normale theilt also den Winkel, welcher von einem Vector an den Berührungspunct und einer durch den Berührungspunct gezogenen Parallele zur Axe gebildet wird, in zwei gleiche Theile.

Anmerkung. Denkt man sich die Parabel AM um ihre Axe AX in rotirender Bewegung, so beschreibt die Curve AM eine krumme Fläche, und jede durch AX und diese krumme Fläche gelegte Ebene schneidet diese Fläche in einer Parabel, die identisch mit AM ist, weil die ganze Fläche durch AM beschrieben wird. Gesetzt nun, es wäre diese Fläche eine Spiegelfläche, und es stände im Brennpunct F ein Licht, welches seine Strahlen auf sie sendete, so wird jeder Strahl zurückgeworfen nach dem bekannten optischen Gesetze: der Incidenzwinkel muß gleich seyn dem Reflexionswinkel. Für den Strahl FM ist FMR der Incidenzwinkel, weil RM im Puncte M senkrecht auf der Tangente und also auch senkrecht auf der Curve steht; da nun $RMX = FMR$, so ist RMX der Reflexionswinkel, es wird also MX der reflectirte Strahl seyn; der Strahl FM wird also parallel zu der Axe zurückgeworfen; ganz dasselbe gilt von allen aus F auf die Fläche AM fallenden Strahlen. — Umgekehrt werden auch alle parallel mit der Axe einfallende Strahlen in den Brennpunct F zurückgeworfen; die Parabelwölbung ist also ein vollkommener Brennspiegel, und von diesem Umstande hat der Punct F den Namen des Brennpuncts erhalten.

§. 104.

Auf die Eigenschaft der Parabel, daß (Fig. 27.) Winkel NMX = FMT, gründet sich eine geometrische Constructionsart der Tangente an die Parabel. Denn verlängert man MX rückwärts, macht MS = dem Vector MF und zieht SF, so ist SMT = NMX. Es ist aber NMX = FMT, also ist auch SMT = FMT, folglich halbirt die Tangente TM den Winkel SMF an der Spitze des gleichschenkligen Dreiecks FSM; TM steht also auch senkrecht auf der Basis und halbirt die Basis dieses Dreiecks FSM. Will man also an den Punct M der Parabel eine Tangente ziehen, so lege man durch M eine Parallele zur Axe AX, schneide auf dieser Parallele SM = FM ab, ziehe SF und senkrecht auf SM durch den Punct M die gerade Linie TM, so ist sie die verlangte Tangente des Puncts M der Parabel.

§. 105.

Nach §. 97. ist die trigonometrische Tangente des Winkels, den die Tangente der Parabel mit der Axe einschließt,

$$\text{tg}\, T = \tfrac{1}{2}\sqrt{\left(\frac{b}{x}\right)}.$$

Diese Formel setzt uns in den Stand, über die Richtung der Parabel in ihren verschiedenen Stellen zu urtheilen. Setzt man $x = 0$, so wird $\text{tg}\, T = \frac{\sqrt{(b)}}{0}$ = unmöglich, was bekannten Lehren der Trigonometrie zufolge anzeigt, daß T selbst $= 90^\circ$ seyn müsse. Im Scheitelpuncte der Parabel steht also die Tangente senkrecht auf der Abscissenaxe, die Parabel hebt sich also mit Perpendicularität aus ihrem Scheitel empor.

Setzt man $x = \tfrac{1}{4} b$, befindet man sich also im Brennpuncte, so ist $\text{tg}\, T = \sqrt{\left(\frac{b}{b}\right)} = 1$, T selbst ist folglich $= 45^\circ$. Senkrecht über dem Brennpuncte hat demnach die Parabel eine Richtung, die sich gegen die Richtung der Axe um einen Winkel von 45° neigt.

Setzt man x immer größer und größer, so wird $\frac{1}{2}\sqrt{\left(\frac{b}{x}\right)}$ immer kleiner, je größer x wird, also tg T, und folglich T selbst auch immer kleiner. In immer größern Entfernungen vom Scheitelpuncte wird demnach der Winkel, den die Richtung der Parabel mit der Richtung ihrer Axe einschließt, immer kleiner, und man kann diesen Winkel so klein machen, als man will, weil man x so groß annehmen kann, als man will, es kann jedoch dieser Winkel nie = 0 werden, weil $\frac{1}{2}\sqrt{\left(\frac{b}{x}\right)}$ nie = 0 werden kann, so groß man auch x macht. Die Richtung der Parabel nähert sich also bei weiterm Fortgange auf der Axe immer mehr der Richtung der Axe, kann jedoch nie mit dieser zusammenfallen.

Anmerkung. Den Begriff: die Richtung der Parabel nähert sich immer mehr der Richtung der Axe, druckt man gewöhnlich so aus: in unendlicher Entfernung vom Scheitel gehen Parabel und Axe derselben parallel mit einander fort. Richtig ist das allerdings, denn weil man x nie unendlich groß nehmen kann, so kann auch die Richtung der Parabel nie parallel werden mit der Richtung der Axe; indessen erregen dergleichen dunkle Begriffe bei dem Anfänger leicht Schwierigkeiten und Mißverständnisse.

§. 106.

Will man wissen, ob die Krümmung der Parabel hinsichtlich der Axe eine gleichförmige sey, ob also über gleich großen Abschnitten der Axe, auch die Richtung der Parabel sich gleich viel ändere, so liegt alles zu dieser Untersuchung Nöthige in der Formel $\operatorname{tg} T = \frac{1}{2}\sqrt{\left(\frac{b}{x}\right)}$. Denn theilt man die Axe AX (Fig. 28.) vom Scheitel A an in lauter beliebig große unter einander gleiche Theile, zieht man ferner aus diesen Theilpuncten P, P′, p, p′ senkrechte Ordinaten an die Parabel und an die Puncte M, M′, N, N′, wo diese Ordinaten die Parabel treffen, Tangenten TM, tM′, T′N, t′N′, so gibt der Unterschied der Winkel, den zwei solche Tangenten TM und tM′ mit der Abscissenaxe bilden, nämlich (T—t) die Richtungsänderung der Parabel über dem Stücke der Abscissenaxe PP′ an; eben so gibt (T′—t′) die Richtungsänderung der Parabel über pp′ an; wäre nun $(T - t) \lesseqgtr (T' - t')$, so krümmt sich die Parabel über PP′ weniger oder mehr, als über pp′. Um diese Untersuchung ganz allgemein durchzuführen, sey P der nte, P′ der (n + 1)te, p der (n + r)te, p′ der (n + r + 1)te Schnittpunct auf der Axe, so daß $AP = n$, $AP' = n + 1$, $Ap = n + r$, $Ap' = n + r + 1$ ist, wo n und r beliebige ganze Zahlen sind. Unter dieser Voraussetzung ist

für den nten Schnittpunct, $\operatorname{tg} T = \frac{1}{2}\sqrt{\left(\frac{b}{n}\right)}$;

„ „ (n + 1)ten „ $\operatorname{tg} t = \frac{1}{2}\sqrt{\left(\frac{b}{n+1}\right)}$;

„ „ (n + r)ten „ $\operatorname{tg} T' = \frac{1}{2}\sqrt{\left(\frac{b}{n+r}\right)}$;

„ „ (n + r + 1)ten „ $\operatorname{tg} t' = \frac{1}{2}\sqrt{\left(\frac{b}{n+r+1}\right)}$.

Daraus ergibt sich

$$\operatorname{tg}(T - t) = \frac{\operatorname{tg} T - \operatorname{tg} t}{1 + \operatorname{tg} T \operatorname{tg} t} = \frac{\frac{1}{2}\sqrt{\left(\frac{b}{n}\right)} - \frac{1}{2}\sqrt{\left(\frac{b}{n+1}\right)}}{1 + \frac{1}{4}\sqrt{\left[\left(\frac{b}{n+1}\right)\left(\frac{b}{n}\right)\right]}}$$

$$= \frac{1}{2}\sqrt{b}\left(\frac{\frac{1}{\sqrt{n}} - \frac{1}{\sqrt{(n+1)}}}{1 + \frac{b}{4}\frac{1}{\sqrt{(n(n+1))}}}\right).$$

Eben so ist

$$\operatorname{tg}(T' - t') = \frac{1}{2}\sqrt{b}\left(\frac{\frac{1}{\sqrt{(n+r)}} - \frac{1}{\sqrt{(n+r+1)}}}{1 + \frac{b}{4}\frac{1}{\sqrt{((n+r)(n+r+1))}}}\right).$$

Ist $\operatorname{tg}(T-t) \lesseqgtr \operatorname{tg}(T'-t')$, so ist auch $(T-t) \lesseqgtr (T'-t')$, weil mit dem Wachsen der Tangente eines Winkels der Winkel selbst wächst. Je nachdem also $\mathrm{tg}(T-t) \lessgtr \mathrm{tg}(T'-t')$, wird auch die Parabel sich über PP′ weniger oder mehr krümmen, als über pp′. Wir haben also zu untersuchen, ob

$$\mathrm{tg}(T-t) \lessgtr \mathrm{tg}(T'-t') \text{ sey, oder ob}$$

$$\tfrac{1}{2}\sqrt{b}\left(\frac{\frac{1}{\sqrt{n}}-\frac{1}{\sqrt{(n+1)}}}{1+\frac{b}{4}\cdot\frac{1}{\sqrt{(n(n+1))}}}\right) \lessgtr \tfrac{1}{2}\sqrt{b}\left(\frac{\frac{1}{\sqrt{(n+r)}}-\frac{1}{\sqrt{(n+r+1)}}}{1+\frac{b}{4}\cdot\frac{1}{\sqrt{((n+r)(n+r+1))}}}\right);$$

durch $\frac{1}{2}\sqrt{b}$ dividirt,

$$\frac{\frac{1}{\sqrt{n}}-\frac{1}{\sqrt{(n+1)}}}{1+\frac{b}{4}\cdot\frac{1}{\sqrt{(n(n+1))}}} \lessgtr \frac{\frac{1}{\sqrt{(n+r)}}-\frac{1}{\sqrt{(n+r+1)}}}{1+\frac{b}{4}\cdot\frac{1}{\sqrt{((n+r)(n+r+1))}}};$$

mit $\left(1+\frac{b}{4}\cdot\frac{1}{\sqrt{(n(n+1))}}\right)\left(1+\frac{b}{4}\cdot\frac{1}{\sqrt{((n+r)(n+1))}}\right)$ multiplicirt, gibt

$$\left(\frac{1}{\sqrt{n}}-\frac{1}{\sqrt{(n+1)}}\right)\left(1+\frac{b}{4}\cdot\frac{1}{\sqrt{((n+r)(n+r+1))}}\right)$$

$$\lessgtr \left(\frac{1}{\sqrt{(n+r)}}-\frac{1}{\sqrt{(n+r+1)}}\right)\left(1+\frac{b}{4}\cdot\frac{1}{\sqrt{(n(n+1))}}\right),$$

oder $\frac{1}{\sqrt{n}}-\frac{1}{\sqrt{(n+1)}}$ und $\frac{1}{\sqrt{(n+r)}}-\frac{1}{\sqrt{(n+r+1)}}$ auf gleiche Benennung,

$$\frac{\sqrt{(n+1)}-\sqrt{n}}{\sqrt{(n(n+1))}}\left(1+\frac{b}{4}\cdot\frac{1}{\sqrt{((n+r)(n+r+1))}}\right)$$

$$\lessgtr \frac{\sqrt{(n+r+1)}-\sqrt{(n+r)}}{\sqrt{((n+r)(n+r+1))}}\left(1+\frac{b}{4}\cdot\frac{1}{\sqrt{(n(n+1))}}\right);$$

oder

$$\frac{[\sqrt{(n+1)}-\sqrt{n}][\sqrt{((n+r)(n+r+1))}]}{\sqrt{(n(n+1))}\,[\sqrt{(n+r+1)}-\sqrt{(n+r)}]} \lessgtr \frac{1+\frac{b}{4}\cdot\frac{1}{\sqrt{(n(n+1))}}}{1+\frac{b}{4}\cdot\frac{1}{\sqrt{((n+r)(n+r+1))}}};$$

oder, weil

$$\frac{1+\frac{b}{4}\cdot\frac{1}{\sqrt{(n(n+1))}}}{1+\frac{b}{4}\cdot\frac{1}{\sqrt{((n+r)(n+r+1))}}}$$

$$=\frac{4\sqrt{(n(n+1))}+b}{4\sqrt{((n+r)(n+r+1))}+b}\cdot\frac{\sqrt{((n+r)(n+r+1))}}{\sqrt{(n(n+1))}},$$

so ist nach Aufhebung des gleichen Factors $\frac{\sqrt{((n+r)(n+r+1))}}{\sqrt{(n(n+1))}}$,

$$\frac{\sqrt{(n+1)}-\sqrt{n}}{\sqrt{(n+r+1)}-\sqrt{(n+r)}} \lessgtr \frac{4\sqrt{(n(n+1))}+b}{4\sqrt{((n+r)(n+r+1))}+b}.$$

Nun ist aber

$$\sqrt{(n+1)}-\sqrt{n} > \sqrt{(n+r+1)}-\sqrt{(n+r)},$$

weil, wenn man transponirt,

$$\sqrt{(n+1)} + \sqrt{(n+r)} > \sqrt{(n+r+1)} + \sqrt{n},$$

denn quadrirt

$$(n+1)+(n+r)+2\sqrt{((n+1)(n+r))}$$
$$> n+r+1+n+2\sqrt{(n(n+r))}, \text{ oder}$$
$$2\sqrt{((n+1)(n+r))} > 2\sqrt{n(n+1)},$$

denn durch 2 dividirt und dann quadrirt, ist

$$(n+1)(n+r) > n(n+r+1), \text{ oder}$$
$$n^2+rn+n+r > n^2+rn+n, \text{ oder}$$
$$r > 0;$$

in dem Ausdrucke $\frac{\sqrt{(n+1)}-\sqrt{n}}{\sqrt{(n+r+1)}-\sqrt{(n+r)}}$ ist also der Zähler größer als der Nenner, der Bruch ist folglich ein unechter; $\frac{4\sqrt{(n(n+1))}+b}{4\sqrt{((n+r)(n+r+1))}+b}$ ist offenbar ein echter Bruch, weil $n+r>n$ und $(n+r+1)>n+r$ ist; es ist also der erste Bruch $>$ als der zweite, folglich ist auch

$$tg(T-t) > tg(T'-t'), \text{ und auch}$$
$$(T-t) > (T'-t'),$$

Es krümmt sich also die Parabel über dem Stücke PP' mehr, als über dem Stücke pp', und weil die Untersuchung eine allgemeine ist, so folgt daraus der Lehrsatz: Geht man vom Scheitel der Parabel aus in lauter gleichen Abschnitten auf der Axe fort, so krümmt sich über jedem folgenden dieser Abschnitte die Parabel weniger, als über dem vorhergehenden. Die Krümmung der Parabel nimmt also rücksichtlich der Axe bei weiterm Fortgange vom Scheitel immer mehr und mehr ab.

Anmerkung. Aus diesem Lehrsatze folgt nicht, daß auch gleich lange Stücke der Parabel selbst bei weiterer Entfernung vom Scheitel sich immer weniger krümmen, weil daraus, daß die Parabel sich zwischen M und M′ mehr krümmt, als zwischen N und N′, nicht auf das Verhältniß der Länge der Stücke MM′ und NN′ geschlossen werden kann.

§. 107.

Die Tangente des Puncts M der Parabel (Fig. 29.) kann die Parabel nur in einem einzigen Puncte treffen; wie wird der Lauf beider Züge diesseits und jenseits des Puncts M beschaffen seyn? wird die Curve über oder unter der Tangente hergehen, oder (in der gewohnten Terminologie) wird die Parabel concav oder convex gegen ihre Axe AX seyn?

Convex wird die Parabel gegen AX seyn, sobald sie von dem Puncte M aus über der Tangente hergeht; soll also die Parabel convex werden, so muß ihre Ordinate $Qm > QR'$, als die Ordinate der geraden Linie seyn; soll sie concav werden gegen AX, so muß $QR' > Qm$ seyn. Findet sich also daß $QR' - Qm = +$ ist, so ist die Parabel von M aus nach N hin concav gegen die Axe AX; findet sich aber, daß $QR' - Qm = -$ ist, so wird sie convex seyn. Berechnen wir deshalb $QR' - Qm$.

Es ist $QR' = \operatorname{tg} T \, . \, TQ$ als Ordinate der geraden Linie TM,
und $Qm = \sqrt{(b \, . \, AQ)}$ als Ordinate der Parabel.

$AP = x$; PQ sey $= p$, so ist

$AQ = x + p$, und

$TQ = AT + AP + PQ = 2x + p.$

Da nun

$$\operatorname{tg} T = \tfrac{1}{2}\sqrt{\left(\frac{b}{x}\right)} \text{ ist (§. 97.),}$$

so ist substituirt

$$QR' = \tfrac{1}{2}\sqrt{\left(\frac{b}{x}\right)}(2x + p),$$

$$Qm = \sqrt{(bx + bp)}.$$

Es wird also $QR' - Qm$ positiv oder negativ, je nachdem

$$\tfrac{1}{2}\sqrt{\left(\frac{b}{x}\right)}(2x + p) \gtrless \sqrt{(bx + bp)} \text{ ist, oder}$$

$$2 \cdot \tfrac{1}{2}x\sqrt{\left(\frac{b}{x}\right)} + \tfrac{1}{2}p\sqrt{\left(\frac{b}{x}\right)} \gtrless \sqrt{(bx + bp)}, \text{ oder}$$

$$\sqrt{(bx)} + \tfrac{1}{2}p\sqrt{\left(\frac{b}{x}\right)} \gtrless \sqrt{(bx + bp)},$$

oder quadrirt

$$bx + p\sqrt{\left(\frac{b^2 x}{x}\right)} + \tfrac{1}{4}\frac{p^2 b}{x} \gtrless bx + bp, \text{ oder}$$

$$bx + pb + \frac{p^2 b}{4x} \gtrless bx + bp,$$

beiderseits $bx + bp$ abgezogen, bleibt

$$\frac{p^2 b}{4x} \gtrless 0.$$

Ist also $\frac{p^2 b}{4x}$ positiv, so ist $QR' - Qm$ positiv, also die Parabel concav gegen die Axe AX; $\frac{p^2 b}{4x}$ ist aber jedesmal positiv, p mag $= +$ oder $= -$ seyn. Setzt man $p = -$, so befindet man sich in q, falls $PQ = Pq$ ist; die Parabel ist also sowohl diesseits, als jenseits des Puncts M concav gegen die Axe AX; weil nun der Punct M ein beliebiger ist, so folgt aus der Untersuchung der allgemeine Lehrsatz: die Parabel ist durchaus concav gegen die Axe AX.

§. 108.

Weil $\frac{p^2 b}{4x}$ immer größer wird, je größer p ist, mag es nun positiv oder negativ seyn, denn x hat hier einen constanten Werth AP, so wird auch QR′ — Qm immer größer, je größer p wird. Die Tangente entfernt sich also auf beiden Seiten des Berührungspunctes immer weiter von der Parabel. Diese Curve wird sich also auch von jeder geraden Linie VZ, welche mit der Tangente TM parallel läuft, bei hinlänglicher Verlängerung immer weiter entfernen. Geht die Linie VZ über der Tangente her, so kann sie die Parabel nicht treffen, und ihr kleinster Abstand ist das Perpendikel WM aus dem Puncte M auf VZ gefällt, und ihre Entfernung von der Parabel ist für jeden andern Punct eine größere. Geht die Linie unter der Tangente her, so trifft sie die Parabel beständig in zwei Puncten, sobald sie nicht parallel zur Axe ist, welches sich hinlänglich ergibt aus §. 96.; dort war

$$\operatorname{tg} T^2 x'^2 - bx' = - bf;$$

so lange nun $\operatorname{tg} T^2$ einen reellen Werth hat, so lange also T selbst nicht $= 0$ wird, so lange ist die Gleichung $\operatorname{tg} T^2 x'^2 - bx' = - bf$ eine quadratische, und hat zwei Wurzeln für x′, es müssen folglich auch zwei Schnittpuncte vorhanden seyn, sobald die Wurzeln jener Gleichung nicht imaginär werden; es war nun (§. 96.)

$$x' = \frac{b}{2 \operatorname{tg} T^2} \pm \sqrt{\left(\frac{b^2}{4 \operatorname{tg} T^4} - \frac{bf}{\operatorname{tg} T^2}\right)};$$

sobald also

$$\frac{bf}{\operatorname{tg} T^2} < \frac{b^2}{4 \operatorname{tg} T^4}, \text{ oder, sobald}$$

$$f < \frac{b}{2 \operatorname{tg} T^2},$$

wird x′ reell und die gerade Linie schneidet die Parabel in zwei Puncten.

Wird aber $\operatorname{tg} T = 0$, also $T = 0$, d. h. ist die gerade Linie parallel der Abscissenaxe AX, so wird aus der Gleichung

$$\operatorname{tg} T^2 x'^2 - bx' = - bf,$$

die Gleichung $bx' = bf$, oder

$$x' = f;$$

in diesem Falle schneidet die gerade Linie die Parabel also nur in einem Puncte.

Eine solche Parallele V'Z' zu der Tangente TM muß sich von der Parabel auch immer weiter entfernen, weil sich die Tangente TM von der Parabel immer weiter entfernt; die weitere Entfernung der Linie V'Z' von der Parabel darf aber hier erst von den Puncten angerechnet werden, wo die Linie V'Z' die Parabel schneidet und über der convexen Seite derselben hinläuft.

§. 109.

Im vorigen §. ist gezeigt, daß die Parabel sich von der Tangente und von jeder Parallelen zu der Tangente immer weiter entferne. Könnte also umgekehrt dargethan werden, daß sich zu jeder beliebig gezogenen geraden Linie VZ eine Parallele TM construiren ließe, die zugleich Tangente an irgend einen Punct der Parabel wäre, so wäre dadurch bewiesen, daß die Parabel sich von jeder geraden Linie bei hinlänglicher Verlängerung immer weiter und weiter entferne. Die Möglichkeit aber und die Art und Weise, zu jeder geraden Linie VZ eine Parallele zu ziehen, die zugleich Tangente der Parabel wird, ist leicht einzusehen. Denn die Lage der Linie VZ gegen die Axe AX ist gegeben, also der Winkel bekannt, den VZ mit AX einschließt, dieser sey $= V$. Da nun $ZVX = MTX$ seyn muß, weil TM parallel zu VZ werden soll, so ist

$$\text{Winkel } V = T, \text{ also auch}$$
$$\operatorname{tg} V = \operatorname{tg} T;$$

es ist aber

$$\operatorname{tg} T = \tfrac{1}{2}\sqrt{\left(\frac{b}{x}\right)},$$

weil TM Tangente der Parabel werden soll; also ist

$$\operatorname{tg} V = \tfrac{1}{2}\sqrt{\left(\frac{b}{x}\right)};$$

daraus folgt

$$x = \frac{b}{4 \operatorname{tg} V^2}.$$

Trägt man also diesen Werth $\frac{b}{4 \operatorname{tg} V^2}$ von A aus nach P und T ab, und zieht dann PM, so ist eine gerade Linie durch T und M gezogen Tangente des Puncts M der Parabel und zugleich parallel zu VZ.

Diese Construction ist jedesmal möglich, so lange $x = \frac{b}{4 \operatorname{tg} V^2}$ einen reellen Werth hat, und dieses ist immer der Fall, ausgenommen, wenn tg V unendlich groß, oder wenn tg V = 0 ist; für diese beiden Fälle ist aber schon im Vorigen gesorgt, denn ist tg V unendlich, so ist V = 90°, die Tangente geht also durch den Scheitel der Parabel, und ist tg V = 0, so ist keine Tangente mehr möglich, weil die Richtung der Parabel nie mit der Richtung der Axe identisch werden kann; ist tg V = 0, so ist V = 0, die gerade Linie läuft also parallel mit der Axe AX; da nun die Axe sich immer weiter von der Parabel entfernt, so entfernt sich auch jede Parallele zu der Axe immer weiter von der Parabel.

Daraus folgt denn der allgemeine Lehrsatz: jede beliebig gegen die Axe der Parabel liegende gerade Linie entfernt sich bei hinlänglicher Entfernung immer weiter von der Parabel.

Anmerkung. Die Parabel besitzt also ein Bestreben, die gerade Linie zu fliehen; alle Curven, welche dasselbe Bestreben besitzen, heißen deshalb auch parabolische Curven (curvae generis parabolici), zum Unterschiede von einer andern Art Curven, die wir im Folgenden werden kennen lernen

§. 110.

Jede gerade Linie MX (Fig. 30.) von irgend einem Puncte M der Parabel parallel zur Axe AX gezogen heißt ein **Durchmesser** der Parabel.

Auf einen solchen Durchmesser MX der Parabel wollen wir die Gleichung dieser Curve beziehen; es sey zu diesem Ende

MX die Abscissenaxe; man ziehe ferner durch den Punct M eine Tangente TM an die Parabel, diese Linie TM sey die Ordinatenaxe, also jede Parallele nQ zu ihr eine Ordinate. Es sey $MQ = x'$, $Qn = y'$; wir suchen eine Gleichung zwischen x' und y'.

Gegeben ist uns die Gleichung der Parabel auf ihre Axe bezogen $y = \sqrt{(bx)}$, wo $AP = x$ und $PM = y$ ist. Zieht man nun nO parallel zu MX, und RQ und nr parallel zu PM, so ist in dem rechtwinkligen Dreiecke nQO

$$nQ^2 = nO^2 + OQ^2, \text{ oder}$$
$$y'^2 = nO^2 + OQ^2;$$

auf die Entwickelung von nO und OQ wird also die Untersuchung zurückgeführt.

Da Dreieck TPM ähnlich nQO, so ist

$$\frac{TP}{PM} = \frac{nO}{OQ},$$

oder $TP = 2x$ als Subtangente, und $PM = y$, gibt

$$\frac{2x}{y} = \frac{nO}{OQ}, \text{ also ist}$$
$$OQ = \frac{y \cdot nO}{2x};$$

diesen Werth für OQ in den obigen Ausdruck von y'^2 substituirt, so erhält man

$$y'^2 = nO^2 + \frac{y^2 \cdot nO^2}{4x^2},$$

oder den Factor nO^2 abgesondert,

$$y'^2 = nO^2\left(1 + \frac{y^2}{4x^2}\right).$$

Es bleibt uns also nur noch nO zu bestimmen übrig.

$$nO = rR = MQ + rP = x' + rP;$$

es ist aber

$$rP = AP - Ar = x - Ar,$$

folglich ist

$$nO = x' + x - Ar.$$

Weil der Punct n ein Punct der Parabel ist, so ist

$$\sqrt{(b.Ar)} = rn, \text{ also } rn^2 = b.Ar;$$

eben so ist

$$PM^2 = b.AP;$$

folglich ist

$$\frac{Ar}{AP} = \frac{rn^2}{PM^2}, \text{ oder}$$

$$\frac{Ar}{x} = \frac{rn^2}{y^2}, \text{ also}$$

$$Ar = \frac{x.rn^2}{y^2}.$$

$$rn \text{ ist aber } = PM - OQ = y - \frac{y.nO}{2x};$$

also ist

$$Ar = \frac{x}{y^2}\left(y - \frac{y.nO}{2x}\right)^2;$$

diesen Werth in den Ausdruck von nO substituirt, so hat man

$$nO = x' + x - \frac{x}{y^2}\left(y - \frac{y.nO}{2x}\right)^2, \text{ oder}$$

$$nO = x' + x - x\left(\frac{y^2}{y^2} - \frac{y^2.nO}{xy^2} + \frac{y^2.nO^2}{4x^2y^2}\right)$$

$$= x' + x - x\left(1 - \frac{nO}{x} + \frac{nO^2}{4x^2}\right)$$

$$= x' + x - x + nO - \frac{nO^2}{4x}, \text{ oder}$$

$$0 = x' - \frac{nO^2}{4x}, \text{ also}$$

$$nO^2 = 4xx'.$$

Dieses für nO^2 in den Ausdruck von y' substituirt, gibt

$$y'^2 = 4xx'\left(1 + \frac{y^2}{4x^2}\right);$$

es ist aber

$$\frac{y^2}{4x^2} = \frac{bx}{4x^2} = \frac{b}{4x}, \text{ folglich ist}$$

$$y'^2 = 4xx'\left(1 + \frac{b}{4x}\right),$$

$$\text{oder } y'^2 = 4xx' + bx',$$

$$\text{oder } y'^2 = (4x + b)x'.$$

Zieht man nun FM, so ist nach §. 92.

$$FM = x + \tfrac{1}{4}b, \text{ also}$$

$$4FM = 4x + b;$$

es ist folglich

$$y'^2 = 4\,FM.x'.$$

Die Größe 4 FM nennt man den Parameter des Durchmessers, welcher durch M geht. Bezeichnet man ihn etwa durch b′, so ist

$$y'^2 = b'x', \text{ also}$$
$$y' = \sqrt{(b'x')},$$

allgemeine Gleichung der Parabel für irgend einen Durchmesser.

§. 111.

Die Gleichung der Parabel in Beziehung auf jeden beliebigen Durchmesser als Abscissenaxe ist ganz conform mit der Gleichung der Parabel bezogen auf die Axe, $y = \sqrt{(b\,x)}$. b bedeutet 4 AF (§. 92.), also die vierfache Entfernung des Anfangspunctes vom Brennpuncte; in der Formel $y' = \sqrt{(b'x')}$ bedeutet b′ gleichfalls die vierfache Entfernung des Anfangspunctes vom Brennpuncte. Bei der Gleichung $y = \sqrt{(b\,x)}$ sind die Ordinaten senkrecht auf die Axe genommen; die Tangente durch den Anfangspunct, welcher in diesem Falle der Scheitel der Parabel ist, steht senkrecht auf der Axe, es sind also auch in diesem Falle die Ordinaten parallel zu der durch den Anfangspunct gezogenen Tangente. Man kann also die Gleichung der Parabel $y = \sqrt{(b\,x)}$ als eine allgemeine ansehen, nicht nur für die Axe, sondern auch für jeden beliebigen Durchmesser, wo der Durchmesser die Abscissenaxe und die Tangente durch den Anfangspunct die Ordinatenaxe ist, und wo b die vierfache Entfernung des Anfangspunctes vom Brennpuncte der Parabel bedeutet.

§. 112.

Da $y' = \sqrt{(b'\,x')}$, so ist

$$y'^2 = b'\,x';$$

die Ordinate ist also die mittlere Proportionale zwischen dem Parameter und der Abscisse.

Bezeichnet man eine andere Ordinate mit Y', die ihr zugehörige Absciſſe mit X', ſo iſt auch

$$Y'^2 = b'X',$$

folglich iſt

$$\frac{Y'^2}{y'^2} = \frac{X'}{x'};$$

die Absciſſen verhalten ſich demnach, wie die Quadrate der correspondirenden Ordinaten.

Weil $y' = \pm \sqrt{(b'x')}$, ſo gibt es für jedes x' zwei Ordinaten nQ und NQ, die der Größe nach gleich, der Lage nach entgegengeſetzt ſind.

Dieſelben Eigenſchaften, die wir früher in Beziehung auf die Axe fanden.

§. 113.

Die Gleichung $y' = \sqrt{(b'x')}$ hätte man auch noch auf dem gewöhnlichen Wege durch die allgemeinen Formeln der Coordinatenverwandlung finden können. Dieſe Ableitung mag hier einen Platz finden, weil ſie als ein paſſendes Beiſpiel zu jenen Formeln angeſehen werden kann.

Es iſt gegeben die Gleichung der Parabel bezogen auf die Axe, dieſe mag $Y = \sqrt{(bX)}$ ſeyn, wo Y die Ordinate, X die Absciſſe bedeutet; das alte Coordinatenſyſtem iſt ein rechtwinkliges. Es wird nun durch M (Fig. 30.) ein Durchmeſſer gezogen, welcher die neue Absciſſenaxe iſt, und die Ordinaten ſind parallel der Tangente TM, der neue Coordinatenwinkel iſt alſo der Winkel, den die Tangente mit der Absciſſenaxe einſchließt. Wir müſſen hier alſo übergehen von rechtwinkligen Coordinaten zu ſchiefwinkligen, wobei aber die neue Absciſſenaxe der alten parallel iſt; für dieſen Fall gelten die Formeln (§. 47. 2.)

$$x = a + x' + y' \cos A, \text{ und}$$
$$y = b + y' \sin A.$$

Nach unſerer Bezeichnung iſt $x = AS = X$, $y = SN = Y$; ferner iſt A der neue Coordinatenwinkel, alſo $= T$; wir haben folglich

$$X = a + x' + y' \cos T, \text{ und}$$
$$Y = b + y' \sin T,$$

wo $x' = MQ$, $y' = QN$ ist.

a war die Abscisse des neuen Anfangspunctes, in unserer Figur $= AP$, eben so ist $b = PM$. Weil nun für verschiedene Durchmesser AP und PM veränderlich sind, so mag $AP = x$, $PM = y$ seyn, dann wird, weil M immer ein Punct der Parabel seyn soll, $y = \sqrt{(b x)}$ seyn.

T ist der Winkel der Tangente mit der Abscissenaxe, es ist also $\operatorname{tg} T = \frac{1}{2}\sqrt{\left(\frac{b}{x}\right)}$; daraus ergibt sich

$$\cos T = \frac{1}{\sqrt{(1 + \operatorname{tg} T^2)}} = \frac{1}{\sqrt{\left(1 + \frac{1}{4}\frac{b}{x}\right)}} = \sqrt{\left(\frac{x}{x + \frac{b}{4}}\right)};$$

$$\sin T = \frac{\operatorname{tg} T}{\sqrt{(1 + \operatorname{tg} T^2)}} = \frac{\frac{1}{2}\sqrt{\left(\frac{b}{x}\right)}}{\sqrt{\left(1 + \frac{1}{4}\frac{b}{x}\right)}} = \frac{\frac{1}{2}\sqrt{b}}{\sqrt{\left(x + \frac{b}{4}\right)}}.$$

Diese Werthe substituirt, so ist

$$X = x + x' + y'\sqrt{\left(\frac{x}{x + \frac{b}{4}}\right)}, \text{ und}$$

$$Y = y + y'\frac{\frac{1}{2}\sqrt{b}}{\sqrt{\left(x + \frac{b}{4}\right)}}.$$

Da nun $Y = \sqrt{(b X)}$ oder $Y^2 = b X$ ist, so wird

$$\left(y + y'\frac{\frac{1}{2}\sqrt{b}}{\sqrt{\left(x + \frac{b}{4}\right)}}\right)^2 = b\left(x + x' + y'\sqrt{\frac{x}{\left(x + \frac{b}{4}\right)}}\right);$$

oder

$$y^2 + \frac{y y' \sqrt{b}}{\sqrt{\left(x + \frac{b}{4}\right)}} + \frac{\frac{1}{4} y'^2 b}{\left(x + \frac{b}{4}\right)} =$$

$$= b x + b x' + b y'\sqrt{\left(\frac{x}{\left(x + \frac{b}{4}\right)}\right)}.$$

Da ferner $y = \sqrt{(b x)}$, also $y^2 = b x$ ist, so wird

$$bx + \frac{y'\sqrt{b}.\sqrt{(bx)}}{\sqrt{\left(x+\frac{b}{4}\right)}} + \frac{\frac{1}{4}y'^2 b}{x+\frac{b}{4}} =$$

$$= bx + bx' + by'\sqrt{\left(\frac{x}{x+\frac{b}{4}}\right)},$$

oder

$$bx + by'\sqrt{\left(\frac{x}{x+\frac{b}{4}}\right)} + \frac{\frac{1}{4}y'^2 b}{x+\frac{b}{4}} =$$

$$= bx + bx' + by'\sqrt{\left(\frac{x}{x+\frac{b}{4}}\right)},$$

oder

$$\frac{\frac{1}{4}y'^2 b}{x+\frac{b}{4}} = bx',$$

oder

$$y'^2 = x'(4x+b),$$

oder $4x+b$ wie oben $= b'$ gesetzt, erhält man gleichfalls

$$y'^2 = b'x'.$$

§. 114.

Ist eine unbestimmte Linie MX (Fig. 30.) als Durchmesser einer zu beschreibenden Parabel, der Parameter b, der diesem Durchmesser zukommt, und ein Winkel α, unter welchen die Ordinaten die Abscissenaxe schneiden soll, gegeben, so construirt sich daraus die Parabel auf folgende Weise:

Man zieht durch M eine gerade Linie TM unter einem Winkel α gegen den Durchmesser MX, so wird TM Tangente an den Punct M der Parabel. Man ziehe ferner durch M die Linie FM, so daß $TMF = \alpha$ wird; macht man nun FM $= \frac{1}{4}b$, so ist F der Brennpunct der zu beschreibenden Parabel, wie das alles aus dem Vorigen hinlänglich erhellet. Durch den Brennpunct F ziehe man nun parallel zu MX die gerade Linie TX, so ist diese die große Axe, weil der Durchmesser ihr parallel ist. Man wird nun weiter nichts mehr zu bestimmen haben, als den Scheitelpunct, um alle vorhin angeführten Constructionsarten der Parabel auch hier anwenden zu können. Der Scheitelpunct aber findet sich sehr leicht; denn zieht man die senkrechte Ordinate PM, so ist TP Subtangente, und als solche gleich der doppelten Abscisse vom Scheitelpuncte (§. 98.). Halbirt man also TP in A, so ist A der Scheitelpunct, weil sonst nie $TP = AP + TA = 2x$ werden kann. Man hat nun Scheitelpunct und Brennpunct, also auch den Parameter zu der großen Axe, und kann nun die Parabel über der großen Axe nach den angeführten Methoden construiren.

§. 115.

Wir wollen nun noch einige andere Gleichungen der Parabel zur Darstellung bringen.

Soll die von uns vorhin angenommene Abscissenaxe Ordinatenaxe und die Ordinatenaxe Abscissenaxe werden, so muß in die Gleichung der Parabel

$$y = \sqrt{(bx)}$$

für x gesetzt werden y und für y substituirt werden x; dies ausgeführt gibt

$$x = \sqrt{(by)}, \text{ oder}$$

$$y = \frac{x^2}{b}.$$

Da hier x^2 jederzeit positiv ist, so kann auch y nie negativ werden, die Curve liegt also ganz auf der einen Seite der Abscissenaxe.

§. 116.

Soll eine Perpendiculäre auf die große Axe z. B. RQ (Fig. 31.) Abscissenaxe seyn, und die Ordinatenaxe senkrecht auf RQ stehen, so ist $AR = a$ gegeben; dann wird, weil M ein Punct der Parabel ist, $RM = \sqrt{(ab)}$ seyn, wo b den Parameter bedeutet. Soll nun M der neue Anfangspunct und die Richtung QM die positive Abscissenrichtung seyn, so ist

$$x = a + y', \text{ und}$$
$$y = \sqrt{(ab)} + x',$$

wo $QM = x'$, $QN = y'$ ist. Diese Werthe in die Gleichung der Parabel $y = \sqrt{(bx)}$ für x und y substituirt, gibt

$$\sqrt{(ab)} + x' = \sqrt{[(a + y')b]},$$

oder quadrirt, so ist

$$ab + 2\sqrt{(ab)}x' + x'^2 = ab + by',$$

oder

$$y' = \frac{2\sqrt{(ab)}x' + x'^2}{b}.$$

So lange also x' positiv ist, wird y' stets positiv, dieser Theil der Curve liegt also auf der positiven Seite der Ordinatenaxe. Setzt man $x' = -$, so wird

$$y' = \frac{x'^2 - 2\sqrt{(ab)}x'}{b}.$$

So lange also

$$2\sqrt{(ab)}x' > x'^2, \text{ oder}$$
$$2\sqrt{(ab)} > x',$$

oder weil $2\sqrt{(ab)} = MM'$, so lange also $MM' > x'$, wird y' negativ; für die Werthe von x', die zwischen M und M' fallen, liegt also die Parabel auf der negativen Seite der Ordinatenaxe. Wird aber $x' > MM'$, so fällt die Curve wieder auf die positive Seite der Ordinatenaxe.

Für $x' = 0$ und $x' = 2\sqrt{(ab)}$ wird $y' = 0$, d. h. in den Puncten M und M' geht die Curve durch die Abscissenaxe.

Macht man $QM = Q'M'$, so wird auch $QN = Q'N'$ seyn, denn

$$QN = \frac{2\sqrt{(ab)}x' + x'^2}{b},$$
$$Q'N' = \frac{-2\sqrt{(ab)}Q'M + Q'M^2}{b};$$

es ist aber

$$Q'M = MM' + Q'M' = M'M + MQ = 2\sqrt{(ab)} + x',$$

also ist

$$Q'N' = \frac{-4ab - 2\sqrt{(ab)}x' + 4ab + 4\sqrt{(ab)}x' + x'^2}{b}, \text{ oder}$$

$$Q'N' = \frac{2\sqrt{(ab)}x' + x'^2}{b}.$$

§. 117.

Es soll eine Gleichung der Parabel zwischen spiralen Coordinaten gefunden werden, der Brennpunct soll dabei Anfangspunct seyn. Es sey (Fig. 22.) $FM = z$, und der Drehungswinkel $MFX = \varphi$, so ist

$$FM = x + \tfrac{1}{4}b \text{ (§. 92.)}.$$

Da nun

$$x = AF + FP = \tfrac{1}{4}b + FP,$$

und da $FP = z\cos\varphi$ ist, so wird

$$FM = z = z\cos\varphi + \tfrac{1}{4}b + \tfrac{1}{4}b, \text{ oder}$$

$$z - z\cos\varphi = \frac{b}{2}, \text{ oder}$$

$$z(1 - \cos\varphi) = \frac{b}{2}, \text{ oder}$$

$$z = \frac{b}{2(1 - \cos\varphi)},$$

als Spiralgleichung der Parabel, wenn man den Brennpunct als Anfangspunct ansieht.

Für $\varphi = 0$ wird $\cos\varphi = 1$, also $z = \frac{b}{0}$, d. h. z unmöglich. Für jeden andern Werth von φ, für den $\cos\varphi$ nicht $= 1$ wird, wird z möglich, denn ist $\cos\varphi$ nicht $= 1$, so muß $\cos\varphi < 1$ seyn, es wird also $2(1 - \cos\varphi)$ positiv und nicht $= 0$, z wird also jedesmal positiv und deshalb möglich (§. 17.).

Setzt man $\varphi = 90°$, so ist $\cos\varphi = 0$, also $z = FS = \frac{b}{2}$ (Fig. 20.). z wird ein Kleinstes, sobald $2(1 - \cos\varphi)$ seinen größten Werth hat; dieser entsteht, sobald $-\cos\varphi$ seinen größten negativen Werth hat, sobald also $\varphi = 180°$ wird; dann ist $\cos\varphi = -1$, also $z = \frac{b}{2(1+1)} = \frac{b}{4} = AF.$

Hieraus folgt der Satz, daß der Scheitelpunct der Parabel unter allen Puncten der Parabel dem Brennpuncte am nächsten liege.

Für $\varphi = \varphi$ und $= (360^\circ - \varphi)$ ist $\cos\varphi$ identisch, also auch z identisch; ist also Winkel $MFX = M'FX$, so ist auch $FM = FM'$.

§. 118.

Dergleichen Gleichungen könnte man unzählige entwickeln; wir wollen uns nicht länger dabei aufhalten, sondern dazu fortgehen, den Lauf zweier Parabeln neben einander zu betrachten.

Die Gleichung der ersten Parabel sey

$$\text{I.} \quad y' = \sqrt{(Bx')},$$

die der zweiten sey

$$\text{II.} \quad y = \sqrt{(bx)}.$$

Die Axe der zweiten Parabel neige sich gegen die der ersten unter einem Winkel $= \alpha$; die Abscisse des Anfangspunctes der zweiten Parabel bezogen auf den Anfangspunct der ersten sey $= a$, die Ordinate $= c$. Um beide Parabeln mit einander vergleichen zu können, beziehen wir sie beide auf denselben Anfangspunct und dieselbe Axe; es mag die erste Parabel auf den Anfangspunct und die Axe der zweiten bezogen werden, so ist (§. 49. 1.)

$$x' = a + \cos\alpha x - \sin\alpha y, \text{ und}$$
$$y' = c + \sin\alpha x + \cos\alpha y.$$

Diese Werthe in I. $y' = \sqrt{(Bx)}$ substituirt, gibt

$$c + \sin\alpha x + \cos\alpha y = \sqrt{[B(a + \cos\alpha x - \sin\alpha y)]},$$

oder quadrirt, so erhält man

$$\text{III.} \quad c^2 + 2c\sin\alpha x + \sin\alpha^2 x^2 + 2c\cos\alpha y + \cos\alpha^2 y^2 + 2\sin\alpha\cos\alpha xy = $$
$$= Ba + B\cos\alpha x - B\sin\alpha y,$$

als Gleichung der ersten Parabel auf Axe und Anfangspunct der zweiten bezogen. Wo werden beide Parabeln sich schneiden?

Da sie beide auf denselben Anfangspunct und auf dieselbe Axe bezogen sind, so werden sie sich in allen den Puncten schneiden, wo die Ordinate der einen Parabel gleich ist der Ordinate der andern. Setzen wir also beider Ordinaten gleich, und lösen die dadurch sich bildende aus Gliedern von x bestehende Gleichung auf, so erfahren wir die Abscissen, welche diesen Schnittpuncten angehören. So viele verschiedene Werthe also x aus dieser Gleichung erhält, so viele Schnittpuncte der beiden Curven sind möglich.

Wir haben also für y in III. zu setzen $y = \sqrt{(bx)}$ aus II.; dadurch erhalten wir

$$c^2 + 2c\sin\alpha x + \sin\alpha^2 x^2 + 2c\cos\alpha\sqrt{(bx)} + \cos\alpha^2 bx$$
$$+ 2\sin\alpha\cos\alpha x\sqrt{(bx)} =$$
$$= Ba + B\cos\alpha x - \sin\alpha\sqrt{(bx)},$$

oder die zusammengehörenden Glieder versammelt, und nach x geordnet,

$$\sin\alpha^2 x^2 + (b\cos\alpha^2 - B\cos\alpha + 2c\sin\alpha)x + (c^2 - Ba) =$$
$$= -(B\sin\alpha + 2c\cos\alpha + 2\sin\alpha\cos\alpha x)\sqrt{(bx)}.$$

Es sey nun $\sin\alpha^2 = A$,

$$b\cos\alpha^2 - B\cos\alpha + 2c\sin\alpha = C,$$
$$c^2 - Ba = D,$$
$$-(B\sin\alpha + 2c\cos\alpha) = E,$$
$$-2\sin\alpha\cos\alpha = F,$$

so wird die Gleichung

$$Ax^2 + Cx + D = (E + Fx)\sqrt{(bx)},$$

oder quadrirt, so ist

$$A^2x^4 + 2ACx^3 + (2AD + C^2)x^2 + 2CDx + D^2 =$$
$$= E^2bx + 2EFbx^2 + F^2bx^3,$$

oder die gleich hohen Glieder zusammengestellt, so wird

$$\text{IV.}\quad A^2x^4 + (2AC - F^2b)x^3 + (2AD + C^2 - 2EFb)x^2$$
$$+ (2CD - E^2b)x + D^2 = 0.$$

§. 119.

Diese Gleichung des vierten Grades muß vier Werthe für x geben; die beiden Parabeln können daher nicht mehr, als vier Puncte mit einander gemein haben. Damit ist nicht gesagt, daß sie in jedem Falle vier Puncte gemein haben müssen, denn es können zwei oder auch alle vier Wurzeln jener Gleichung imaginär werden; löset man die Gleichung auf, so findet man die Bedingungen für die Realität oder Imaginärität der einzelnen Wurzeln. So wird man namentlich sehen, daß wenn $\alpha > 90^\circ$ ist, wenn also die positive Axe der einen Parabel auf der Seite liegt, wo die negative der andern sich befindet, die beiden Curven nur zwei Schnittpuncte haben, falls a positiv, und gar keinen Schnittpunct haben, falls a negativ ist.

Wir halten uns bei der Lösung dieser Gleichung nicht auf, weil sie weitläufige Rechnung gibt, sonst aber weiter keine Schwierigkeiten hat, indem man nur das Glied des dritten Ranges verschwinden macht und die übrig bleibende Gleichung als entstanden aus der Multiplication zweier quadratischer Factoren betrachtet. Siehe Egen, allg. Arith. Theil **II.** §. 367. u. ff.

Wir begnügen uns, einige particuläre Fälle dieser allgemeinen Formel hervorzuheben.

§. 120.

Es sollen die Axen beider Parabeln in derselben geraden Linie liegen und beide nach derselben Richtung gehen; in wie vielen Puncten werden die Curven sich schneiden können?

Unter dieser Voraussetzung ist in der allgemeinen Gleichung **IV.** (§. 118.) $\alpha = 0$ und $c = 0$, es wird also

$$A = \sin\alpha^2 = 0,$$
$$C = b\cos\alpha^2 - B\cos\alpha + 2c\sin\alpha = b - B,$$
$$D = c^2 - Ba = -Ba,$$

$$E = -(B\sin\alpha + 2c\cos\alpha) = 0,$$
$$F = 2\sin\alpha\cos\alpha = 0;$$

folglich $A^2 = 0,$
$$(2AC - F^2 b) = 0,$$
$$(2AD + C^2 - 2EFb) = (b - B)^2,$$
$$2CD - E^2 b = -2Ba(b - B),$$
$$D^2 = B^2 a^2;$$

es wird also die allgemeine Gleichung IV. (§. 118.) unter dieser Voraussetzung

$$(b - B)^2 x^2 - 2Ba(b - B) + B^2 a^2 = 0,$$

oder Wurzel ausgezogen

$$(b - B)x - Ba = 0, \text{ folglich}$$
$$x = \frac{Ba}{b - B};$$

es gibt also nur eine Abscisse, für welche sich die beiden Parabeln schneiden; weil aber auf beiden Seiten der großen Axe alles gleich ist, so gibt es sowohl über, als unter der Abscissenaxe einen Schnittpunct der beiden Parabeln in gleichen Entfernungen vom Scheitel; die Curven können sich also nur in zwei Puncten schneiden.

Ist $B < b$, so ist, falls a positiv ist, auch $x = \frac{Ba}{b - B}$ positiv, die Schnittpuncte sind also wirklich vorhanden. Ist $B > b$ und a negativ, so wird $x = \frac{-Ba}{-(B - b)} = \frac{Ba}{B - b}$ positiv, also auch unter dieser Voraussetzung schneiden sich die Parabeln wirklich in zwei Puncten.

Ist aber $B > b$ und a positiv, oder $B < b$ und a negativ, so wird x negativ, es kann also von keinen Schnittpuncten die Rede seyn, weil über der negativen Abscissenaxe nichts von der Parabel liegt.

$a = +$ zeigt an, daß der Anfangspunct der Parabel, deren Parameter b ist, auf der positiven Abscissenaxe der Parabel liegt, deren Parameter B ist, und $a = -$ bedeutet, daß der Anfangspunct der Parabel, deren Parameter B ist, auf der positiven Abscissenaxe der Parabel liegt, deren Parameter b ist. Aus dem Gesagten folgt also der Satz:

Zwei Parabeln, deren Axen gleichgerichtet sind und in derselben geraden Linie liegen, können sich nur in zwei Puncten schneiden, und sie thun dieses wirklich, sobald der Parameter der Parabel, deren Anfangspunct auf der positiven Axe der andern Parabel liegt, größer ist, als der Parameter dieser andern Parabel. Findet hinsichtlich der Parameter das Umgekehrte Statt, so können die Parabeln sich nicht schneiden.

§. 121.

Haben die Parabeln nicht gleichgerichtete Axen, sondern ist die positive Abscissenrichtung der einen die negative der andern, bleiben übrigens die Bestimmungen des vorigen §., so ist in den Formeln des vorigen §. für Bx zu setzen $-Bx$; also wird

$$(b + B)x - Ba = 0, \text{ oder}$$
$$x = \frac{Ba}{b+B};$$

für $a = +$ schneiden sich die Parabeln jedesmal in zwei Puncten, mag $b \lessgtr B$ seyn; für $a = -$ können sie sich nie treffen.

§. 122.

Es sollen die Axen beider Parabeln gleichgerichtet und parallel seyn, aber nicht in einer geraden Linie liegen; in wie vielen Puncten werden sich die Curven schneiden? Unter dieser Voraussetzung ist in der allgemeinen Formel (§. 118. IV.) $\alpha = 0$, also $\sin\alpha = 0$ und $\cos\alpha = 1$ zu setzen; es wird also

$A = 0;$
$C = b - B;$
$D = c^2 - Ba;$

$$E = -2c;$$
$$F = 0;$$

folglich

$$A^2 = 0;$$
$$2AC - F^2 b = 0;$$
$$2AD + C^2 - 2EFb = (b-B)^2;$$
$$2CD - E^2 b = 2(b-B)(c^2 - Ba) - 4c^2 b;$$
$$D^2 = (c^2 - Ba)^2;$$

diese Werthe in (§. 118. IV.) substituirt, so hat man

$$(b-B)^2 x^2 + [2(b-B)(c^2-Ba) - 4c^2 b]x + (c^2-Ba)^2 = 0,$$

oder

$$x^2 + \frac{[2(b-B)(c^2-Ba) - 4c^2 b]\,x}{(b-B)^2} = \frac{-(c^2-Ba)^2}{(b-B)^2}.$$

Daraus ergibt sich nach der gewöhnlichen Regel

$$x = -\frac{[(b-B)(c^2-Bb) - 2c^2 b]}{(b-B)^2} \pm \sqrt{\left\{\frac{[(b-B)(c^2-Ba) - 2c^2 b]^2}{(b-B)^4} - \frac{(c^2-Ba)^2}{(b-B)^2}\right\}}.$$

Zwei Parabeln also, deren Axen parallel mit einander laufen, können sich in nicht mehr als zwei Puncten schneiden. Sollen sie sich wirklich schneiden, so muß x möglich und auch positiv werden, weil über der negativen Axe kein Schnittpunct liegen kann; es muß also

1) $\sqrt{\left\{\frac{[(b-B)(c^2-Ba) - 2c^3 b^2]^2}{(b-B)^4} - \frac{(c^2-Ba)^2}{(b-B)^2}\right\}}$ möglich,

also

$$\frac{[(b-B)(c^2-Ba) - 2c^2 b]^2}{(b-B)^4} > \frac{(c^2-Ba)^2}{(b-B)^2} \text{ seyn,}$$

oder durch $(b-B)^4$ multiplicirt

$$[(b-B)(c^2-Ba)^2 - 2c^2 b]^2 > (b-B)^2 (c^2-Ba)^2,$$

oder

$$(b-B)^2(c^2-Ba)^2 - 4c^2 b(b-B)(c^2-Ba) + 4c^4 b^2 > (b-B)^2(c^2-Ba)^2,$$

oder

$$4c^4b^2 > 4c^2b(b-B)(c^2-Ba),$$

oder

$$b > \frac{(b-B)(c^2-Ba)}{c^2}.$$

Ferner muß x positiv werden; also

2) $-\frac{[(b-B)(c^2-Ba)-2c^2b]}{(b-B)^2}$ in sich positiv seyn; denn es ist

$$\frac{(b-B)(c^2-Ba)-2c^2b}{(b-B)^2}$$

$$> \sqrt{\left\{\frac{[(b-B)(c^2-Ba)-2c^2b]^2}{(b-B)^4}-\frac{(c^2-Ba)^2}{(b-B)^2}\right\}},$$

weil, wenn etwa $\frac{(b-B)(c^2-Ba)-2c^2b}{(b-B)^2} = \lambda$, und

$\frac{(c^2-Ba)^2}{(b-B)^2} = \mu$ gesetzt wird,

$$\lambda > \sqrt{(\lambda^2-\mu)} \text{ ist,}$$

denn quadrirt ist $\lambda^2 > \lambda^2 - \mu$, oder

$$\mu > 0.$$

Sobald also λ in sich selbst positiv ist, wird auch

$\lambda \pm \sqrt{(\lambda^2-\mu)}$ jedesmal positiv seyn; soll aber

$\lambda = -\frac{[(b-B)(c^2-Ba)-2c^2b]}{(b-B)^2}$ positiv werden, so muß

$$2c^2b > (b-B)(c^2-Ba), \text{ oder}$$

$$b > \frac{(b-B)(c^2-Ba)}{2c^2}.$$

Unsere erste Bedingung war $b > \frac{(b-B)(c^2-Ba)}{c^2}$; in dieser ist die zweite $b > \frac{(b-B)(c^2-Ba)}{2c^2}$ enthalten; denn ist $b >$ als irgend eine Größe, so muß auch $b >$ als die Hälfte dieser Größe seyn: es werden sich also die beiden Parabeln schneiden, sobald

$$b > \frac{(b-B)(c^2-Ba)}{c^2} \text{ ist, oder}$$

$$bc^2 > bc^2 - Bc^2 - bBa + B^2a, \text{ oder}$$

$$ba > Ba - c^2, \text{ oder}$$

$$b > B - \frac{c^2}{a}.$$

§. 123.

Stehen die Axen der beiden Parabeln senkrecht auf einander, so ist in der allgemeinen Formel (§. 118. IV.) $\alpha = 90°$, $\sin\alpha = 1$, $\cos\alpha = 0$, also

$$A = 1;$$
$$C = 2c;$$
$$D = (c^2 - Ba);$$
$$E = -B;$$
$$F = 0;$$

folglich

$$A^2 = 1;$$
$$2AC - F^2 b = 4c;$$
$$2AD + C^2 - 2EFb = 2(c^2 - Ba) + 4c^2;$$
$$2CD - E^2 b = 4c(c^2 - Ba) - bB^2;$$
$$D^2 = (c^2 - Ba)^2;$$

in diesem Falle wird also die Gleichung der Schnittpuncte

$$x^4 + 4cx^3 + [2(c^2 - Ba) + 4c^2]x^2 + [4c(c^2 - Ba) - bB^2]x + (c^2 - Ba)^2 = 0.$$

Zwei Parabeln also, deren Axen senkrecht auf einander stehen, können sich im Allgemeinen in vier Puncten schneiden. Löset man die Gleichung, so findet man die Bedingungen, unter denen entweder alle vier, oder nur zwei oder gar keine Wurzeln derselben reell werden.

Sechstes Capitel.

Die Ellipse.

§. 124.

Als Gleichung der Ellipse ist (§. 82.) gefunden

$$y = \frac{c}{a}\sqrt{(ax - x^2)},$$

wo c die kleine Axe Dd (Fig. 32.) und a die große Axe AB bezeichnet. Damit also die Ellipse eine bestimmte sey, müssen die beiden Stücke c und a bekannt seyn.

Weil $y = \pm\frac{c}{a}\sqrt{(ax - x^2)}$, so theilt die große Axe AB die Ellipse in zwei congruente Hälften, ADB und AdB. Sollte nicht die kleine Axe eine ähnliche Eigenschaft besitzen?

§. 125.

Um darüber urtheilen zu können, versetze man sich in die Mitte der großen Axe C; es sey deshalb CP = x′, PM = y′, so ist

$$x = \tfrac{1}{2}a + x',$$
$$y = y',$$

also substituirt in die Gleichung $y = \frac{c}{a}\sqrt{(ax - x^2)}$, so ist

$$y' = \frac{c}{a}\sqrt{\{a(x' + \tfrac{1}{2}a) - (x' + \tfrac{1}{2}a)^2\}}, \text{ oder}$$

$$y' = \frac{c}{a}\sqrt{(\tfrac{1}{4}a^2 - x'^2)}.$$

Mag nun x′ positiv oder negativ genommen werden, y′ behält denselben Werth, es theilt also auch die kleine Axe die Ellipse in zwei congruente Hälften.

Noch deutlicher erhellet dieses, wenn man die kleine Axe zur Abscissen- und die große zur Ordinatenaxe macht; es sey zu dem Ende DQ $= x''$, QM $= y''$ (Fig. 32.), die große Axe $= a$, die kleine Axe $= c$, so ist

$$y'' = CP = AP - AC = x - \tfrac{1}{2}a, \text{ und}$$
$$x'' = DC - CQ = \tfrac{1}{2}c - y,$$

folglich

$$x = y'' + \tfrac{1}{2}a, \text{ und}$$
$$y = \tfrac{1}{2}c - x'';$$

diese Werthe in die Gleichung der Ellipse $y = \frac{c}{a}\sqrt{(ax - x^2)}$ für y und x substituirt, so hat man

$$\tfrac{1}{2}c - x'' = \frac{c}{a}\sqrt{\{a(y'' + \tfrac{1}{2}a) - (y'' + \tfrac{1}{2}a)^2\}}, \text{ oder}$$
$$\tfrac{1}{2}c - x'' = \frac{c}{a}\sqrt{(\tfrac{1}{4}a^2 - y''^2)};$$

quadrirt, so ist

$$\tfrac{1}{4}c^2 - cx'' + x''^2 = \frac{c^2}{a^2}(\tfrac{1}{4}a^2 - y''^2), \text{ oder}$$
$$\tfrac{1}{4}a^2 - \frac{a^2x''}{c} + \frac{a^2x''^2}{c^2} = \tfrac{1}{4}a^2 - y''^2, \text{ oder}$$
$$y''^2 = \frac{a^2x''}{c} - \frac{a^2x''^2}{c^2}, \text{ oder}$$
$$y''^2 = \frac{a^2}{c^2}(cx'' - x''^2), \text{ oder}$$
$$y'' = \frac{a}{c}\sqrt{(c.x'' - x''^2)};$$

ganz conform mit der Gleichung $y = \frac{c}{a}\sqrt{(ax - x^2)}$, nur sind die Axen verwechselt. Weil nun $y'' = \pm\frac{a}{c}\sqrt{(cx'' - x''^2)}$, so theilt die kleine Axe die Curve in zwei congruente Hälften. Die Ellipse zerfällt also durch die beiden Axen in vier congruente Theile.

§. 126.

Weil bei der Gleichung $y = \frac{c}{a}\sqrt{(ax - x^2)}$ die Abscissen vom Scheitelpuncte an genommen werden, so heißt sie Gleichung der Ellipse vom Scheitelpuncte; eben so wird $y' = \frac{c}{a}\sqrt{(\frac{1}{4}a^2 - x'^2)}$ Gleichung der Ellipse vom Mittelpuncte genannt. Gewöhnlich setzt man in dieser letzten Gleichung die große Axe $a = 2\alpha$ und die kleine Axe $c = 2\beta$, wo also α und β die halben Axen bezeichnen; dann wird $\frac{c}{a} = \frac{\beta}{\alpha}$ und $\frac{1}{4}a^2 = \alpha^2$, also $y' = \frac{\beta}{\alpha}\sqrt{(\alpha^2 - x'^2)}$ als Gleichung der Ellipse vom Mittelpuncte der großen Axe.

§. 127.

Will man aus einer dieser Gleichungen die Ellipse construiren, so kann man zu jedem x das entsprechende y berechnen, und auf diese Weise so viele Puncte der Ellipse finden, als man will; allein dabei stößt man auf dieselbe Schwierigkeit, wie bei der Construction der Parabel (§. 91.), y ist irrational, man kann also, abgesehen von der Weitläufigkeit dieser Berechnungen, die Puncte der Ellipse nicht genau angeben. Es entsteht deshalb auch hier wieder die Frage: Gibt es nicht in irgend einer Lage gegen die große Axe AB (Fig. 32.) einen Punct O, der so beschaffen ist, daß jede aus ihm an einen beliebigen Punct der Ellipse gezogene gerade Linie OM sich durch einen rationalen Ausdruck darstellen läßt?

Legen wir die Gleichung aus dem Mittelpuncte zum Grunde, und bezeichnen wir schlichtweg die Abscisse vom Mittelpuncte durch x, die zugehörige Ordinate durch y, so ist

$$y = \frac{\beta}{\alpha}\sqrt{(\alpha^2 - x^2)}.$$

Es sey nun die Abscisse des Puncts O also $Cf = f$, die Ordinate fO desselben $= g$, so ist

$$OM^2 = (MP - fO)^2 + (CP - Cf)^2, \text{ oder}$$
$$OM^2 = (y - g)^2 + (x - f)^2;$$

für y substituirt, so ist

$$OM^2 = \left\{\frac{\beta}{\alpha}\sqrt{(\alpha^2 - x^2)} - g\right\}^2 + (x - f)^2.$$

Soll nun OM rational werden, so muß OM^2 ein vollständiges Quadrat, etwa $(A+B)^2$ werden, also

$$(A+B)^2 = \left\{\frac{\beta}{\alpha}\sqrt{(\alpha^2 - x^2)} - g\right\}^2 + (x-f)^2, \text{ oder}$$

$$A^2 + 2AB + B^2 =$$

$$= \beta^2 - \frac{\beta^2}{\alpha^2}x^2 - \frac{2g\beta}{\alpha}\sqrt{(\alpha^2 - x^2)} + g^2 + x^2 - 2fx + f^2.$$

Daraus folgt:

$$\text{I.} \quad A^2 = x^2 - \frac{\beta^2}{\alpha^2}x^2;$$

$$\text{II.} \quad 2AB = -2fx - \frac{2g\beta}{\alpha}\sqrt{(\alpha^2 - x^2)};$$

$$\text{III.} \quad B^2 = \beta^2 + g^2 + f^2.$$

Aus I. ist $A^2 = x^2\left(1 - \frac{\beta^2}{\alpha^2}\right)$, also

$$A = x\sqrt{\left(1 - \frac{\beta^2}{\alpha^2}\right)};$$

diesen Werth für A in II. substituirt, gibt

$$2x\sqrt{\left(1 - \frac{\beta^2}{\alpha^2}\right)}B = -2fx - \frac{2g\beta}{\alpha}\sqrt{(\alpha^2 - x^2)},$$

durch 2x dividirt, so wird

$$\sqrt{\left(1 - \frac{\beta^2}{\alpha^2}\right)}B = -f - \frac{g\beta}{\alpha}\,\frac{\sqrt{(\alpha^2 - x^2)}}{x}, \text{ also}$$

$$B = \frac{-f - \frac{g\beta}{\alpha}\,\frac{\sqrt{(\alpha^2 - x^2)}}{x}}{\sqrt{\left(1 + \frac{\beta^2}{\alpha^2}\right)}};$$

diesen Werth für B in III. substituirt, wird

$$\frac{\left(-f - \frac{g\beta}{\alpha}\,\frac{\sqrt{(\alpha^2 - x^2)}}{x}\right)^2}{1 - \frac{\beta^2}{\alpha^2}} = \beta^2 + g^2 + f^2.$$

Eine Constannte kann aber nie einer Veränderlichen gleich seyn; soll also die Identität der beiden Ausdrücke bestehen, und damit unsere Voraussetzung sich bestätigen, so muß $\frac{g\beta}{\alpha}\,\frac{\sqrt{(\alpha^2 - x^2)}}{x} = 0$ seyn, welches nicht anders möglich ist, als dadurch, daß g = 0 wird. Soll also der Punct O die Eigenschaft haben, daß OM jedesmal rational wird, so muß die Ordinate g dieses Punctes = 0 seyn, O selbst muß also in der Axe AB liegen.

Unter dieser Annahme wird denn

$$\frac{(-f)^2}{1-\frac{\beta^2}{\alpha^2}} = \beta^2 + f^2, \text{ oder}$$

$$\frac{f^2}{\frac{\alpha^2-\beta^2}{\alpha^2}} = \beta^2 + f^2, \text{ oder}$$

$$\alpha^2 f^2 = \alpha^2\beta^2 + \alpha^2 f^2 - \beta^4 - \beta^2 f^2,$$

beiderseits $a^2 f^2$ abgezogen, durch β^2 dividirt, wird

$$f^2 = \alpha^2 - \beta^2, \text{ oder}$$

$$f = \pm\sqrt{(\alpha^2 - \beta^2)}.$$

§. 128.

Es gibt also in der Ellipse, und zwar in der großen Axe zwei Puncte F und f, die so beschaffen sind, daß jede aus ihnen an irgend einen Punct der Ellipse gezogene gerade Linie sich durch einen rationalen Zahlenausdruck darstellen läßt. Beide Puncte stehen gleich weit vom Mittelpuncte der großen Axe ab, und zwar um die Größe $f = \sqrt{(\alpha^2 - \beta^2)}$. Diese beiden Puncte F und f heißen die Brennpuncte der Ellipse; der Abstand derselben vom Mittelpuncte $CF = Cf = \sqrt{(\alpha^2 - \beta^2)}$ wird Excentrizität genannt, und jede aus F oder f an irgend einen Punct M der Ellipse gezogene Linie fM oder FM heißt Vector der Ellipse.

§. 129.

Berechnet man die Vectoren FM und fM, so müssen beide rational werden; es ist

$$\begin{aligned} fM^2 &= PM^2 + fP^2 \\ &= y^2 + (x-f)^2 \\ &= \frac{\beta^2}{\alpha^2}(\alpha^2 x^2) + x^2 - 2fx + f^2 \\ &= \beta^2 - \frac{\beta^2}{\alpha^2}x^2 - 2fx + f^2 + x^2. \end{aligned}$$

Da nun $f = \sqrt{(\alpha^2 - \beta^2)}$, also $f^2 = \alpha^2 - \beta^2$ ist, so ist substituirt

$$\begin{aligned} fM^2 &= \beta^2 - \frac{\beta^2}{\alpha^2}x^2 - 2fx + \alpha^2 - \beta^2 + x^2 \\ &= \alpha^2 - 2fx + \left(1 - \frac{\beta^2}{\alpha^2}\right)x^2. \end{aligned}$$

Es ist aber

$$1 - \frac{\beta^2}{\alpha^2} = \frac{\alpha^2 - \beta^2}{\alpha^2} = \frac{f^2}{\alpha^2}, \text{ also}$$

$$\begin{aligned} fM^2 &= \alpha^2 - 2fx + \frac{f^2}{\alpha^2}x^2 \\ &= \left(\alpha - \frac{f}{\alpha}x\right)^2, \text{ also} \end{aligned}$$

$$fM = \alpha - \frac{f}{\alpha}x.$$

Ferner ist

$$\begin{aligned} FM^2 &= PM^2 + FP^2 \\ &= y^2 + (x+f)^2; \end{aligned}$$

rechnet man ganz wieder, wie vorhin, so wird

$$FM = \alpha + \frac{f}{\alpha}x.$$

Addirt man die beiden Vectoren, so wird

$$fM + FM = 2\alpha = a;$$

die Summe zweier an irgend einen Punct der Ellipse gezogenen Vectoren ist also jedesmal gleich der großen Axe dieser Curve.

§. 130.

Will man nun die Ellipse construiren, so kann man sich für jedes x den zugehörigen Vector berechnen, und weil dieser jedesmal rational wird, so viele Puncte der Curve genau bestimmen, als man will.

Sind dabei große Axe und kleine Axe gegeben, so wird man erst die Brennpuncte zu suchen haben, sie bestimmen sich aus der Formel $f = \sqrt{(\alpha^2 - \beta^2)}$. Noch leichter findet man sie auf geometrische Art: man setze in die Mitte C der großen Axe (Fig. 33.) die halbe kleine Axe CD senkrecht auf AB, und beschreibe aus D mit AC einen Kreis, so sind die Puncte F und f, wo dieser Kreis die Axe AB schneidet, die Brennpuncte, weil $FD + fD = 2\alpha = a$ ist.

Wäre große Axe und Parameter gegeben, so sucht man nach der Formel $D = \frac{c^2}{a}$ (§. 84.) die kleine Axe $c = \sqrt{(D\,a)}$, und dann nach der vorigen Methode die Brennpuncte.

Wäre kleine Axe und Parameter gegeben, so sucht man die große Axe aus der eben angegebenen Formel $D = \frac{c^2}{a}$, wo denn $a = \frac{c^2}{D}$ ist, und dann gilt wieder die vorige Methode.

§. 131.

Eine bequemere Constructionsart der Ellipse gründet sich auf die Eigenschaft derselben, daß die Summe der Vectoren $FM + fM = a$ ist. Ist große Axe AB (Fig. 34.) gegeben, und sind auch die Brennpuncte F und f bestimmt, so fasse man ein beliebiges Stück der großen Axe AG zwischen den Zirkel, beschreibe damit aus F einen Kreisbogen MM′ und aus f einen Kreisbogen NN′ mit demselben Radius AG. Darauf nehme man BG zwischen den Zirkel, und beschreibe damit aus F einen Kreisbogen, welcher den vorhin aus f beschriebenen NN′ in den Puncten N und N′ schneidet; mit demselben Radius GB beschreibe man aus f einen Kreisbogen, welcher MM′ in den Puncten M und M′ schneidet, so sind die Puncte M, M′, N, N′ vier Puncte der Ellipse, weil $FM + fM = FM' + fM' = FN + fN = FN' + fN' = a = AB$ ist. Macht man nun einen andern Abschnitt AH auf der großen Axe, und wendet abermals dieselbe Methode an, so erhält man dadurch vier andere Puncte der Ellipse; durch fortwährende Wiederholung dieses Verfahrens kann man also so viele Puncte der Curve festlegen, als man deren bedarf.

Anmerkung. 1. Werden sich denn aber zwei auf die angegebene Weise aus den beiden Brennpuncten beschriebene Kreise jedesmal schneiden? Sollen die beiden Kreise aus F und f beschrieben sich schneiden, so darf der Radius des aus F beschriebenen Kreises MM′ nicht größer seyn als FB, denn wäre er $> FB$, so müßte der Radius des aus f beschriebenen Kreises MM′ $< fB$, weil $FB + fB$ gleich großer Axe seyn soll, es würde daher der Kreis mit dem Radius $> FB$ aus F beschrieben den Kreis mit dem Radius $< fB$ beschrieben ganz in sich schließen; beide Kreise können sich also nicht schneiden. Aus demselben Grunde muß auch der Radius des aus F beschriebenen Kreises NN′ größer seyn, als die Entfernung des Brennpuncts F vom Scheitelpuncte A. Es muß also jedesmal das kleinere der beiden auf der großen Axe abgeschnittenen Stücke größer seyn, als die Entfernung eines] Brennpunctes von dem ihm nächsten Scheitelpuncte, wenn die beiden Kreise sich schneiden sollen.

Anmerkung. 2. Hat man mehre Dreiecke FMf, FDf, FNf, FRf u. s. w., welche alle über derselben Basis Ff liegen, und bei denen die Summe der beiden andern Seiten immer dieselbe ist, $FM + fM = FD + fD = FN + fN$ u. s. w. so liegen die Scheitelpuncte M, D, N, R in einer Ellipse.

Anmerkung. 3. Unter allen Dreiecken von gleichem Perimeter und gleicher Basis ist das gleichschenklige das größte an Inhalte; denn der Flächeninhalt eines Dreiecks ist ein Product aus der halben Basis in die Höhe; ist nun die Basis bei mehren Dreiecken dieselbe, so wird das Dreieck den größten Inhalt haben, welches die größte Höhe hat. Die Höhen der Dreiecke FMf, FDf, FNf u. s. w. sind lauter Ordinaten der Ellipse, CD ist unter diesen Ordinaten die größte (§. 81.); es wird also auch das Dreieck FDf den größten Inhalt haben, dieses Dreieck FDf ist aber gleichschenklig, wie aus dem Vorigen bekannt ist.

§. 132.

Auf die Eigenschaft der Ellipse, daß $FM + fM = a$, gründet sich auch die Construction dieser Curve durch continuirliche Bewegung. Befestigt man die Enden eines biegsamen Fadens von der Länge der großen Axe AB (Fig. 34.) in den Brennpuncten F und f, spannt dann den Faden mit einem Stifte M an, und führt deu Stift bei fortwährender Spannung des Fadens herum, so beschreibt er eine Ellipse, weil immer $FM + fM = a =$ der großen Axe ist.

§. 133.

Aus der Gleichung der Ellipse fließen mehre Lehrsätze, die aber demjenigen, der nur einen algebraischen Ausdruck zu lesen versteht, sich aus dem bloßen Anblicke der Gleichung ergeben; sind z. B. die Ordinaten einer Ellipse y und Y, die zugehörigen Abscissen x und X, so ist

$$y = \frac{c}{a}\sqrt{(ax - x^2)}, \text{ und}$$

$$Y = \frac{c}{a}\sqrt{(aX - X^2)};$$

Gleiches durch Gleiches dividirt, so ist

$$\frac{y}{Y} = \frac{\frac{c}{a}\sqrt{(ax - x^2)}}{\frac{c}{a}\sqrt{(aX - X^2)}}, \text{ oder}$$

$$\frac{y}{Y} = \frac{\sqrt{(ax - x^2)}}{\sqrt{(aX - X^2)}}, \text{ oder}$$

$$\frac{y^2}{Y^2} = \frac{ax - x^2}{aX - X^2} = \frac{(a - x)x}{(a - X)X};$$

$a - x$ und $a - X$ sind aber die Abschnitte der großen Axe, welche die Abscissen x und X zu der großen Axe ergänzen; es verhalten sich also die Quadrate der Ordinaten zu einander, wie die Producte aus den von ihnen gebildeten Segmenten der großen Axe.

Eben so, weil

$$y = \frac{c}{a}\sqrt{(ax - x^2)},$$

ist auch

$$\frac{y^2}{(a-x)x} = \frac{c^2}{a^2};$$

es verhält sich also das Quadrat der Ordinate einer Ellipse zu dem Producte der von ihr gebildeten Segmente der großen Axe, wie das Quadrat der kleinen Axe zum Quadrat der großen Axe.

§. 134.

Will man den Lauf der Ellipse verfolgen, so muß man ein Mittel haben, in jedem Momente ihre Richtung bestimmen zu können, man muß also eine Methode aufsuchen, vermöge deren man an jeden Punct der Curve eine Tangente ziehen kann. Um diese zu finden, verfahren wir ganz wieder, wie bei der Parabel (§. 96.).

Es sey also T (Fig. 35.) ein unbestimmter Punct auf der rückwärts verlängerten großen Axe AB; und TA sey $= g$; aus T ziehe man eine gerade Linie TN in die Ellipse und suche die Schnittpuncte dieser Linie mit der Ellipse.

Die Gleichung der geraden Linie ist

$$\operatorname{tg} T x' = y',$$

wo x' die Abscisse von T an genommen ist.

Die Gleichung der Ellipse vom Mittelpuncte C war

$$y = \frac{\beta}{\alpha}\sqrt{(\alpha^2 - x^2)}.$$

Will man beide Züge mit einander vergleichen, so beziehe man sie beide auf denselben Anfangspunct; dieser mag T seyn, so ist $x = x' - \alpha - g$, also wird die Gleichung der Ellipse auf T als Anfangspunct bezogen

$$y = \frac{\beta}{\alpha}\sqrt{[\alpha^2 - (x' - \alpha - g)^2]}, \text{ oder}$$

$$y = \frac{\beta}{\alpha}\sqrt{(\alpha^2 - x'^2 + 2\alpha x' - \alpha^2 - 2\alpha g - g^2 + 2g x')}, \text{ oder}$$

$$y = \frac{\beta}{\alpha}\sqrt{[2(\alpha + g)x' - x'^2 - (2\alpha g + g^2)]}.$$

Die beiden Züge werden sich nun da schneiden, wo beider Ordinaten gleich sind; setzen wir also y = y' und lösen die dadurch entstehende Gleichung, so erfahren wir die Absciſſen für die Schnittpuncte; es ist also

$$\operatorname{tg} T x' = \frac{\beta}{\alpha}\sqrt{[2(\alpha+g)x' - x'^2 - (2\alpha g + g^2)]},$$

oder quadrirt so ist

$$\operatorname{tg} T^2 x'^2 = \frac{\beta^2}{\alpha^2}[2(\alpha+g)x' - x'^2 - (2\alpha g + g^2)],$$

oder

$$\frac{\alpha^2 \operatorname{tg} T^2 x'^2}{\beta^2} + x'^2 - 2(\alpha+g)x' = -(2\alpha g + g^2),$$

oder

$$\left(\frac{\alpha^2 \operatorname{tg} T^2 + \alpha^2}{\beta^2}\right)x'^2 - 2(\alpha+g)x' = -(2\alpha g + g^2),$$

oder

$$x'^2 - \frac{2\beta^2(\alpha+g)}{\alpha^2 \operatorname{tg} T^2 + \beta^2}x' = \frac{-\beta^2(2\alpha g + g^2)}{\alpha^2 \operatorname{tg} T^2 + \beta^2};$$

folglich ist nach der bekannten Regel für die Lösung quadratischer Gleichungen

$$x' = \frac{\beta^2(\alpha+g)}{\alpha^2 \operatorname{tg} T^2 + \beta^2} \pm \sqrt{\left\{\frac{\beta^4(\alpha+g)^2}{(\alpha^2 \operatorname{tg} T^2 + \beta^2)^2} - \frac{\beta^2(2\alpha g + g^2)}{\alpha^2 \operatorname{tg} T^2 + \beta^2}\right\}}.$$

Die gerade Linie schneidet also die Ellipse in zwei Puncten; die Absciſſen dieser Puncte erfährt man aus dem Werthe von x', je nachdem man in ihm $\pm \sqrt{}$ setzt. Soll nun die gerade Linie Tangente an die Ellipse werden, so darf sie die Ellipse nur in einem einzigen Puncte schneiden [vergleiche §. 97, Anmerkung; der dort geführte Beweis läßt sich ganz auf dieselbe Weise auch hier anwenden], es darf also auch x' nur einen Werth haben; dieses ist nicht anders möglich, als wenn

$$\sqrt{\left\{\frac{\beta^4(\alpha+g)^2}{(\alpha^2 \operatorname{tg} T^2 + \beta^2)^2} - \frac{\beta^2(2\alpha g + g^2)}{\alpha^2 \operatorname{tg} T^2 + \beta^2}\right\}} = 0 \text{ wird.}$$

Daraus folgt, daß die Größe unter dem Wurzelzeichen = 0, oder daß der positive Theil gleich dem negativen werden muß;

läßt man dann noch den gleichen Factor $\frac{\beta^2}{\alpha^2 \operatorname{tg} T^2 + \beta^2}$ weg, so erhält man

$$\frac{\beta^2 (\alpha + g)^2}{\alpha^2 \operatorname{tg} T^2 + \beta^2} = 2\alpha g + g^2, \text{ oder}$$

$$\beta^2 \alpha^2 + 2\beta^2 \alpha g + \beta^2 g =$$
$$= 2\alpha^3 g \operatorname{tg} T^2 + \alpha^2 g^2 \operatorname{tg} T^2 + 2\alpha\beta^2 g + \beta^2 g^2,$$

oder nach Auslassung der gleichen Glieder $2\beta^2 \alpha g + \beta^2 g^2$,

$$\beta^2 \alpha^2 = 2\alpha^3 g \operatorname{tg} T^2 + \alpha^2 g^2 \operatorname{tg} T^2,$$

oder

$$\beta^2 = 2\alpha g \operatorname{tg} T^2 + g^2 \operatorname{tg} T^2,$$

also

$$\operatorname{tg} T^2 = \frac{\beta^2}{2\alpha g + g^2},$$

und

$$\operatorname{tg} T = \sqrt{\left(\frac{\beta^2}{2\alpha g + g^2}\right)} = \frac{\beta}{\sqrt{(2\alpha g + g^2)}}:$$

Unter dieser Annahme wird, wenn man in dem Ausdrucke

$$x' = \frac{\beta^2 (\alpha + g)}{\alpha^2 \operatorname{tg} T^2 + \beta^2},$$

für $\operatorname{tg} T^2$ den eben gefundenen Werth setzt,

$$x' = \frac{\beta^2 (\alpha + g)}{\frac{\alpha^2 \beta^2}{2\alpha g + g^2} + \beta^2}$$
$$= \frac{\beta^2 (\alpha + g)(2\alpha g + g^2)}{\alpha^2 \beta^2 + 2\alpha g \beta^2 + g^2 \beta^2}$$
$$= \frac{(\alpha + g)(2\alpha g + g^2)}{\alpha^2 + 2\alpha g + g^2}$$
$$= \frac{(\alpha + g)(2\alpha g + g^2)}{(\alpha + g)^2}$$
$$= \frac{2\alpha g + g^2}{\alpha + g}.$$

x' bezeichnet die Absciffe TP [Fig. 36.]; soll nun die Absciſſe AP vom Scheitel durch x bezeichnet werden, so ist $x' = x + g$, also

$$x' = x + g = \frac{2\alpha g + g^2}{\alpha + g},$$

oder weil $\alpha = \frac{a}{2}$ [§. 126.], so ist

$$x + g = \frac{ag + g^2}{\frac{1}{2}a + g}, \text{ oder}$$

$$\tfrac{1}{2}ax + \tfrac{1}{2}ag + gx + g^2 = ag + g^2, \text{ oder}$$

$$\tfrac{1}{2}ax - \tfrac{1}{2}ag + gx = 0, \text{ oder}$$

$$(\tfrac{1}{2}a - x)g = \tfrac{1}{2}ax, \text{ also}$$

$$g = \frac{\frac{1}{2}ax}{\frac{1}{2}a - x};$$

g ist aber = AT, es ist also

$$AT + AP = TP = g + x = \frac{\frac{1}{2}ax}{\frac{1}{2}a - x} + x,$$

$$\text{oder } TP = \frac{\frac{1}{2}ax + \frac{1}{2}ax - x^2}{\frac{1}{2}a - x},$$

$$\text{oder } TP = \frac{ax - x^2}{\frac{1}{2}a - x}.$$

§. 135.

Diese Linie TP (Fig. 36.) heißt **Subtangente** der Ellipse; die Formel für die Subtangente ist also $= \frac{ax - x^2}{\frac{1}{2}a - x}$, wo x die Abscisse vom Scheitel und a die große Axe der Ellipse bedeutet. Will man also nun an irgend einen Punct M der Ellipse eine Tangente ziehen, so berechnet man aus dem gegebenen x die Subtangente, fällt aus dem Puncte M, an den die Tangente gezogen werden soll, ein Perpendikel PM auf die große Axe und trägt von P nach T die berechnete Subtangente PT ab, zieht durch M und T die gerade Linie TM, so ist sie die Tangente des Puncts M der Ellipse.

§. 136.

In dem Ausdrucke der Subtangente ist von keiner kleinen Axe die Rede, es haben also alle Ellipsen über derselben großen Axe auch dieselbe Subtangente. Liegen also mehre Puncte M und M′ (Fig. 36.), die verschiedenen über derselben großen Axe beschriebenen Ellipsen angehören, in einer einzigen vertikalen Linie PN, so treffen die Tangenten aller dieser

Puncte M, M' in einem einzigen Puncte T auf der verlängerten Axe AB zusammen.

§. 137.

Will man in dem Ausdrucke der Subtangente die Gleichung vom Mittelpuncte $y = \frac{\beta}{\alpha}\sqrt{(\alpha^2 - x^2)}$ zum Grunde legen, so setzt man nur in ihrem Werthe $\frac{ax - x^2}{\frac{1}{2}a - x}$ für x an die Stelle $\alpha + x$ und 2α für a.

Dann ist die Subtangente

$$PT = \frac{2\alpha(\alpha + x) - (\alpha + x)^2}{\alpha - (\alpha + x)}$$
$$= \frac{2\alpha^2 + 2\alpha x - \alpha^2 - 2\alpha x - x^2}{-x}$$
$$= \frac{\alpha^2 - x^2}{-x}$$
$$= -\left(\frac{\alpha^2 - x^2}{x}\right),$$

wo das negative Zeichen andeutet, daß die Subtangente eine der Abscissenrichtung entgegengesetzte Richtung habe.

§. 138.

Zieht man im Puncte M, wo die Tangente TM (Fig. 37.) die Ellipse trifft, ein Perpendikel RM auf die Tangente, und verlängert dieses, bis es die große Axe schneidet, so heißt RM Normale und PR Subnormale der Ellipse. Will man die Normale an irgend einen Punct M der Ellipse ziehen, so fälle man aus diesem Puncte M ein Perpendikel PM auf die große Axe; wüßte man nun die Länge der Subnormale PR, so könnte man den Punct R und also auch die Normale MR bestimmen. Es ist aber

$$\frac{PR}{PM} = \frac{PM}{PT},$$

weil Winkel TMR $= 90°$, und folglich die beiden Dreiecke TPM und PRM ähnlich sind; oder

$$\frac{PR}{y} = \frac{y}{PT}, \text{ also}$$

$$PR = \frac{y^2}{PT};$$

PT ist aber $= \frac{ax - x^2}{\frac{1}{2}a - x}$ (§. 134.), und $y^2 = \frac{c^2}{a^2}(ax - x^2)$, folglich

$$PR = \frac{\frac{c^2}{a^2}(ax - x^2)}{\frac{ax - x^2}{\frac{1}{2}a - x}}, \text{ also}$$

$$PR = \frac{c^2}{a^2}\left(\tfrac{1}{2}a - x\right),$$

wo die Gleichung vom Scheitelpuncte zum Grunde liegt.

Wählt man die Gleichung vom Mittelpuncte, so muß man $\alpha + x$ für x setzen und $a = 2\alpha$, $c = 2\beta$ nehmen, also

$$PR = \frac{4\beta^2}{4\alpha^2}[\alpha - (\alpha + x)], \text{ oder}$$

$$PR = -\frac{\beta^2}{\alpha^2}x.$$

§. 139.

Die Länge der Tangente ist

$$TM = \sqrt{(y^2 + \text{subtg}^2)};$$

für die Gleichung vom Scheitelpuncte ist also

$$TM = \sqrt{\left\{\frac{c^2}{a^2}(ax - x^2) + \frac{(ax - x^2)^2}{(\frac{1}{2}a - x)^2}\right\}}$$

$$= \sqrt{\left\{\frac{ax - x^2}{(\frac{1}{2}a - x)^2}\left(\frac{c^2}{a^2}(\tfrac{1}{2}a - x)^2 + ax - x^2\right)\right\}};$$

für die Gleichung vom Mittelpuncte wird

$$TM = \sqrt{\left\{\frac{\beta^2}{\alpha^2}(\alpha^2 - x^2) + \frac{(\alpha^2 - x^2)^2}{x^2}\right\}}$$

$$= \sqrt{\left\{\left(\frac{\alpha^2 - x^2}{x^2}\right)\left(\frac{\beta^2}{\alpha^2}x^2 + (\alpha^2 - x^2)\right)\right\}}.$$

Die Länge der Normale ist

$$RM = \sqrt{(y^2 + \text{subnorm}^2)};$$

für die Gleichung vom Scheitelpuncte wird folglich

$$RM = \sqrt{\left\{\frac{c^2}{a^2}(a x - x^2) + \frac{c^4}{a^4}(\tfrac{1}{2}a - x)^2\right\}}$$

$$= \frac{c}{a}\sqrt{\left\{a x - x^2 + \frac{c^2}{a^2}(\tfrac{1}{2}a - x)^2\right\}};$$

für die Gleichung vom Mittelpuncte ist

$$RM = \sqrt{\left\{\frac{\beta^2}{\alpha^2}(\alpha^2 - x^2) + \frac{\beta^4}{\alpha^4}x^2\right\}}$$

$$= \frac{\beta}{\alpha}\sqrt{\left\{\alpha^2 - x^2 + \frac{\beta^2}{\alpha^2}x^2\right\}}$$

$$= \frac{\beta}{\alpha}\sqrt{\left\{\alpha^2 + \left(\frac{\beta^2 - \alpha^2}{\alpha^2}\right)x^2\right\}}.$$

§. 140.

Wie verhalten sich wohl die Winkel gegen einander, welche die beiden an einen Punct M der Ellipse (Fig. 37.) gezogenen Vectoren FM und fM mit der durch diesen Punct gezogenen Tangente TM, oder mit der Normale RM dieses Puncts M einschließen? wie verhält sich also Winkel FMR zu fMR? Berechnen wir irgend eine trigonometrische Function beider Winkel, etwa die Tangente, und legen wir die Gleichung vom Mittelpuncte zum Grunde.

Es ist

$$\operatorname{tg} FMR = \operatorname{tg}(FMP + PMR)$$

$$= \frac{\operatorname{tg} FMP + \operatorname{tg} PMR}{1 - \operatorname{tg} FMP . \operatorname{tg} PMR}.$$

$$\operatorname{tg} FMP = \frac{FP}{y} = \frac{CF - CP}{y};$$

nennen wir die Excentricität

$$CF = \sqrt{\alpha^2 - \beta^2} = \mathfrak{g},$$

so ist

$$\operatorname{tg} FMP = \frac{\mathfrak{g} - x}{y}, \text{ und}$$

$$\operatorname{tg} FMR = \frac{PR}{y} = \frac{\frac{\beta^2}{\alpha^2}x}{y}; \text{ also}$$

$$\operatorname{tg} FMR = \frac{\frac{g-x}{y} + \frac{\frac{\beta^2}{\alpha^2} x}{y}}{1 - \frac{\left(\frac{\beta^2}{\alpha^2} x\right)(g-x)}{y^2}}$$

$$= \frac{y\left(g - x + \frac{\beta^2}{\alpha^2} x\right)}{y^2 + \frac{\beta^2}{\alpha^2} x^2 - \frac{\beta^2}{\alpha^2} g x}$$

$$= \frac{y\left[g + \left(\frac{\beta^2 - \alpha^2}{\alpha^2}\right) x\right]}{\frac{\beta^2}{\alpha^2}(\alpha^2 - x^2) + \frac{\beta^2}{\alpha^2} x^2 - \frac{\beta^2}{\alpha^2} g x};$$

es ist aber

$$\alpha^2 - \beta^2 = g^2, \text{ also}$$

$$(\beta^2 - \alpha^2) = - g^2,$$

folglich ist

$$\operatorname{tg} FMR = \frac{y\left(g - \frac{g^2 x}{\alpha^2}\right)}{\beta^2 - \frac{\beta^2}{\alpha^2} g x},$$

mit α^2 multiplicirt,

$$\operatorname{tg} FMR = \frac{y(g\alpha^2 - g^2 x)}{\alpha^2 \beta^2 - \beta^2 g x}$$

$$= \frac{y g}{\beta^2}\left(\frac{\alpha^2 - g x}{\alpha^2 - g x}\right)$$

$$= \frac{y g}{\beta^2}.$$

Eben so ist

$$\operatorname{tg} fMR = \operatorname{tg}(fMP - RMP)$$

$$= \frac{\operatorname{tg} fMP - \operatorname{tg} RMP}{1 + \operatorname{tg} fMP \,.\, \operatorname{tg} RMP};$$

$$\operatorname{tg} fMP = \frac{fP}{y} = \frac{g+x}{y},$$

$$\operatorname{tg} RMP = \frac{\frac{\beta^2}{\alpha^2} x}{y};$$

folglich

$$\operatorname{tg} f\mathrm{MR} = \frac{\frac{g+x}{y} - \frac{\frac{\beta^2}{\alpha^2}x}{y}}{1+\frac{(g+x)\frac{\beta^2}{\alpha^2}x}{y^2}}$$

$$= \frac{y\left(g+x-\frac{\beta^2}{\alpha^2}x\right)}{y^2+\frac{\beta^2}{\alpha^2}x^2+g\frac{\beta^2}{\alpha^2}x}$$

$$= \frac{y\left[g+\left(\frac{\alpha^2-\beta^2}{\alpha^2}\right)x\right]}{\beta^2-\frac{\beta^2}{\alpha^2}x^2+\frac{\beta^2}{\alpha^2}x^2+g\frac{\beta^2}{\alpha^2}x}$$

$$= \frac{y(g\alpha^2+g^2x)}{\alpha^2\beta^2+g\beta^2x}$$

$$= \frac{yg(\alpha^2+gx)}{\beta^2(\alpha^2+gx)}$$

$$= \frac{yg}{\beta^2}.$$

Es ist also $\operatorname{tg} \mathrm{FMR} = \operatorname{tg} f\mathrm{MR}$; folglich ist auch Winkel FMR = Winkel fMR. Die Vectoren schließen also mit der Normale gleiche Winkel ein, also auch mit der Tangente, weil die Normale senkrecht auf der Tangente steht; also neigen sich die Vectoren auf gleiche Weise gegen die Curve, denn die Tangente ist die momentane Richtung der Curve.

§. 141.

Auf dieser Eigenschaft der Ellipse beruht eine geometrische Constructionsart der Tangente an einen gegebenen Punct M dieser Curve (Fig. 37.). Verlängert man den Vector fM, so ist

$$\mathrm{tM}f = \mathrm{TMF};$$

da nun auch

$$\mathrm{tM}f = \mathrm{SMT},$$

so ist

$$\mathrm{TMF} = \mathrm{SMT};$$

die Tangente halbirt also den Winkel SMF. Soll also an den

Punct M der Ellipse eine Tangente gezogen werden, so verlängere man den Vector fM, bis SM = FM wird, ziehe dann SF, und senkrecht auf SM durch den Punct M die gerade Linie TM, so ist diese die verlangte Tangente, denn sie halbirt den Winkel SMF, folglich steht sie auch senkrecht auf der Basis SF des gleichschenkligen Dreiecks SMF, dessen Winkel an der Spitze sie halbirt.

Anmerkung. Läßt man die Ellipse AMB um die Axe AB drehen, so wird AMB eine hohle elliptoidische Wölbung beschreiben; ist diese Wölbung eine Spiegelfläche und stellt man ein Licht in den Brennpunct f, so ist fMR der Incidenzwinkel für den Strahl fM; da nun fMR = RMF, so wird der Strahl fM in den andern Brennpunct F reflectirt (vergleiche §. 103.). Dasselbe gilt von allen aus f auf die Wölbung fallenden Strahlen, sie werden sämmtlich in F reflectirt. Eben so werden die aus F auf die Wölbung fallenden Strahlen nach f zurückgeworfen. Wegen dieser optischen Eigenschaft der Ellipse erhielten die Puncte F und f den Namen der Brennpuncte.

§. 142.

Die trigonometrische Tangente des Winkels PTM, den die Tangente der Ellipse mit der Axe einschließt, ist

$$\operatorname{tg} T = \frac{PM}{PT} = \frac{y}{\text{subtg}}.$$

Legt man also die Gleichung der Ellipse vom Scheitelpuncte zum Grunde, so ist

$$\operatorname{tg} T = \frac{\frac{c}{a}\sqrt{(ax - x^2)}}{\frac{ax - x^2}{\frac{1}{2}a - x}}$$

$$= \frac{\frac{c}{a}(\frac{1}{2}a - x)}{\sqrt{(ax - x^2)}}.$$

Diese Formel setzt uns in den Stand, über die Richtung der Ellipse in ihren verschiedenen Puncten zu urtheilen.

$x = 0$, ist $\operatorname{tg} T = \frac{\frac{c}{a}(\frac{1}{2}a)}{0}$ = unmöglich; im Scheitelpuncte A der großen Axe steht die Tangente und mit ihr die Curve selbst senkrecht auf der großen Axe.

So lange $x < \frac{1}{2}a$ ist $\operatorname{tg} T = +$, T selbst also spitz; für jeden Punct diesseits der kleinen Axe schließt also die Tangente der Ellipse mit der großen Axe einen spitzen Winkel ein.

Ist $x = \frac{1}{2}a$, so ist $\operatorname{tg} T = 0$, T selbst also $= 0$; über der Mitte der großen Axe hat also die Ellipse eine Richtung parallel der großen Axe.

Wird $x > \frac{1}{2}a$, so ist $\operatorname{tg} T = -$, T selbst folglich stumpf. Jenseits der kleinen Axe ist also der Winkel, den die Tangente mit der großen Axe einschließt, ein stumpfer. Hieraus folgt, daß die Tangente die verlängerte Axe jenseits B trifft. Für $x = a$ wird $\operatorname{tg} T = \frac{\frac{c}{a}(-\frac{1}{2}a)}{0}$, T also ein rechter. Im Puncte B steht folglich die Ellipse senkrecht auf der großen Axe.

§. 143.

Die Untersuchung über Concavität oder Convexität der Ellipse läßt sich auf dieselbe Art führen, wie bei der Parabel (§. 107.).

Es sey M irgend ein Punct der Ellipse (Fig. 38.), TM eine Tangente dieses Puncts der Curve; man will wissen, ob die Ellipse diesseits und jenseits des Puncts M mit Concavität oder Convexität gegen die große Axe fortschreite.

Man gehe um ein beliebiges Stück der Abscissenaxe PQ fort, ziehe aus Q die senkrechte Ordinate QR, welche Tangente und Ellipse schneidet. Findet sich nun, daß $QR > Qm$, so liegt der Punct m der Ellipse unter dem Puncte R der Tangente, die Ellipse geht also von M nach m unter der Tangente her, ist also concav gegen die große Axe. QR und Qm müssen also berechnet werden. Es ist

$QR = tg\,T \,.\, TQ$ als Ordinate der geraden Linie.

$Qm = \frac{c}{a}\sqrt{(a\,.\,AQ - AQ^2)}$ als Ordinate der Ellipse.

Es sey $PQ = p$, so ist

$TQ = subtg + p = \frac{ax - x^2}{\frac{1}{2}a - x} + p$ (§. 134.), und

$AQ = x + p$;

ferner ist

$$tg\,T = \frac{\frac{c}{a}(\frac{1}{2}a - x)}{\sqrt{(ax - x^2)}};$$

folglich

$$QR = tg\,T.TQ = \left(\frac{ax - x^2}{\frac{1}{2}a - x} + p\right)\frac{\frac{c}{a}(\frac{1}{2}a - x)}{\sqrt{(ax - x^2)}}$$

$$= \frac{c}{a}\sqrt{(ax - x^2)} + \frac{\frac{c}{a}(\frac{1}{2}a - x)}{\sqrt{(ax - x^2)}}\cdot p, \text{ und}$$

$$Qm = \frac{c}{a}\sqrt{(a.\,AQ - AQ^2)} = \frac{c}{a}\sqrt{[a(x+p) - (x+p)^2]}.$$

Es sollte nun untersucht werden, ob $QR \gtrless Qm$ sey; es muß folglich bestimmt werden, ob

$$\frac{c}{a}\sqrt{(ax - x)} + \frac{\frac{c}{a}(\frac{1}{2}a - x)}{\sqrt{(ax - x^2)}}\cdot p \gtrless \frac{c}{a}\sqrt{[a(x+p) - (x+p)^2]}$$

sey; oder durch $\frac{c}{a}$ dividirt und dann quadrirt

$$ax - x^2 + 2(\tfrac{1}{2}a - x)p + \frac{(\frac{1}{2}a - x)^2 p^2}{ax - x^2} \gtrless ax + ap - x^2 - 2px - p^2;$$

die gleichen Glieder $ax - x^2$ weggelassen, so bleibt

$$ap - 2px + \frac{(\frac{1}{4}a^2 - ax + x^2)p^2}{ax - x^2} \gtrless ap - 2px - p^2, \text{ oder}$$

$$\frac{(\frac{1}{4}a^2 - ax + x^2)p^2}{ax - x^2} \gtrless -p^2, \text{ oder}$$

$$\tfrac{1}{4}a^2p^2 - axp^2 + x^2p^2 \gtrless -axp^2 + x^2p^2, \text{ oder}$$

$$\tfrac{1}{4}a^2p^2 \gtrless 0.$$

Es ist aber $\frac{1}{4}a^2p^2$ jederzeit positiv, folglich ist auch QR jederzeit größer, als Qm und dieses ist auch noch dann der Fall, wenn p negativ ist. Die Ellipse ist also diesseits und jenseits des Puncts M concav gegen die große Axe, und da M ein beliebiger Punct ist, so folgt daraus, daß die Ellipse durchaus concav gegen die große Axe ist.

§. 144.

Die Ellipse entfernt sich beiderseits des Berührungspunktes immer weiter von der Tangente, weil die Differenz zwischen QR und Qm immer größer wird, je größer man p annimmt. Läßt sich also zu jeder geraden Linie VZ (Fig. 38.) eine Tangente an irgend einen Punct der Ellipse ziehen, die dieser geraden Linie parallel ist, so wäre bewiesen, daß die Ellipse sich von jeder geraden Linie immer weiter entferne. Schneidet die gerade Linie die Ellipse, so wird dieses in zwei Puncten geschehen müssen (§. 134.), und die weitere Entfernung muß von den Puncten an gerechnet werden, wo die gerade Linie aus der Ellipse heraustritt. Schneidet aber die gerade Linie die Ellipse nicht, so muß die weitere Entfernung von dem Puncte an genommen werden, wo die Ellipse der geraden Linie am nächsten ist; stände z. B. MZ′ senkrecht auf TM und also auch senkrecht auf VZ, so würde Z′ dieser Punct seyn. Daß sich aber zu jeder geraden Linie eine solche Tangente ziehen lassen, erhellet aus Folgendem:

Soll zu VZ eine Parallele gezogen werden, die zugleich Tangente an irgend einen Punct der Ellipse ist, so ist der Winkel V bekannt, welchen die gerade Linie VZ mit der Abscissenaxe einschließt; dieser Winkel V muß gleich seyn dem Winkel T, weil VZ parallel zu TM seyn soll, es muß also auch $\mathrm{tg}\,V = \mathrm{tg}\,T$ seyn.

Es ist aber

$$\operatorname{tg} T = \frac{\frac{c}{a}(\frac{1}{2}a - x)}{\sqrt{(ax - x^2)}},$$

weil TM Tangente an die Ellipse werden soll; es muß also

$$\frac{\frac{c}{a}(\frac{1}{2}a - x)}{\sqrt{(ax - x^2)}} = \operatorname{tg} V \text{ seyn;}$$

quadrirt, so ist

$$\frac{c^2}{a^2}\frac{(\frac{1}{4}a^2 - ax + x^2)}{ax - x^2} = \operatorname{tg} V^2,$$

oder

$$\frac{1}{4}\frac{c^2 a^2}{a^2} - \frac{c^2 x}{a} + \frac{c^2 x^2}{a^2} = ax \operatorname{tg} V^2 - x^2 \operatorname{tg} V^2,$$

oder

$$\frac{1}{4}c^2 a^2 - ac^2 x + c^2 x^2 = a \,.\, a^2 x \operatorname{tg} V^2 - a^2 x^2 \operatorname{tg} V^2,$$

oder

$$(c^2 + a^2 \operatorname{tg} V^2)x^2 - a(c^2 + a^2 \operatorname{tg} V^2)x = -\frac{1}{4}c^2 a^2,$$

oder

$$x^2 - ax = \frac{-\frac{1}{4}c^2 a^2}{c^2 + a^2 \operatorname{tg} V^2};$$

also

$$x = \frac{a}{2} \pm \sqrt{\left(\frac{-\frac{1}{4}c^2 a^2}{c^2 + a^2 \operatorname{tg} V^2} + \frac{1}{4}a^2\right)}$$

$$= \frac{a}{2} \pm \sqrt{\left(\frac{\frac{1}{4}a^4 \operatorname{tg} V^2}{c^2 + a^2 \operatorname{tg} V^2}\right)}$$

$$= \frac{a}{2} \pm \frac{a^2 \operatorname{tg} V}{2}\sqrt{\left(\frac{1}{c^2 + a^2 \operatorname{tg} V^2}\right)}.$$

Hierdurch erfährt man den Punct der Ellipse, an den die Tangente gezogen werden muß. Da x einen doppelten Werth hat, so gibt es zwei Puncte der Ellipse, deren Tangenten parallel mit der Linie VZ, und folglich auch unter sich parallel sind.

Die Linie VZ entfernt sich also von der Ellipse immer mehr; die Ellipse flieht also auch die gerade Linie, aber nicht so wie die Parabel, denn es kann hier nicht von einer immer weitern Entfernung ins Unendliche die Rede seyn in dem Verstande, wie bei der Parabel, weil die Ellipse eine geschlossene

Curve ist; deshalb ist denn auch die Ellipse keine Curve parabolischer Gattung (vergl. §. 109.).

§. 145.

Aus der Formel des vorigen §.

$$x = \frac{a}{2} \pm \frac{a^2 \operatorname{tg} V}{2} \sqrt{\left(\frac{1}{c^2 + a^2 \operatorname{tg} V^2}\right)}$$

ergibt sich, daß es jedesmal zu einem Puncte M der Ellipse einen correspondirenden Punct M′ in der auf der andern Seite der großen Axe liegenden Hälfte der Ellipse gebe, welcher die Eigenschaft hat, daß eine durch ihn gezogene Tangente T′M′ parallel ist der durch M geführten Tangente TM. Die Abscissen dieser Puncte sind

$$AP = \frac{a}{2} - \frac{a^2 \operatorname{tg} V}{2} \sqrt{\left(\frac{1}{c^2 + a^2 \operatorname{tg} V^2}\right)}, \text{ und}$$

$$AP' = \frac{a}{2} + \frac{a^2 \operatorname{tg} V}{2} \sqrt{\left(\frac{1}{c^2 + a^2 \operatorname{tg} V^2}\right)};$$

folglich ist

$$AP + AP' = a;$$

es ist aber auch

$$AP' + P'B = a,$$

also ist

$$AP = P'B.$$

Ist also C die Mitte der großen Axe, so wird auch

$$CP = CP' \text{ seyn.}$$

Zwei Puncte der Ellipse also, welche die Eigenschaft besitzen, daß die durch sie an die Curve gezogenen Tangenten parallel sind, liegen jedesmal gleich weit von der Mitte der großen Axe, denn ist $CP = CP'$, so ist auch

$PM = P'M'$, weil gleichen Abscissen in einer und derselben Ellipse auch gleiche Ordinaten zukommen; folglich auch

$$CP^2 = CP'^2, \text{ und}$$

$$PM^2 = P'M'^2;$$

also auch

$$PC^2 + PM^2 = CP'^2 + P'M'^2,$$

oder

$$CM^2 = CM'^2,$$

also

$$CM = CM'.$$

Oben ist gesagt worden, daß der Punct M' in der Hälfte der Ellipse liege, welcher unter der großen Axe sich befinde; verlangt man für diese Behauptung einen Beweis, so ergibt sich der durch folgende Betrachtung:

Für den Punct M' ist

$$AP' = \frac{a}{2} + \frac{a^2 \operatorname{tg} V}{2} \sqrt{\left(\frac{1}{c^2 + a^2 \operatorname{tg} V^2}\right)}$$

$$\operatorname{tg} V = \operatorname{tg} T' = \frac{P'M'}{P'T'} = \frac{y}{\operatorname{subtg}}; \text{ also}$$

$$AP' = x = \frac{a}{2} + \frac{a^2 y}{2 \operatorname{subtg}} \sqrt{\left(\frac{1}{c^2 + \frac{a^2 y^2}{\operatorname{subtg}^2}}\right)}$$

$$= \frac{a}{2} + \frac{a^2 y}{2 \operatorname{subtg}} \frac{\operatorname{subtg}}{\sqrt{(c^2 \operatorname{subtg}^2 + a^2 y^2)}}$$

$$= \frac{a}{2} + \frac{a^2 y}{2} \frac{1}{\sqrt{(c^2 \operatorname{subtg}^2 + a^2 y^2)}}.$$

Es ist aber

$$c^2 \operatorname{subtg}^2 + a^2 y^2 = \frac{c^2 (ax - x^2)^2}{(\frac{1}{2}a - x)^2} + c^2 ax - c^2 x^2$$

$$= \frac{\left\{\begin{matrix} c^2 a^2 x^2 - 2c^2 ax^3 + c^2 x^4 + \frac{1}{4}c^2 a^3 x - c^2 a^2 x^2 + \\ + c^2 ax^3 - \frac{1}{4}a^2 c^2 x^2 + ac^2 x^3 - c^2 x^4 \end{matrix}\right\}}{(\frac{1}{2}a - x)^2}$$

$$= \frac{\frac{1}{4}c^2 a^3 x - \frac{1}{4}a^3 c^2 x^2}{(\frac{1}{2}a - x)^2}$$

$$= \frac{\frac{1}{4}c^2 a^2 (ax - x^2)}{(\frac{1}{2}a - x)^2};$$

folglich wird

$$x = \frac{a}{2} + \frac{a^2 y}{2} \cdot \frac{1}{\sqrt{\left(\frac{\frac{1}{4}c^2 a^2 (ax - x^2)}{(\frac{1}{2}a - x)^2}\right)}}$$

$$= \frac{a}{2} + \frac{a^2 y}{2} \cdot \frac{(\frac{1}{2}a - x)}{\frac{1}{2}ca\sqrt{(ax - x^2)}}$$

$$= \frac{a}{2} + \frac{ay(\frac{1}{2}a - x)}{c\sqrt{(ax - x^2)}}.$$

Nun ist

$$y = \pm \frac{c}{a} \sqrt{(a x - x^2)},$$

folglich

$$x = \frac{a}{2} \pm a \frac{c}{a} \frac{\sqrt{(a x - x^2)}(\frac{1}{2} a - x)}{c\sqrt{(a x - x^2)}},$$

oder

$$x = \frac{a}{2} \pm (\tfrac{1}{2} a - x).$$

Wollte man nun das Zeichen + wählen, so würde man nicht $x = x$, sondern $x = a$ erhalten, was eine Ungereimtheit ist; es muß also — genommen und folglich

$$y = - \frac{c}{a} \sqrt{(a x - x^2)}$$

gesetzt werden; y ist hier also negativ, folglich liegt der Punct M' unter der großen Axe.

§. 146.

Da $CP = CP'$ und $PM = P'M'$ (Fig. 38.), so ist Dreieck CPM identisch mit dem Dreiecke $CP'M'$, folglich

Winkel $PCM = P'CM'$,

folglich

$$PCM + MCP' = P'CM' + MCP' = 2R,$$

deshalb machen die Linien CM und CM' eine einzige gerade Linie aus.

Sind also zwei Puncte M und M' so beschaffen, daß die durch sie gezogenen Tangenten parallel sind, und zieht man von M nach M' eine gerade Linie MM', so geht diese durch den Mittelpunct der großen Axe und wird selbst durch die große Axe in zwei gleiche Theile getheilt.

Eine solche gerade Linie MM', die durch den Mittelpunct der großen Axe der Ellipse geht und beiderseits in der Peripherie endigt, heißt ein Durchmesser der Ellipse.

Eine gerade Linie NN' durch den Mittelpunct der großen Axe parallel zu der durch M oder M' gezogenen Tangente der Ellipse, und beiderseits in der Peripherie der Ellipse endigend, heißt ein dem Durchmesser MM′ conjugirter Durchmesser. Beide Durchmesser zusammen heißen auch wohl conjugirte Durchmesser.

§. 147.

Auf ein Paar solcher conjugirter Durchmesser wollen wir die Gleichung der Ellipse beziehen. Der Durchmesser MM′ soll die Abscissenaxe (Fig. 39.), der Durchmesser NN′ die Ordinatenaxe seyn; NN′ ist parallel zu TM. Es sey deshalb CQ Abscisse $= x'$; $Qm = y' =$ Ordinate. Es ist

$y = \frac{\beta}{\alpha}\sqrt{(\alpha^2 - x^2)}$, wo C Anfangspunct, $CP = x$, $Pm = y$ ist, und das Coordinatensystem ein rechtwinkliges ist. Von diesem rechtwinkligen Coordinatensysteme soll der Uebergang zu einem schiefwinkligen gemacht werden, der Anfangspunct bleibt derselbe; es gelten also die Formeln (§. 47. 1.)

$$x = x' \cos\alpha + y' \cos(A + \alpha), \text{ und}$$
$$y = x' \sin\alpha + y' \sin(A + \alpha),$$

wo A der neue Coordinatenwinkel, α der Winkel ist, den die neue Abscissenaxe mit der alten einschließt.

Es ist also

$$\alpha = ABM \text{ und } A = MQm = MCN;$$

folglich

$$(A + \alpha) = ACN = 180° - NCB = 180° - T;$$

also

$$\cos(A + \alpha) = -\cos T,$$
$$\sin(A + \alpha) = \sin T.$$

Es wird also

$$x = x' \cos\alpha - y' \cos T, \text{ und}$$
$$y = x' \sin\alpha + y' \sin T.$$

Diese Werthe in die Gleichung $y = \frac{\beta}{\alpha}\sqrt{(\alpha^2 - x^2)}$ substituirt, erhält man die Gleichung der Ellipse bezogen auf ein Paar conjugirter Durchmesser. Es ist also

$$y^2 \alpha^2 = \beta^2 \alpha^2 - \beta^2 x^2,$$

folglich

$$\alpha^2 (x' \sin \alpha + y' \sin T)^2 = \beta^2 \alpha^2 - \beta^2 (x' \cos \alpha - y' \cos T)^2;$$

oder wirklich quadrirt

$$\alpha^2 x'^2 \sin \alpha^2 + 2 \alpha^2 x' y' \sin \alpha \sin T + \alpha^2 y'^2 \sin T^2 =$$
$$= \beta^2 \alpha^2 - \beta^2 x'^2 \cos \alpha^2 + 2 \beta^2 x' y' \cos \alpha \cos T - \beta^2 y'^2 \cos T^2,$$

oder gehörig geordnet

$$x'^2 (\alpha^2 \sin \alpha^2 + \beta^2 \cos \alpha^2) + 2 x' y' (\alpha^2 \sin \alpha \sin T - \beta^2 \cos \alpha \cos T) +$$
$$+ y'^2 (\alpha^2 \sin T^2 + \beta^2 \cos T^2) = \alpha^2 \beta^2.$$

Es sey nun

$$CP' = X, \quad P'M = Y, \text{ so ist}$$
$$Y = \frac{\beta}{\alpha} \sqrt{(\alpha^2 - Y^2)},$$

weil M ein Punct der Ellipse ist. Nun ist

$$\sin \alpha = \sin MCP' = \frac{P'M}{CM} = \frac{Y}{\sqrt{(X^2 + Y^2)}};$$
$$\cos \alpha = \frac{X}{\sqrt{(X^2 + Y^2)}};$$

ferner ist

$$\operatorname{tg} T = \frac{Y}{\text{subtg}} = \frac{\frac{\beta}{\alpha} \sqrt{(\alpha^2 - X^2)}}{\frac{\alpha^2 - X^2}{X}} = \frac{\beta X}{\alpha \sqrt{(\alpha^2 - X^2)}},$$

also

$$\cos T = \frac{1}{\sqrt{(1 + \operatorname{tg} T^2)}} = \frac{1}{\sqrt{\left(1 + \frac{\beta^2 X^2}{\alpha^2 (\alpha^2 - X^2)}\right)}}$$
$$= \frac{\alpha \sqrt{(\alpha^2 - X^2)}}{\sqrt{[\alpha^4 + (\beta^2 - \alpha^2) X^2]}},$$

und

$$\sin T = \frac{\beta X}{\sqrt{[\alpha^4 + (\beta^2 - \alpha^2) X^2]}};$$

folglich ist der Coefficient in x'^2, nämlich

$$\alpha^2 \sin\alpha^2 + \beta^2 \cos\alpha^2 = \frac{\alpha^2 Y^2 + \beta^2 X^2}{X^2 + Y^2}$$

$$= \frac{\alpha^2 \frac{\beta^2}{\alpha^2}(\alpha^2 - X^2) + \beta^2 X^2}{X^2 + Y^2} = \frac{\alpha^2 \beta^2}{X^2 + Y^2};$$

ferner ist der Coefficient in $x'y'$, nämlich

$$\alpha^2 \sin\alpha \sin T - \beta^2 \cos\alpha \cos T$$

$$= \frac{\alpha^2 \frac{\beta}{\alpha} \sqrt{(\alpha^2 - X^2)}\, \beta X - \beta^2 X \alpha \sqrt{(\alpha^2 - X^2)}}{\sqrt{(X^2 + Y^2)}\, \sqrt{[\alpha^4 + (\beta^2 - \alpha^2) X^2]}}$$

$$= 0;$$

endlich wird der Coefficient in y'^2

$$\alpha^2 \sin T^2 + \beta^2 \cos T^2 = \frac{\alpha^4 \beta^2}{\alpha^4 + (\beta^2 - \alpha^2) X^2};$$

es wird also die Gleichung

$$\frac{x'^2 \alpha^2 \beta^2}{X^2 + Y^2} + \frac{y'^2 \alpha^4 \beta^2}{\alpha^4 + (\beta^2 - \alpha^2) X^2} = \alpha^2 \beta^2,$$

oder

$$\frac{x'^2}{X^2 + Y^2} + \frac{y'^2 \alpha^2}{\alpha^4 + (\beta^2 - \alpha^2) X^2} = 1.$$

Es sey nun

$$CM = \alpha',$$

so ist

$$X^2 + Y^2 = CM^2 = \alpha'^2;$$

ferner sey

$$CN = \beta',$$

so ist

$$\beta'^2 = CR^2 + RN^2;$$

es ist aber

$$RN^2 = \beta^2 - \frac{\beta^2}{\alpha^2} . CR^2,$$

weil N ein Punct der Ellipse ist; also ist

$$\beta'^2 = \beta^2 + CR^2 \left(1 - \frac{\beta^2}{\alpha^2}\right);$$

es ist nun, weil Dreieck CRN ähnlich TP'M,

$$\frac{CR^2}{RN^2} = \frac{TP'^2}{P'M^2} = \frac{\frac{(\alpha^2 - X^2)^2}{X^2}}{\frac{\beta^2}{\alpha^2}(\alpha^2 - X^2)} = \frac{\alpha^2 (\alpha^2 - X^2)}{\beta^2 X^2};$$

für RN^2 substituirt, so ist

$$CR^2 = \frac{\alpha^2 (\alpha^2 - X^2)}{\beta^2 X^2} \left(\beta^2 - \frac{\beta^2}{\alpha^2} CR^2\right)$$

$$= \frac{\alpha^2 (\alpha^2 - X^2)}{X^2} - \left(\frac{\alpha^2 - X^2}{X^2}\right) CR^2;$$

folglich

$$CR^2 = \frac{\frac{\alpha^2 (\alpha^2 - X^2)}{X^2}}{1 + \frac{\alpha^2 - X^2}{X^2}} = \alpha^2 - X^2;$$

diesen Werth für CR^2 in den Ausdruck von β'^2 gesetzt, wird

$$\beta'^2 = \beta^2 + (\alpha^2 - X^2)\left(1 - \frac{\beta^2}{\alpha^2}\right)$$

$$= \alpha^2 + \frac{(\beta^2 - \alpha^2)}{\alpha^2} X^2 = \frac{\alpha^4 + (\beta^2 - \alpha^2) X^2}{\alpha^2};$$

folglich ist

$$\frac{\alpha^2}{\alpha^4 + (\beta^2 - \alpha^2) X^2} = \frac{1}{\beta'^2};$$

substituirt man diese Werthe für $X^2 + Y^2$ und $\frac{\alpha^2}{\alpha^4 + (\beta^2 - \alpha^2) X^2}$ in obige Gleichung, so erhält man

$$\frac{x'^2}{\alpha'^2} + \frac{y'^2}{\beta'^2} = 1, \text{ also}$$

$$y'^2 \frac{\alpha'^2}{\beta'^2} = \alpha'^2 - x'^2, \text{ folglich}$$

$$y' = \frac{\beta'}{\alpha'} \sqrt{(\alpha'^2 - x'^2)}.$$

§. 148.

Diese Gleichung der Ellipse, bezogen auf conjugirte Durchmesser, ist ganz conform mit der Gleichung der Ellipse, bezogen auf die Axen. Weil die Tangente durch die Scheitelpuncte senkrecht zur großen Axe und also parallel zur kleinen ist, so können große und kleine Axe auch als conjugirte Durchmesser angesehen werden, es ist folglich die Gleichung

$$y' = \frac{\beta'}{\alpha'} \sqrt{(\alpha'^2 - x'^2)}$$

eine allgemeine, und begreift die Gleichung

$$y = \frac{\beta}{\alpha}\sqrt{(\alpha^2 - x^2)}$$

unter sich.

Für $x' = 0$ ist $y' = \pm \beta'$, es ist also die Linie $CN = CN'$, und weil

$$y' = \pm \frac{\beta'}{\alpha'}\sqrt{(\alpha'^2 - x'^2)},$$

so theilt der Durchmesser MM' die Ellipse in zwei gleiche Theile, weil jede Parallele zu der Tangente TM in zwei gleiche Theile von ihm geschnitten wird.

Macht man die Abscissenaxe zur Ordinatenaxe und umgekehrt, also $CQ' = y' = x''$ und $Q'm = x' = y''$, so ist

$$x'' = \pm \frac{\beta'}{\alpha'}\sqrt{(\alpha'^2 - y''^2)};$$

daraus folgt

$$y'' = \pm \frac{\alpha'}{\beta'}\sqrt{(\beta'^2 - x''^2)},$$

es theilt also auch der Durchmesser NN' die Ellipse in zwei gleiche Theile, so wie er auch jede Parallele zu MM' in zwei gleiche Stücke $Q'm$ und $Q'm''$ schneidet.

§. 149.

Zieht man an den Punct N (Fig. 40.) der Ellipse eine Tangente, so ist

$$\operatorname{tg} T' = \frac{\beta . CR}{\alpha\sqrt{(\alpha^2 - CR^2)}}.$$

Nun war

$$CR^2 = \alpha^2 - X^2 \quad (\text{§. } 147.),$$

also ist

$$\operatorname{tg} T' = \frac{\beta\sqrt{(\alpha^2 - X^2)}}{\alpha X}.$$

$$\operatorname{tg} MCA \text{ ist } = \frac{Y}{X} = \frac{\beta}{\alpha}\frac{\sqrt{(\alpha^2 - X^2)}}{X},$$

folglich ist

$$\operatorname{tg} T' = \operatorname{tg} MCA,$$

$$\text{also Winkel } T' = \text{Winkel } MCA.$$

Es ist also eine Tangente durch die Endpuncte des zweiten conjugirten Durchmessers NN′ parallel zum ersten conjugirten Durchmesser; denn daß auch die Tangente durch N′ parallel sey der Tangente durch N, sieht man leicht, weil

$$\text{tg}\,T'' = \frac{R'N'}{R'T''} = \frac{RN}{RT'} = \text{tg}\,T' \text{ ist.}$$

Man hat also den allgemeinen Lehrsatz: die Tangenten durch die Endpuncte des einen der conjugirten Durchmesser sind dem andern Durchmesser parallel.

Was die Größe der conjugirten Durchmesser betrifft, so ist

$$CP'^2 + P'M^2 = CM^2,$$

$$\text{und } CR^2 + RN^2 = CN^2,$$

also addirt $CP'^2 + P'M^2 + CR^2 + RN^2 = CM^2 + CN^2.$

Es ist aber

$$CP'^2 = X^2,\ P'M^2 = Y^2 = \beta^2 - \frac{\beta^2}{\alpha^2}X^2;$$

$$CR^2 = \alpha^2 - X^2 \text{ (§. 147.)},$$

folglich

$$RN^2 = \beta^2 - \frac{\beta^2}{\alpha^2}(\alpha^2 - X^2) = \frac{\beta^2}{\alpha^2}X^2;$$

es ist also

$$CM^2 + CN^2 = \beta^2 - \frac{\beta^2}{\alpha^2}X^2 + X^2 + \alpha^2 - X^2 + \frac{\beta^2}{\alpha^2}X^2,$$

oder

$$\alpha'^2 + \beta'^2 = \alpha^2 + \beta^2;$$

die Summe der Quadrate der halben conjugirten Durchmesser ist also gleich der Summe der Quadrate der halben Axen der Ellipse, folglich auch die Summe der Quadrate der Durchmesser gleich der Summe der Quadrate der Axen.

Hieraus folgt, daß die Summe der Quadrate eines beliebigen Paars conjugirter Durchmesser einer Ellipse immer gleich ist der Summe der Quadrate eines willkürlichen andern Paars conjugirter Durchmesser derselben Ellipse, die Axen nicht ausgeschlossen.

§. 150.

Verlängert man die kleine Axe CD, bis sie die Tangente TM in t trifft (Fig. 40.) so ist

$$TM^2 = P'M^2 + TP'^2 = \frac{\beta^2}{\alpha^2}(\alpha^2 - X^2) + \frac{(\alpha^2 - X^2)^2}{X^2}$$

$$= \left(\frac{\beta^2}{\alpha^2} + \frac{\alpha^2 - X^2}{X^2}\right)(\alpha^2 - X^2)$$

$$= \left(\frac{\beta^2}{\alpha^2} X^2 + \alpha^2 - X^2\right)\left(\frac{\alpha^2 - X^2}{X^2}\right).$$

Nach dem vorigen §. war nun

$$CN^2 = \frac{\beta^2}{\alpha^2} X^2 + \alpha^2 - X^2;$$

folglich ist

$$TM^2 = CN^2 \frac{(\alpha^2 - X^2)}{X^2}.$$

Ferner ist

$$\frac{P'T}{TM} = \frac{CP'}{tM};$$

also auch

$$\frac{P'T^2}{TM^2} = \frac{CP'^2}{tM^2},$$

oder

$$\frac{\frac{(\alpha^2 - X^2)^2}{X^2}}{CN^2 \frac{\alpha^2 - X^2}{X^2}} = \frac{X^2}{tM^2};$$

also

$$tM^2 = CN^2 \frac{X^2}{\alpha^2 - X^2};$$

folglich ist

$$tM^2 . TM^2 = \frac{CN^2 . X^2}{\alpha^2 - X^2} . CN^2 \frac{(\alpha^2 - X^2)}{X^2} = CN^4,$$

also

$$tM . TM = CN^2.$$

Beschreibt man nun aus der Mitte von Tt etwa G mit dem Radius GT = Gt einen Kreis, so ist Tt Durchmesser dieses Kreises, also muß dieser durch C gehen, weil Winkel TCt ein rechter ist; verlängert man CM bis V, so ist bekanntlich

$$CM . MV = TM . Mt.$$

Es war nun

$$TM.tM = CN^2,$$

folglich ist

$$CM.MV = CN^2,$$

oder nach der gewohnten Bezeichnung

$$\alpha'.MV = \beta'^2,$$

folglich

$$MV = \frac{\beta'^2}{\alpha'};$$

es ist also der conjugirte halbe Durchmesser β' die mittlere Proportionale zwischen dem halben Durchmesser α' und der Linie VM.

§. 151.

Auf den Satz, daß $MV = \frac{\beta'^2}{\alpha'}$, gründet sich eine einfache Methode, die Ellipse zu construiren, wenn die Größe zweier conjugirter Durchmesser und der Winkel gegeben ist, den sie mit einander einschließen; es sey CM und CN, und der Winkel MCN (Fig. 40.) gegeben. Soll man daraus die Ellipse construiren, so setze man die conjugirten Halbmesser CM und CN unter dem gegebenen Winkel zusammen, verlängere CM so weit, bis $MV = \frac{\beta'^2}{\alpha'} = \frac{CN^2}{CM}$ wird. Durch M ziehe man die unbestimmte Linie Tt parallel zu CN. Aus der Mitte L der Linie CV fälle man ein Perpendikel LG auf CV, welches die Linie Tt in G schneidet. Beschreibt man nun aus G mit dem Radius CG einen Kreis, so muß dieser durch V gehen, weil CG = GV, denn Dreieck VGL ist congruent mit CLG, weil beide rechtwinklig sind, und LG = LG und VL = CL ist. Dieser Kreis schneidet die unbestimmte Linie Tt in den Puncten T und t; zieht man nun durch C und t die Linie Ct und durch C und T die Linie CT, so ist Winkel TCt ein rechter und CT und Ct sind die Directionen der Axen der Ellipse.

Die Größe der Axen bestimmt sich leicht folgendermaßen:

$$CT = TP' + CP' = \frac{\alpha^2 - X^2}{X} + X$$
$$= \frac{\alpha^2 - X^2 + X^2}{X} = \frac{\alpha^2}{X};$$

folglich

$$\alpha^2 = CT.X = CT.CP' = CA^2;$$

es ist also CA die mittlere Proportionale zwischen CP' und CT. Kennt man α, so kann man β finden nach der Formel

$$\alpha^2 + \beta^2 = \alpha'^2 + \beta'^2 \text{ (§. 149.), woraus}$$
$$\beta = \sqrt{(\alpha'^2 + \beta'^2 - \beta^2)} \text{ wird.}$$

Oder, um auch β auf geometrische Weise construiren zu können, so ist

$$\frac{Ct}{CT} = \frac{P'M}{TP'},$$

oder

$$\frac{Ct}{\frac{\alpha^2}{X}} = \frac{Y}{\frac{\alpha^2 - X^2}{X}},$$

oder

$$\frac{Ct}{\alpha^2} = \frac{Y}{\alpha^2 - X^2}.$$

Es ist aber

$$Y^2 = \frac{\beta^2}{\alpha^2}(\alpha^2 - X^2),$$

folglich

$$\frac{\alpha^2 Y^2}{\beta^2} = \alpha^2 - X^2;$$

dieses substituirt für $\alpha^2 - X^2$ gibt

$$\frac{Ct}{\alpha^2} = \frac{Y}{\frac{\alpha^2 Y^2}{\beta^2}},$$

oder

$$Ct = \frac{\beta^2}{Y},$$

oder

$$\beta^2 = Ct.Y = Ct.P'M = Ct.CP'';$$

die kleine halbe Axe ist also die mittlere Proportionale zwischen Ct und CP''.

Durch eine einfache Kreisbeschreibung wird man also kleine und große Axe finden können. Aus diesen construirt man alsdann die Ellipse auf die gewöhnliche Manier.

§. 152.

Wir wollen die Gleichung der Ellipse zwischen spiralen Coordinaten suchen.

Soll der Anfangspunct einer der Scheitelpuncte, etwa A, (Fig. 33.) seyn, und legen wir die Gleichung der Ellipse vom Mittelpuncte zum Grunde

$$y = \frac{\beta}{\alpha}\sqrt{(\alpha^2 - x^2)},\ \text{oder}$$

$$\alpha^2 y^2 = \beta^2\alpha^2 - \beta^2 x^2,$$

wo $CP = x$ und $PM = y$ ist, und bezeichnen wir AM durch z und den Drehungswinkel MAP durch φ, so ist

$$x = z\cos\varphi - \alpha,\ \text{und}$$

$$y = z\sin\varphi;$$

substituirt, so ist

$$\alpha^2 z^2 \sin\varphi^2 = \beta^2\alpha^2 - \beta^2 z^2\cos\varphi^2 + 2\beta^2\alpha z\cos\varphi - \beta^2\alpha^2,$$

oder

$$\alpha^2 z^2 \sin\varphi^2 = -\beta^2 z^2\cos\varphi^2 + 2\beta^2\alpha z\cos\varphi,$$

durch z dividirt,

$$\alpha^2 z\sin\varphi^2 = -\beta^2 z\cos\varphi^2 + 2\beta^2\alpha\cos\varphi,\ \text{oder}$$

$$(\alpha^2\sin\varphi^2 + \beta^2\cos\varphi^2)z = 2\beta^2\alpha\cos\varphi,\ \text{also}$$

$$z = \frac{2\beta^2\alpha\cos\varphi}{\alpha^2\sin\varphi^2 + \beta^2\cos\varphi^2}$$

Gleichung der Ellipse in Bezug auf spirale Coordinaten und auf den Scheitel als Anfangspunct.

Für $\varphi = 0$ ist $z = \frac{2\beta^2\alpha}{\beta^2} = 2\alpha$;

für $\varphi = 90^\circ$ ist $z = 0$;

für $\varphi > 90^\circ$ und $< 270^\circ$ ist $z = -$, also unmöglich.

Für $\varphi = (360 - \varphi)$ ist $z = \frac{2\beta^2 \alpha \cos(360 - \varphi)}{\alpha^2 \sin\varphi^2 + \beta^2 \cos(360 - \varphi)^2}$,

oder $z = \frac{2\beta^2 \alpha \cos\varphi}{\alpha^2 \sin\varphi^2 + \beta^2 \cos\varphi^2}$;

für gleiche Drehungswinkel unterhalb und oberhalb der großen Axe erhält man also gleiche Radien Vectoren.

§. 153.

Soll einer der Brennpuncte Anfangspunct werden, so ist, wenn man die Excentrizität $CF = Cf = f = \sqrt{(\alpha^2 - \beta^2)}$ setzt (Fig. 33.), und FM durch z und Drehungswinkel MFB durch φ bezeichnet,

$$CP = x = z\cos\varphi - f, \text{ und}$$
$$PM = y = z\sin\varphi.$$

Diese Werthe in die Gleichung der Ellipse

$$\alpha^2 y^2 = \beta^2 \alpha^2 - \beta^2 x^2$$

substituirt, gibt

$$\alpha^2 z^2 \sin\varphi^2 = \beta^2 \alpha^2 - \beta^2 z^2 \cos\varphi^2 + 2\beta^2 f z \cos\varphi - \beta^2 f^2.$$

Es ist

$$\beta^2 f^2 = \beta^2 (\alpha^2 - \beta^2) = \beta^2 \alpha^2 - \beta^4,$$

folglich

$$\alpha^2 z^2 \sin\varphi^2 + \beta^2 z^2 \cos\varphi^2 - 2\beta^2 f z \cos\varphi = \beta^4,$$

also

$$z^2 - \frac{2\beta^2 f z \cos\varphi}{\alpha^2 \sin\varphi^2 + \beta^2 \cos\varphi^2} = \frac{\beta^4}{\alpha^2 \sin\varphi^2 + \beta^2 \cos\varphi^2},$$

folglich

$$z = \frac{\beta^2 f \cos\varphi}{\alpha^2 \sin\varphi^2 + \beta^2 \cos\varphi^2}$$
$$\pm \sqrt{\left\{\frac{\beta^4}{\alpha^2 \sin\varphi^2 + \beta^2 \cos\varphi^2} + \frac{\beta^4 f^2 \cos\varphi^2}{(\alpha^2 \sin\varphi^2 + \beta^2 \cos\varphi^2)^2}\right\}}.$$

Es ist aber

$$\sqrt{\left\{\frac{\beta^4}{\alpha^2 \sin\varphi^2 + \beta^2 \cos\varphi^2} + \frac{\beta^4 f^2 \cos\varphi^2}{(\alpha^2 \sin\varphi^2 + \beta^2 \cos\varphi^2)^2}\right\}} =$$

$$= \frac{\sqrt{(\beta^4 \alpha^2 \sin\varphi^2 + \beta^6 \cos\varphi^2 + \beta^4 f^2 \cos\varphi^2)}}{\alpha^2 \sin\varphi^2 + \beta^2 \cos\varphi^2}$$

$$= \frac{\sqrt{(\beta^4 \alpha^2 \sin\varphi^2 + \beta^6 \cos\varphi^2 + \beta^4 \alpha^2 \cos\varphi^2 - \beta^6 \cos\varphi^2)}}{\alpha^2 \sin\varphi^2 + \beta^2 \cos\varphi^2}$$

$$= \frac{\sqrt{(\beta^4 \alpha^2)}}{\alpha^2 \sin\varphi^2 + \beta^2 \cos\varphi^2}$$

$$= \frac{\pm \beta^2 \alpha}{\alpha^2 \sin\varphi^2 + \beta^2 \cos\varphi^2};$$

folglich

$$z = \frac{\beta^2 f \cos\varphi \pm \beta^2 \alpha}{\alpha^2 \sin\varphi^2 + \beta^2 \cos\varphi^2} = \frac{\beta^2 (f \cos\varphi \pm \alpha)}{\alpha^2 \sin\varphi^2 + \beta^2 \cos\varphi^2}.$$

Was das — Zeichen betrifft, so darf dieses nicht genommen werden, denn z kann als Radius Vector nicht negativ werden, was geschehen würde, sobald man $-\alpha$ nehmen wollte, indem α jederzeit $> f \cos\varphi$ ist.

Wir haben also

$$z = \frac{\beta^2 (f \cos\varphi + \alpha)}{\alpha^2 \sin\varphi^2 + \beta^2 \cos\varphi^2};$$

$f^2 = \alpha^2 - \beta^2$, folglich $\beta^2 = \alpha^2 - f^2$, also

$$z = \frac{\beta^2 (f \cos\varphi + \alpha)}{\alpha^2 \sin\varphi^2 + \alpha^2 \cos\varphi^2 - f^2 \cos\varphi^2};$$

$$z = \frac{\beta^2 (f \cos\varphi + \alpha)}{\alpha^2 - f^2 \cos\varphi^2},$$

$$z = \frac{\beta^2 (f \cos\varphi + \alpha)}{(\alpha - f \cos\varphi)(\alpha + f \cos\varphi)},$$

$$z = \frac{\beta^2}{\alpha - f \cos\varphi},$$

als Gleichung der Ellipse bezogen auf spirale Coordinaten und auf einen der Brennpuncte als Anfangspunct.

z ist hier für jeden Werth von φ möglich, denn $\alpha - f \cos\varphi$ kann nie negativ und nie $= 0$ werden, weil $f \cos\varphi$ für jeden Werth von φ, $< \alpha$ seyn muß.

Für $\varphi = 0$ ist $z = \frac{\beta^2}{\alpha - f} = \frac{\alpha^2 - f^2}{\alpha - f} = \alpha + f.$

Für $\varphi = 90^\circ$ ist $z = \frac{\beta^2}{\alpha}.$

Für $\varphi = 180^\circ$ ist $z = \frac{\beta^2}{\alpha + f} = \frac{\alpha^2 - f^2}{\alpha + f} = \alpha - f.$

Für $\varphi = (360^\circ - \varphi)$ ist $z = \frac{\beta^2}{\alpha - f \cos(360^\circ - \varphi)} = \frac{\beta^2}{\alpha - f \cos\varphi};$

für gleiche Drehungswinkel unterhalb und oberhalb der großen Axe hat also der Radius Vector gleiche Werthe.

§. 154.

Eine besondere Art von Ellipsen erhält man, wenn man die große Axe gleich der kleinen setzt; die Gleichung für diese Art von Ellipsen wird, wenn man die Abscissen vom Scheitelpunct nimmt,

$$y = \sqrt{(ax - x^2)},$$

und wenn man die Abscissen vom Mittelpunct an rechnet,

$$y = \sqrt{(\alpha^2 - x^2)}.$$

Es versteht sich von selbst, daß alle früher angeführten Eigenschaften der allgemeinen Ellipse auch für diese besondere gelten; es wird folglich die Excentrizität $= \sqrt{(\alpha^2 - \beta^2)} = 0$; es fallen also beide Brennpuncte zusammen und zwar in die Mitte der großen Axe.

Die Summe der beiden Vectoren ist $= a = 2\alpha$ (§. 129.); beide Vectoren werden hier aus demselben Puncte der Axe an denselben Punct der Curve gezogen, sie sind also einander gleich, es ist also die Summe beider Vectoren gleich der doppelten Entfernung eines Puncts der Curve vom Mittelpuncte der Axe $= 2\alpha$; die einfache Entfernung jedes Puncts der Curve von der Mitte der Axe ist folglich $= \alpha =$ der Entfernung des Scheitelpuncts von der Mitte der Axe. Jeder Punct der Curve ist also gleich weit entfernt von der Mitte der Axe, die Curve ist also die in der Elementargeometrie betrachtete Kreislinie.

§. 155.

Die Gleichung des Kreises ist demnach $y = \sqrt{(ax - x^2)}$, wenn die Abscissen vom Scheitel genommen werden; a ist hier der Durchmesser, setzt man den Radius des Kreises $= r$, so wird $y = \sqrt{(2rx - x^2)}$ als Gleichung vom Scheitel, und $y = \sqrt{(r^2 - x^2)}$ als Gleichung vom Centrum der Kreislinie.

Da nun die Gleichung der Ellipse $y = \frac{c}{a}\sqrt{(ax - x^2)}$ ist, so ist die Ordinate der Ellipse gleich der $\frac{c}{a}$ fachen Kreisordinate. Will man also eine Ellipse, deren Axen AB und CD (Fig. 41.) gegeben sind, construiren, so beschreibe man über der großen Axe einen Kreis, mache dann jede Ordinate der Ellipse $PM = \frac{c}{a} . PM''$, so hat man dadurch den Punct M der Ellipse.

§. 156.

Aus der Gleichung des Kreises müssen sich alle in der Elementargeometrie bewiesenen Eigenschaften dieser Curve ableiten lassen. Einige der vorzüglichsten wollen wir hier anführen.

Da $$y = \sqrt{(2rx - x^2)},$$
so ist
$$y^2 = 2rx - x^2 = (2r - x)x;$$
d. h. die Ordinate PM (Fig. 42.) ist die mittlere Proportionale zwischen den von ihr gebildeten Segmenten des Durchmessers $AP = x$ und $PB = (2r - x)$.

§. 157.

Da $CM = r$ und $CM' = r$, so ist $CM + CM' = MM' = 2r$; alle Durchmesser eines und desselben Kreises sind also gleich und halbiren sich im Centrum.

§. 158.

Die Subtangente der Ellipse war $= \frac{ax - x^2}{\frac{1}{2}a - x}$; dieselbe Formel gilt also auch für die Subtangente des Kreises; ist also der Durchmesser eines Kreises gleich der großen Axe einer

Ellipse, so haben die correspondirenden Puncte beider Curven auch gleiche Subtangente.

Da Winkel CMT = CMP + PMT, so ist

$$\operatorname{tg} CMT = \frac{\operatorname{tg} CMP + \operatorname{tg} PMT}{1 - \operatorname{tg} CMP . \operatorname{tg} PMT}$$

$$= \frac{\frac{PT}{PM} + \frac{PC}{PM}}{1 - \frac{PT . PC}{PM^2}} = \frac{(PT + PC) PM}{PM^2 - PT . PC}$$

$$= \frac{(PT + PC) PM}{ax - x^2 - \left(\frac{ax - x^2}{\frac{1}{2}a - x}\right)(\frac{1}{2}a - x)}$$

$$= \frac{(PT + PC) PM}{0};$$

d. h. es ist der Winkel TMC, den die Tangente mit dem Radius einschließt, ein rechter; der Radius ist also die Normale. Dieses bestätigt denn auch die Formel für die Länge der Normale; für die Ellipse war sie

$$\frac{c}{a} \sqrt{\left[ax - x^2 + \frac{c^2}{a^2}(\tfrac{1}{2}a - x)^2\right]}$$

(§. 139.), für den Kreis also wird sie

$$\sqrt{[ax - x^2 + (\tfrac{1}{2}a - x)^2]}$$

$$= \sqrt{[ax - x^2 + \tfrac{1}{4}a^2 - ax + x^2]}$$

$$= \sqrt{(\tfrac{1}{4}a^2)} = \tfrac{1}{2}a = r.$$

§. 159.

Aus diesem ergibt sich eine leichte Methode, an jeden beliebigen Punct M der Ellipse (Fig. 41.) eine Tangente zu ziehen. Man beschreibe über der großen Axe AB einen Kreis AM″B, fälle durch den Punct M der Ellipse eine senkrechte Ordinate PM, verlängere diese, bis sie den Kreis in M″ schneidet, ziehe an M″ einen Radius CM″ und in M″ senkrecht auf CM″ die gerade Linie TM″, so ist diese Tangente des Kreises im Puncte M″; die Subtangente für M″ ist TP $= \frac{ax - x^2}{\frac{1}{2}a - x}$; diese Linie ist aber auch Subtangente für den

Punct M der Ellipse; zieht man also durch T und M eine gerade Linie TM, so ist sie Tangente des Puncts M der Ellipse.

§. 160.

Ziehen wir in den Kreis (Fig. 43.) zwei sich schneidende Sehnen AR und MN und durch A einen Durchmesser AB, so ist die Gleichung des Kreises auf A und AB bezogen $y = \sqrt{(ax - x^2)}$; es soll nun $AQ = x'$ und $MQ = y'$ seyn, so ist nach (§. 47.)

$$x = x' \cos\alpha + y' \cos(A + \alpha), \text{ und}$$
$$y = x' \sin\alpha + y' \sin(A + \alpha),$$

wo $\alpha = RAB$ und $A = MQR$ ist.

Es ist aber

$$MQR = M + MDR, \text{ oder}$$
$$A = M + 90° - \alpha; \text{ folglich}$$
$$A + \alpha = M + 90°, \text{ also}$$
$$\sin(A + \alpha) = \cos M, \text{ und}$$
$$\cos(A + \alpha) = -\sin M;$$

folglich wird

$$x = x' \cos\alpha - y' \sin M, \text{ und}$$
$$y = x' \sin\alpha + y' \cos M.$$

Diese Werthe in die Kreisgleichung $y = \sqrt{(ax - x^2)}$ substistituirt, hat man

$$x'^2 \sin\alpha^2 + 2x'y' \sin\alpha \cos M + y'^2 \cos M^2 =$$
$$= ax' \cos\alpha - ay' \sin M - x'^2 \cos\alpha^2 +$$
$$+ 2x'y' \cos\alpha \sin M - y'^2 \sin M^2;$$

oder, weil $\sin^2 + \cos^2 = 1$,

$$x'^2 + y'^2 =$$
$$= ax' \cos\alpha - ay' \sin M + 2x'y'(\cos\alpha \sin M - \sin\alpha \cos M).$$

Es ist aber

$$\cos\alpha \sin M - \sin\alpha \cos M = \sin(M - \alpha);$$

folglich

$$x'^2 + y'^2 = a\cos\alpha\, x' - a y' \sin M + 2x'y'\sin(M-\alpha),$$

also

$$y'^2 - [2x'\sin(M-\alpha) - a\sin M]\, y' = a\cos\alpha\, x' - x'^2,$$

folglich

$$y' = x'\sin(M-\alpha) - \frac{a\sin M}{2}$$
$$\pm \sqrt{\left\{a\cos\alpha\, x' - x'^2 + \left(x'\sin(M-\alpha) - \frac{a\sin M}{2}\right)^2\right\}}.$$

Für $y = 0$ wird

$$\left(x'\sin(M-\alpha) - \frac{a\sin M}{2}\right)^2$$
$$\pm \left\{a\cos\alpha\, x' - x'^2 + \left(x'\sin(M-\alpha) - \frac{a\sin M}{2}\right)^2\right\} = 0.$$

Nehmen wir nun in dieser Formel das — Zeichen, so gilt sie für QN; diese Ordinate QN wird also $= 0$, wenn

$$a\cos\alpha\, x' - x'^2 = 0 \text{ ist, oder}$$

$$a = a\cos\alpha.$$

Es wird aber $QN = 0$, wenn AQ bis in AR wächst, folglich ist

$$AR = a\cos\alpha = AB\cos\alpha;$$

ziehen wir also BR, so muß Winkel ARB ein rechter seyn, weil sonst nicht $AR = AB\cos\alpha$ seyn kann. Daraus der Lehrsatz: der Winkel im Halbkreise ist gleich einem rechten.

§. 161.

Es ist

$$QM = x'\sin(M-\alpha) - \frac{a\sin M}{2}$$
$$+ \sqrt{\left\{a\cos\alpha\, x' - x'^2 + \left(x'\sin(M-\alpha) - \frac{a\sin M}{2}\right)^2\right\}},$$

und

$$-QN = x'\sin(M-\alpha) - \frac{a\sin M}{2}$$
$$- \sqrt{\left\{a\cos\alpha\, x' - x'^2 + \left(x'\sin(M-\alpha) - \frac{a\sin M}{2}\right)^2\right\}};$$

folglich ist

$$-QM.QN = \left(x'^2 \sin(M-\alpha) - \frac{a \sin M}{2}\right)^2$$

$$- (a \cos\alpha\, x' - x'^2) - \left(x' \sin(M-\alpha) - \frac{a \sin M}{2}\right)^2$$

$$= -(a \cos\alpha\, x' - x'^2),$$

oder

$$QM.QN = a\cos\alpha\, x' - x'^2 = (a\cos\alpha - x')x'.$$

Es ist aber nach dem vorigen §. $a\cos\alpha = AR$, folglich ist

$$QM.QN = AQ.QR;$$

d. h. zieht man in einen Kreis zwei Sehnen, welche sich schneiden, so ist das Product aus den Segmenten der einen Sehne gleich dem Producte aus den Segmenten der zweiten Sehne.

§. 162.

Zieht man (Fig. 44.) die Sehne AM, so ist

Winkel $TMA = TMP - AMP$; also

$$\sin TMA = \sin TMP \cos AMP - \sin AMP \cos TMP$$

$$= \frac{y\left(\frac{2rx - x^2}{r-x}\right)}{AM.TM} - \frac{xy}{AM.TM}$$

$$= \frac{y}{(r-x)} \frac{2rx - x^2 - rx + x^2}{AM.TM}$$

$$= \frac{y}{r-x} \frac{rx}{AM.TM}.$$

Es ist aber

$$AM = \sqrt{(x^2 + y^2)} = \sqrt{(2rx)}, \text{ und}$$

$$TM = \sqrt{\left(y^2 + \frac{(2rx - x^2)}{(r-x)^2}\right)} = \sqrt{\left(y^2 + \frac{y^4}{(r-x)^2}\right)}$$

$$= y\sqrt{\left(\frac{(r-x)^2 + 2rx - x^2}{(r-x)^2}\right)}$$

$$= \frac{ry}{r-x};$$

folglich ist

$$\sin TMA = \frac{yrx}{(r-x)\left(\frac{ry}{r-x}\right)\sqrt{(2rx)}} = \sqrt{\left(\frac{x}{2r}\right)}.$$

Ferner ist

$$\cos TMA = \cos TMP \cos AMP + \sin TMP \sin AMP$$

$$= \frac{x\left(\frac{2rx - x^2}{r - x}\right) + y^2}{\frac{ry\sqrt{(2rx)}}{r - x}}$$

$$= \frac{xy^2 + ry^2 - xy^2}{ry\sqrt{(2rx)}}$$

$$= \frac{y}{\sqrt{(2rx)}};$$

folglich ist

$$2 \sin TMA \cos TMA = 2\sqrt{\left(\frac{x}{2r} \cdot \frac{y^2}{2rx}\right)} = \frac{y}{r};$$

$\frac{y}{r}$ ist aber $= \sin C$, folglich ist

$$2 \sin TMA \cos TMA = \sin C,$$

folglich

$TMA = \frac{1}{2} C$ einem bekannten Satze der Trigonometrie zufolge, d. h. der Abschnittswinkel TMA ist gleich dem halben correspondirenden Centriwinkel MCT.

§. 163.

In (§. 160.) ist die Gleichung des Kreises gefunden worden

$$x'^2 + y'^2 = a \cos \alpha x' - a y' \sin M + 2 x' y' \sin (M - \alpha),$$

wobei (Fig. 43.) AR Abscissenaxe, MN Ordinatenaxe, AQ $= x'$, MQ $= y'$, RAB $= \alpha$ und PMN $= M$ war.

Soll nun die Ordinatenaxe MN senkrecht auf der Abscissenaxe AQ stehen, so wird $M = \alpha$, es wird also die Gleichung des Kreises

$$x'^2 + y'^2 = a \cos \alpha x' - a y' \sin \alpha.$$

Wir wollen nun den Mittelpunct der Linie AR (Fig. 45.) zum Anfangspuncte machen, so ist

$$x' = AQ = AD + DQ;$$

setzen wir DQ $= x''$, so ist

$$x' = AD + x'' = \frac{a \cos \alpha}{2} + x'',$$

denn es ist $AR = a \cos \alpha$ (§. 160.) und D soll unserer jetzigen Voraussetzung zufolge die Mitte von AR seyn. Es wird also in diesem Falle die Gleichung des Kreises

$$x''^2 + a \cos \alpha\, x'' + \frac{a^2 \cos \alpha^2}{4} + y'^2 =$$

$$= a \cos \alpha\, x'' + \frac{a^2 \cos \alpha^2}{2} - a y' \sin \alpha,$$

oder

$$x''^2 + y'^2 = \frac{a^2 \cos \alpha^2}{4} - a y' \sin \alpha;$$

oder weil $a = 2r$, so ist

$$x''^2 + y'^2 = r^2 \cos \alpha^2 - 2 r \sin \alpha\, y',$$

wo $DQ = x''$ und $QM = y'$ ist, und wobei QM senkrecht auf AR steht und D die Mitte von AR ist.

Für $x = 0$ ist

$$y'^2 + 2 r \sin \alpha\, y' = r^2 \cos \alpha^2; \text{ also}$$

$$y' = -r \sin \alpha \pm \sqrt{(r^2 \cos \alpha^2 + r^2 \sin \alpha^2)}, \text{ oder}$$

$$y' = -r \sin \alpha \pm r;$$

nehmen wir $+r$, so ist

$$y' = DF = r - r \sin \alpha.$$

Nun wollen wir den Punct F zum Anfangspunct machen; es soll $FQ' = x'''$ und $Q'M = y''$ seyn, so ist

$$DQ = x'' = y'';$$

$$FQ' = x''' = FD - DQ' = FD - QM = r - r \sin \alpha - y',$$

also

$$y' = r - r \sin \alpha - x''';$$

diese Werthe in die Gleichung des Kreises

$$x''^2 + y'^2 = r^2 \cos \alpha^2 - 2 r \sin \alpha\, y'$$

substituirt, erhalten wir die Gleichung des Kreises auf F als Anfangspunct bezogen; sie wird also

$$y''^2 + r^2 + r^2 \sin \alpha^2 + x'''^2 + 2r \sin \alpha\, x''' - 2r^2 \sin \alpha - 2r\, x''' =$$

$$= r^2 \cos \alpha^2 - 2 r^2 \sin \alpha + 2 r^2 \sin \alpha^2 + 2 r \sin \alpha\, x''',$$

oder

$$y''^2 + r^2 + x'''^2 - 2rx''' = r^2\cos\alpha^2 + r^2\sin\alpha^2 = r^2,$$

oder

$$y''^2 = 2rx''' - x'''^2,$$

oder

$$y'' = \pm\sqrt{(2rx''' - x'''^2)};$$

dieses ist aber die Gleichung des Kreises auf einen Durchmesser als Abscissenaxe bezogen, es muß also die Linie FDG ein Durchmesser des Kreises seyn. Wir machten nun bei dem Ziehen der Linie FD weiter keine Bedingungen, als daß sie senkrecht auf der Mitte der Sehne AR stehen sollte. Hieraus folgt also der bekannte Satz: zieht man auf die Mitte einer beliebigen Kreissehne ein Perpendikel, so geht dieses bei seiner Verlängerung (wenn solche nöthig ist) durchs Centrum des Kreises, ist also ein Durchmesser desselben.

§. 164.

Das Angeführte mag hinreichend seyn, dem Anfänger den Weg zu zeigen, wie er aus der Gleichung des Kreises alle Eigenschaften desselben entwickeln könne.

Was die Gleichungen des Kreises auf spirale Coordinaten bezogen betrifft, so leiten sie sich sofort aus den Gleichungen der Ellipse (§. 152. und §. 153.) ab, wenn man nur $\alpha = \beta = r$ setzt. Die Gleichung zwischen Spiralen in Bezug auf den Scheitelpunct wird also für den Kreis

$$z = \frac{2\alpha^3\cos\varphi}{\alpha^2\sin\varphi^2 + \alpha^2\cos\varphi^2} = \frac{2\alpha^3\cos\varphi}{\alpha^2}$$

$$= 2r\cos\varphi.$$

Die Gleichung für das Centrum als Anfangspunct wird

$$z = \frac{\beta^2}{\alpha - f\cos\varphi} = \frac{\alpha^2}{\alpha - f\cos\varphi};$$

es ist aber $f = \sqrt{(\alpha^2 - \beta^2)} = \sqrt{(\alpha^2 - \alpha^2)} = 0$, also

$$z = \frac{\alpha^2}{\alpha} = \alpha = r,$$

d. h. der Radius Vector wird constant, wird der Radius des Kreises.

§. 165.

Wir kommen noch einmal zurück auf die Betrachtung der allgemeinen Gleichung der Curven des zweiten Grades

$$\alpha t^2 + \beta u^2 + \gamma u t + \delta t + \varepsilon u + \eta = 0 \ (\S.\ 72.).$$

Sobald in dieser Gleichung $4\alpha\beta > \gamma^2$, stellt sie die Gleichung der Ellipse dar; diese würde

$$y^2 = \frac{2x\sqrt{(B^2 - 4AC)}}{n} - \frac{4Ax^2}{n^2},$$

wobei $A = a + \frac{b^2}{4} = \frac{\gamma^2}{4\alpha^2} - \frac{\beta}{\alpha}$ ist (§. 73.), und wo (Fig. 19.) DR die Abscisse und RM die Ordinate bedeutet. Für jedes x gibt es zwei y, die der Größe nach gleich, der Lage nach entgegengesetzt sind. Die Linie DR theilt also alle Linien, welche parallel zu MM′ gezogen werden, in zwei gleiche Theile; es muß also DR ein Durchmesser und MM′ eine Parallele zum conjugirten Durchmesser seyn.

Soll diese Gleichung der Ellipse nun die Kreisgleichung werden, so muß $\frac{4A}{n^2} = -1$ seyn. Ferner muß der Winkel der Coordinaten DRM = BHG = 90° seyn, weil DR ein Durchmesser und MM′ eine Parallele zum conjugirten Durchmesser, also auch eine Parallele zu der durch D gezogenen Tangente an den Kreis ist und weil diese Tangente mit dem Durchmesser des Kreises einen rechten Winkel einschließt. Es ist also

$$BH^2 + HG^2 = BG^2.$$

Nun war aber (nach §. 73.) BH = n, BG = 2 und $HG = b = -\frac{\gamma}{\alpha}$, also ist

$$n^2 + \frac{\gamma^2}{\alpha^2} = 4.$$

Soll nun

$$\frac{4A}{n^2} = -1 \text{ werden,}$$

so muß substituirt,

$$\frac{4}{-\left(\frac{\gamma^2}{\alpha^2}-4\right)}\left(\frac{\gamma^2}{4\alpha^2}-\frac{\beta}{\alpha}\right) = -1 \text{ seyn, oder}$$

$$4\left(\frac{\gamma^2}{4\alpha^2}-\frac{\beta}{\alpha}\right) = \frac{\gamma^2}{\alpha^2}-4, \text{ oder}$$

$$\frac{\gamma^2}{4\alpha^2}-\frac{\beta}{\alpha} = \frac{\gamma^2}{4\alpha^2}-1, \text{ oder}$$

$$\frac{\beta}{\alpha} = 1; \text{ und also}$$

$$\beta = \alpha.$$

Soll also die allgemeine Gleichung

$$\alpha t^2 + \beta u^2 + \gamma u t + \delta t + \varepsilon u + \eta = 0$$

einen Kreis darstellen, so muß außer den Bedingungen für die Ellipse im Allgemeinen auch noch $\alpha = \beta$ seyn, d. h. die Coefficienten der Glieder in t^2 und u^2 müssen gleich seyn.

§. 166.

Wie werden sich denn wohl zwei Ellipsen gegen einander verhalten?

Es sey die Gleichung der einen I. $\mathfrak{A}^2 Y^2 = \mathfrak{B}^2\mathfrak{A}^2 - \mathfrak{B}^2 X^2$, und andern II. $a^2 y^2 = b^2 a^2 - b^2 x^2$; es seyen die Coordinaten des Anfangspunctes der zweiten Ellipse bezogen auf die Axe und den Anfangspunct der ersten, a und b; die Abscissenaxe der zweiten neige sich gegen die der ersten unter einem Winkel $= \alpha$. Sollen wir die Ellipsen mit einander vergleichen, so beziehen wir sie beide auf denselben Anfangspunct und dieselbe Axe, etwa auf den Anfangspunct der zweiten Ellipse, so wie auch auf deren Abscissenaxe. Unter dieser Annahme ist nach (§. 49. 1.)

$$X = a + x\cos\alpha - y'\sin\alpha, \text{ und}$$

$$Y = b + x\sin\alpha + y'\cos\alpha;$$

also

$$X^2 = a^2 + 2a\cos\alpha\, x - 2a\sin\alpha\, y' - 2\sin\alpha\cos\alpha\, x y' + \\ + \cos\alpha^2 x^2 + \sin\alpha^2 y'^2, \text{ und}$$

$$Y^2 = b^2 + 2b\sin\alpha\, x + 2b\cos\alpha\, y' + 2\sin\alpha\cos\alpha\, x y' + \\ + \sin\alpha^2 x^2 + \cos\alpha^2 y'^2.$$

Diese Werthe für X^2 und Y^2 in die Gleichung I. substituirt, gibt

$$\mathfrak{A}^2 b^2 + 2 b \mathfrak{A}^2 \sin\alpha\, x + 2 b \mathfrak{A}^2 \cos\alpha\, y' + 2 \mathfrak{A}^2 \sin\alpha \cos\alpha\, x y' +$$
$$+ \mathfrak{A}^2 \sin\alpha^2 x^2 + \mathfrak{A}^2 \cos\alpha^2 y'^2 = \mathfrak{B}^2 \mathfrak{A}^2 - \mathfrak{B}^2 a^2 -$$
$$- 2 a \mathfrak{B}^2 \cos\alpha\, x + 2 a \mathfrak{B}^2 \sin\alpha\, y' + 2 \mathfrak{B}^2 \sin\alpha \cos\alpha\, x y' -$$
$$- \mathfrak{B}^2 \cos\alpha^2 x^2 - \mathfrak{B}^2 \sin\alpha^2 y'^2,$$

oder

$$(\mathfrak{A}^2 b^2 + \mathfrak{B}^2 a^2 - \mathfrak{B}^2 \mathfrak{A}^2) + 2 (b \mathfrak{A}^2 \sin\alpha + a \mathfrak{B}^2 \cos\alpha) x +$$
$$+ 2 (b \mathfrak{A}^2 \cos\alpha - a \mathfrak{B}^2 \sin\alpha) y' + 2 \sin\alpha \cos\alpha (\mathfrak{A}^2 - \mathfrak{B}^2) x y' +$$
$$+ (\mathfrak{A}^2 \sin\alpha^2 + \mathfrak{B}^2 \cos\alpha^2) x^2 + (\mathfrak{A}^2 \cos\alpha^2 + \mathfrak{B}^2 \sin\alpha^2) y'^2 = 0,$$

als Gleichung der Ellipse I. auf den Anfangspunct und die Abscissenaxe der zweiten bezogen.

Die beiden Ellipsen werden sich nun in allen den Puncten schneiden, in welchen $y = y'$ ist; es ist aber

$$y = \frac{b}{a} \sqrt{(a^2 - x^2)};$$

diesen Werth $= y'$ in die eben abgeleitete Gleichung gesetzt, so erhält man

$$2 \sin\alpha \cos\alpha (\mathfrak{A}^2 - \mathfrak{B}^2) x y =$$
$$= 2 \sin\alpha \cos\alpha (\mathfrak{A}^2 - \mathfrak{B}^2) x \frac{b}{a} \sqrt{(a^2 - x^2)},$$
$$2 (b \mathfrak{A}^2 \cos\alpha - a \mathfrak{B}^2 \sin\alpha) y' =$$
$$= 2 (b \mathfrak{A}^2 \cos\alpha - a \mathfrak{B}^2 \sin\alpha) \frac{b}{a} \sqrt{(a^2 - x^2)};$$

und diese beiden Glieder zusammengezogen

$$2 \frac{b}{a} [\sin\alpha \cos\alpha (\mathfrak{A}^2 - \mathfrak{B}^2) x + b \mathfrak{A}^2 \cos\alpha -$$
$$- a \mathfrak{B}^2 \sin\alpha] \sqrt{(a^2 - x^2)}.$$

Ferner $(\mathfrak{A}^2 \cos\alpha^2 + \mathfrak{B}^2 \sin\alpha^2) y'^2$

$$= (\mathfrak{A}^2 \cos\alpha^2 + \mathfrak{B}^2 \sin\alpha^2) \left(b^2 - \frac{b^2}{a^2} x^2\right)$$
$$= (\mathfrak{A}^2 \cos\alpha^2 + \mathfrak{B}^2 \sin\alpha^2) b^2$$
$$- (\mathfrak{A}^2 \cos\alpha^2 + \mathfrak{B}^2 \sin\alpha^2) \frac{b^2}{a^2} x^2.$$

Es wird also die Gleichung der Schnittpuncte

$$[\mathfrak{A}^2 b^2 + \mathfrak{B}^2 a^2 - \mathfrak{B}^2 \mathfrak{A}^2 + (\mathfrak{A}^2 \cos\alpha^2 + \mathfrak{B}^2 \sin\alpha^2) b^2]$$
$$+ 2(b\mathfrak{A}^2 \sin\alpha + a\mathfrak{B}^2 \cos\alpha)x$$
$$+ \left[\mathfrak{A}^2 \sin\alpha^2 + \mathfrak{B}^2 \cos\alpha^2 - (\mathfrak{A}^2 \cos\alpha^2 + \mathfrak{B}^2 \sin\alpha^2)\frac{b^2}{a^2}\right] x^2 =$$
$$= -\left[2\frac{b}{a}\sin\alpha\cos\alpha(\mathfrak{A}^2 - \mathfrak{B}^2)x + 2\frac{b}{a}(b\mathfrak{A}^2\cos\alpha - a\mathfrak{B}^2\sin\alpha)\right]\sqrt{(a^2 - x^2)}.$$

Es sey nun

$$\mathfrak{A}^2 b^2 + \mathfrak{B}^2 a^2 - \mathfrak{B}^2 \mathfrak{A}^2 + (\mathfrak{A}^2 \cos\alpha^2 + \mathfrak{B}^2 \sin\alpha^2) b^2 = A;$$
$$2(b\mathfrak{A}^2 \sin\alpha + a\mathfrak{B}^2 \cos\alpha) = B;$$
$$\mathfrak{A}^2 \sin\alpha^2 + \mathfrak{B}^2 \cos\alpha^2 - (\mathfrak{A}^2 \cos\alpha^2 + \mathfrak{B}^2 \sin\alpha^2)\frac{b^2}{a^2} = C;$$
$$-2\frac{b}{a}(b\mathfrak{A}^2\cos\alpha - a\mathfrak{B}^2\sin\alpha) = D;$$
$$-2\frac{b}{a}\sin\alpha\cos\alpha(\mathfrak{A}^2 - \mathfrak{B}^2) = E;$$

so wird die Gleichung der Schnittpuncte

$$A + Bx + Cx^2 = (D + Ex)\sqrt{(a^2 - x^2)},$$

oder quadrirt

$$A^2 + 2ABx + \left\{\begin{matrix} 2ACx^2 \\ + B^2x^2 \end{matrix}\right. + 2BCx^3 + C^2x^4 =$$
$$= D^2a^2 - \left\{\begin{matrix} D^2x^2 \\ + E^2a^2x^2 \end{matrix}\right. + 2DEa^2x - 2DEx^2 - E^2x^2,$$

oder

$$(A^2 - D^2a^2) + 2(AB - DEa^2)x + (2AC + B^2 + D^2 - E^2a^2)x^2$$
$$+ 2(BC + DE)x^3 + (C^2 + E^2)x^4 = 0,$$

oder

$$A^2 - D^2a^2 = F;\quad 2(AB - DEa^2) = G;$$
$$2AC + B^2 + D^2 - E^2a^2 = H;\quad 2(BC + DE) = I;$$

$C^2 + E^2 = K$ gesetzt, so ist

$F + Gx + Hx^2 + Ix^3 + Kx^4 = 0$ die allgemeine Gleichung der Schnittpuncte zweier Ellipsen, die auf irgend eine Art neben einander liegen.

Hieraus erhellet, daß zwei Ellipsen sich in nicht mehr, als vier Puncten treffen können; man erfährt diese Puncte durch die Lösung der Gleichung des vierten Grades.

§. 167.

Fielen die Abscissenaxen beider Ellipsen in dieselbe Richtung, so wäre $\alpha = 0$, und fielen überdieß die Abscissenaxen in eine einzige gerade Linie, so wäre $\mathrm{b} = 0$; unter dieser Voraussetzung ist $\mathrm{D} = 0$ und $\mathrm{E} = 0$, also wird die Gleichung der Schnittpuncte

$$\mathrm{A} + \mathrm{B}x + \mathrm{C}x^2 = 0,$$

wobei denn

$$\mathrm{A} = \mathfrak{A}^2 b^2 - \mathfrak{B}^2 \mathfrak{A}^2 + \mathfrak{B}^2 a^2;$$

$$\mathrm{B} = 2a\mathfrak{B}^2;$$

$$\mathrm{C} = -\frac{(\mathfrak{A}^2 b^2 - \mathfrak{B}^2 a^2)}{a^2};$$

es wird also

$$\frac{\mathfrak{A}^2 b^2 - \mathfrak{B}^2 a^2}{a^2} x^2 - 2a\mathfrak{B}^2 x = \mathfrak{A}^2 b^2 - \mathfrak{B}^2 \mathfrak{A}^2 + \mathfrak{B} a^2;$$

folglich

$$x^2 - \frac{2a\mathfrak{B}^2 a^2}{\mathfrak{A}^2 b^2 - \mathfrak{B}^2 a^2} = \frac{\mathfrak{A}^2 b^2 a^2 - \mathfrak{B}^2 \mathfrak{A}^2 a^2 + \mathfrak{B}^2 a^2 a^2}{\mathfrak{A}^2 b^2 - \mathfrak{B}^2 a^2},$$

und

$$x = \frac{a\mathfrak{B}^2 a^2 \pm a\sqrt{[(\mathfrak{A}^2 a^2 - \mathfrak{B}^2\mathfrak{A}^2 + \mathfrak{B}^2 a^2)(\mathfrak{A}^2 b^2 - \mathfrak{B}^2 a^2) + a^2\mathfrak{B}^2 a^2]}}{\mathfrak{A}^2 b^2 - \mathfrak{B}^2 a^2}.$$

Fielen beide Anfangspuncte in einen zusammen, so wäre auch noch $a = 0$, es würde also

$$x = \pm a\mathfrak{A}\sqrt{\left(\frac{b^2 - \mathfrak{B}^2}{b^2\mathfrak{A}^2 - a^2\mathfrak{B}^2}\right)}.$$

Es schneidet also auch hier immer die eine Ellipse die andere in vier Puncten, weil für jedes x, wenn beide Axen in eine gerade Linie zusammenfallen, zwei Schnittpuncte, einer über, der andere unter der Abscissenaxe vorhanden sind.

§. 168.

Sollten beide Ellipsen Kreise werden, so wird in der allgemeinen Gleichung der Schnittpuncte (§. 166.) $a = b$ und $\mathfrak{A} = \mathfrak{B}$ zu setzen seyn; dann wird

$A = \mathfrak{A}^2 b^2 + \mathfrak{A}^2 a^2 - \mathfrak{A}^4 + \mathfrak{A}^2 \mathfrak{a}^2 = \mathfrak{A}^2(b^2 + a^2 + \mathfrak{a}^2 - \mathfrak{A}^2)$;
$B = 2\mathfrak{A}^2 (b \sin\alpha + a \cos\alpha)$;
$C = \mathfrak{A}^2 - \mathfrak{A}^2 = 0$;
$D = -2\mathfrak{A}^2 (b \cos\alpha - a \sin\alpha)$;
$E = 0$;
also

$$A + Bx = D\sqrt{(\mathfrak{a}^2 - x^2)};$$
$$A^2 + 2ABx + B^2x^2 = D^2\mathfrak{a}^2 - D^2x^2;$$
$$A^2 - D^2\mathfrak{a}^2 + 2ABx + (B^2 + D^2)x^2 = 0.$$

Zwei Kreise können sich folglich nur in zwei Puncten schneiden.

Fielen bei den Kreisen die Abscissenaxen in eine gerade Linie, so würde $x = 0$ und $b = 0$, also

$$A = \mathfrak{A}^2(a^2 + \mathfrak{a}^2 - \mathfrak{A}^2);$$
$$B = 2\mathfrak{A}^4 a;$$
$$D = 0;$$

also wird die Gleichung der Schnittpuncte

$$A + Bx = 0,$$

folglich

$$x = -\frac{A}{B} = \frac{\mathfrak{A}^2 - a^2 - \mathfrak{a}^2}{2a}.$$

Hätten beide Kreise denselben Punct zum Centrum, so würde in dem Ausdrucke $x = \frac{\mathfrak{A}^2 - a^2 - \mathfrak{a}^2}{2a}$ die Entfernung der Anfangspuncte $a = 0$, also

$$x = \frac{\mathfrak{A}^2 - \mathfrak{a}^2}{0};$$

die beiden Kreise können sich also nicht schneiden.

§. 169.

Es soll die eine der beiden sich schneidenden Curven ein Kreis, die andere eine Ellipse seyn. Man setze $\mathfrak{A} = \mathfrak{B}$ in der allgemeinen Gleichung der Schnittpuncte, so hat man die Schnittpunctsgleichung für diesen besondern Fall; sie wird also

$$F + Gx + Hx^2 + Ix^3 + Kx^4 = 0,$$

wobei

$$F = A^2 - Da^2;\quad G = 2(AB - DEa^2);$$
$$H = 2AC + B^2 + D^2 - Ea^2,\quad I = 2(BC + DE);$$
$$K = C^2 + E^2 \text{ ist; und wobei}$$

$$A = \mathfrak{A}^2 b^2 + \mathfrak{A}^2 a^2 - \mathfrak{A}^4 + \mathfrak{A}^2 b^2 = \mathfrak{A}^2 (b^2 + a^2 - \mathfrak{A}^2 + b^2);$$
$$B = 2\mathfrak{A}^2 (b \sin\alpha + a \cos\alpha);$$
$$C = \mathfrak{A}^2 - \mathfrak{A}^2 \frac{b^2}{a^2} = \mathfrak{A}^2 \left(\frac{a^2 - b^2}{a^2}\right);$$
$$D = -2\frac{b}{a}\mathfrak{A}^2 (b \cos\alpha - a \sin\alpha);$$
$$E = 0.$$

Hieraus erhellet, daß sich Ellipse und Kreis in nicht mehr als vier Puncten schneiden können.

§. 170.

Man soll untersuchen, in wie vielen Puncten sich eine Parabel nnd Ellipse schneiden können. Die Gleichnng der Parabel sey $Y = \sqrt{(pX)}$, die Gleichung der Ellipse $y = \frac{a}{b}\sqrt{(a^2 - x^2)}$. Man beziehe die Gleichung der Parabel auf den Anfangspunct und die Abscissenaxe der Ellipse, so ist, wenn a die Abscisse, b die Ordinate des Anfangspuncts der Ellipse in Bezug auf den Anfangspunct und die Axe der Parabel, und α der Winkel ist, den die Abscissenaxen mit einander einschließen,

$$Y = b + x \sin\alpha + y' \cos\alpha, \text{ nnd}$$
$$X = a + x \cos\alpha - y' \sin\alpha;$$

folglich ist die Gleichung der Parabel

$$b + x \sin\alpha + y' \cos\alpha = \sqrt{(pa + px \cos\alpha - py' \sin\alpha)};$$

quadrirt

$$b^2 + x^2 \sin\alpha^2 + 2bx \sin\alpha + 2by' \cos\alpha + y'^2 \cos\alpha^2 + $$
$$+ 2xy' \sin\alpha \cos\alpha = pa + px \cos\alpha - py' \sin\alpha,$$

oder

$$(b^2 - pa) + (2b\sin\alpha - p\cos\alpha)x + (2b\cos\alpha + p\sin\alpha)y' +$$
$$+ 2xy'\sin\alpha\cos\alpha + x^2\sin\alpha^2 + y'^2\cos\alpha^2 = 0;$$

und nun $y' = y$ gesetzt, so wird

$$(b^2 - pa) + (2b\sin\alpha - p\cos\alpha)x +$$
$$+ (2b\cos\alpha + p\sin\alpha + 2\sin\alpha\cos\alpha x)\frac{b}{a}\sqrt{(a^2 - x^2)} +$$
$$+ x^2\sin\alpha^2 + b^2\cos\alpha^2 - \frac{b^2}{a^2}\cos\alpha^2 x^2 = 0,$$

oder

$$(b^2 - pa + b^2\cos\alpha^2) + (2b\sin\alpha - p\cos\alpha)x +$$
$$+ x^2\left(\frac{a^2\sin\alpha^2 - b^2\cos\alpha^2}{a^2}\right) =$$
$$- (2b\cos\alpha + p\sin\alpha + 2\sin\alpha\cos\alpha x)\frac{b}{a}\sqrt{(a^2 - x^2)};$$

und vereinfachende Zeichen eingeführt, so ist

$$A + Bx + Cx^2 = (D + Ex)\sqrt{(a^2 - x^2)},$$

woraus denn wieder, wie (§. 166.) die Gleichung der Schnittpuncte

$$F + Gx + Hx^2 + Ix^3 + Kx^4 = 0 \text{ entspringt.}$$

Parabel und Ellipse können sich also in nicht mehr als vier Puncten schneiden.

Wäre die Ellipse ein Kreis, so würde man nur $a = b$ zu setzen haben, um sogleich auch für diesen Fall die Gleichung der Schnittpuncte zu finden; sie wird eine Gleichung des vierten Grades.

§. 171.

Es mag hier noch eine Untersuchung ihren Platz finden, von der man in der Astronomie bei Berechnung der Kometenbahnen Anwendung macht. Die Kometen bewegen sich nämlich in so außerordentlich langen Ellipsen, daß die kleine Axe dieser Curve äußerst unbedeutend gegen die große Axe derselben wird. In dem einen Brennpuncte steht die Sonne, und die sichtbare Bahn der Kometen erstreckt sich meistens nicht weit über den Brennpunct hinaus. Da die Parabel allein durch den Parameter bestimmt ist, zur Bestimmung der Ellipse aber zwei Data erfordert werden, so fällt eine Parabelberechnung immer einfacher aus, als eine Ellipsenberechnung; man substituirt deshalb für die eigentliche Ellipse der sichtbaren Kometenbahn eine Parabel; wir wollen sehen, mit welchem Rechte man dieses könne.

Die Gleichung der Ellipse ist $y = \frac{c}{a}\sqrt{(ax - x^2)}$,

die Gleichung der Parabel $y = \sqrt{(bx)}$.

Bei beiden Curven ist die Entfernung des Brennpuncts vom Anfangspuncte dieselbe, indem die Sonne sowohl im Brennpuncte der wahren Ellipsenbahn, als auch der erdichteten Parabelbahn steht. Die Excentricität der Ellipse + der Entfernung ihres Brennpuncts vom Anfangspuncte macht die halbe große Axe aus; es ist also die Entfernung des Brennpuncts vom Anfangspuncte $= \frac{a}{2} - \sqrt{(\alpha^2 - \beta^2)}$, oder

$$= \frac{a}{2} - \sqrt{\left[\left(\frac{a}{2}\right)^2 - \left(\frac{c}{2}\right)^2\right]}$$

$$= \frac{a - \sqrt{(a^2 - c^2)}}{2}.$$

Es wird also der Parameter der Parabel

$$b = \frac{a - \sqrt{(a^2 - c^2)}}{2}.$$

woraus $(a - 2b)^2 = -\sqrt{a^2 - c^2}$ folgt; es wird also

$$c = 2\sqrt{[b(a-b)]}.$$

Die Gleichung der Ellipse ist also

$$y = \frac{2\sqrt{[b(a-b)]}}{a}\sqrt{(ax - x^2)}.$$

Wir wollen sehen, wie weit die Parabelbahn mit der Ellipsenbahn näherungsweise übereinstimmen könne; wir berechnen deshalb die Differenz der Ordinaten; mag sie durch D bezeichnet werden, so ist

$$D = \frac{2\sqrt{[b(a-b)]}}{a}\sqrt{(ax - x^2)} - \sqrt{(bx)},$$

oder $\sqrt{b\,x}$ abgesondert, so ist

$$D = \sqrt{(b\,x)}\left(\frac{2\sqrt{(a-b)}}{a}\sqrt{(a-b)} - 1\right).$$

Es mag nun $a = 1$ seyn, also als Einheit aller übrigen Größen dienen. b soll in Rücksicht auf a sehr klein seyn; wir wollen deshalb $b = \frac{1}{10^{2n}}$, wo n eine beliebige Zahl ist, setzen. Dann ist

$$D = \sqrt{\left(\frac{x}{10^{2n}}\right)}\left\{2\sqrt{\left(1-\frac{1}{10^{2n}}\right)}\sqrt{(1-x)} - 1\right\}, \text{ oder}$$

$$D = \frac{\sqrt{x}}{10^{n}}\left\{\frac{2\sqrt{(10^{2n}-1)}}{10^{n}}\sqrt{(1-x)} - 1\right\}.$$

Ferner sey $x = \frac{1}{10^{2v}}$, wo v eine beliebige veränderliche Größe ist, so ist

$$D = \frac{1}{10^{n+v}}\left(\frac{2\sqrt{(10^{2n}-1)}}{10^{n}}\ \frac{\sqrt{(10^{2v}-1)}}{10^{v}} - 1\right)$$

$$= \frac{1}{10^{n+v}}\left(\frac{2\sqrt{(10^{2n}-1)(10^{2v}-1)}}{10^{n+v}} - 1\right);$$

10^{2n} ist nun, weil b gegen a sehr klein ist, so groß, daß wir näherungsweise die abzuziehende Einheit weglassen können; es wird dann

$$D = \frac{1}{10^{n+v}}\left(\frac{2\sqrt{(10^{2v}-1)}}{10^{v}} - 1\right).$$

Ist nun v auch nicht sehr groß, x also gegen a nicht sehr klein, so wird doch $\frac{\sqrt{10^{2v}-1}}{10^{v}}$ ziemlich nahe $= 1$ werden; es wird folglich $D = \frac{1}{10^{n+v}}$, also ein sehr kleiner echter Bruch; Parabel und Ellipse werden also ziemlich nahe zusammenfallen, so lange x nicht sehr groß wird.

Man wird daher bei der Berechnung der Kometenbahnen, wo x vielleicht selten über 0,0000001 von a hinausgeht, für die Ellipse eine Parabel nehmen können.

Wäre z. B. $n = 4$ und $v = 3$, so wird

$$D = \frac{1}{10^7}\left(\frac{2\sqrt{(10^8 - 1)(10^6 - 1)}}{10^7} - 1\right)$$

$$= \frac{1}{10^7}\left(\frac{2\sqrt{99999999 . 999999}}{10^7} - 1\right)$$

$$= \frac{1}{10^7}\left(\frac{2 . 9999999}{10^7} - 1\right)$$

$$= \frac{1}{10^7}\left(\frac{19999998 - 10000000}{10000000}\right)$$

$$= \frac{1}{10^7} . \frac{9999998}{10000000}$$

$$= 0{,}000000 . 0{,}9999998$$

$$= 0{,}00000009999998;$$

es würden also unter dieser Voraussetzung die senkrechten Ordinaten beider Curven noch nicht um $\frac{1}{10000000000000}$ der großen Axe der Ellipse von einander entfernt seyn.

Siebentes Capitel.

Die Hyperbel.

§. 172.

Hyperbel nennen wir diejenige Curve, deren Gleichung

$$y = \frac{c}{a}\sqrt{(ax + x^2)} \text{ war (§. 87.).}$$

In dieser Gleichung bedeutet a die große und c die kleine Axe, x die Absciſſe AP, y die Ordinate PM (Fig. 46.). Vergleicht man diese Hyperbelgleichung mit der Gleichung der Ellipse

$$y = \frac{c}{a}\sqrt{(ax - x^2)},$$

wo die einzelnen Buchstaben dieselbe Bedeutung haben, so findet man unter ihnen eine große Aehnlichkeit, welche in völlige Identität übergeht, sobald man von dem Zeichen vor x^2 abstrahirt. Es werden also auch die Eigenschaften der Hyperbel mit denen der Ellipse zusammenfallen, in sofern das Zeichen vor x^2 auf sie keinen Einfluß hat.

Anmerkung 1. Die Gleichung der Ellipse ist

$$y = \frac{c}{a}\sqrt{(ax - x^2)}, \text{ oder}$$

$$a^2y^2 = c^2ax - c^2x^2;$$

denkt man sich nun a in sich negativ, so wird diese Gleichung

$$-a^2y^2 = -c^2ax - c^2x^2, \text{ oder}$$

$$a^2y^2 = c^2ax + c^2x^2, \text{ oder}$$

$$y = \frac{c}{a}\sqrt{(ax + x^2)}$$

die Gleichung der Hyperbel. Dieses druckt man oft durch die Worte aus: die Hyperbel ist eine Ellipse mit einer negativen großen Axe, ein Begriff, durch welchen nichts gewonnen wird.

Anmerkung 2. Setzt man in die Gleichung der Hyperbel $x = -\frac{1}{2}a$, so wird

$$y = \frac{c}{a}\sqrt{(-\frac{1}{2}a^2 + \frac{1}{4}a^2)} = \frac{c}{a}\sqrt{(-\frac{1}{4}a^2)} = \frac{c}{a}\sqrt{(\frac{1}{4}a^2)}\sqrt{(-1)}$$

$$= \frac{c}{2}\sqrt{(-1)}.$$

Für die Ellipse wird in der Mitte der großen Axe

$$y = \frac{c}{2}.$$

Daher rührt der Begriff: die Hyperbel ist eine Ellipse mit unmöglich gewordener kleiner Axe, bei welchem Ausdrucke sich jedoch nichts denken läßt.

§. 173.

Weil

$$y = \pm\frac{c}{a}\sqrt{(ax + x^2)},$$

so halbirt die große Axe die Hyperbel. Dasselbe thut auch die kleine Axe, denn macht man die Mitte der großen Axe C (Fig. 46.) zum Anfangspuncte, und setzt man $CP = x'$, so ist

$$x = x' - \frac{1}{2}a, \text{ also}$$

$$y = \frac{c}{a}\sqrt{\{a(x' - \frac{1}{2}a) + (x' - \frac{1}{2}a)^2\}}$$

$$= \frac{c}{a}\sqrt{\{ax' \frac{1}{2}a^2 + x'^2 - ax' + \frac{1}{4}a^2\}}$$

$$= \frac{c}{a}\sqrt{\{x'^2 - \frac{1}{4}a^2\}};$$

mag man nun x' positiv oder negativ setzen, x'^2 bleibt immer dasselbe, y also auch dasselbe, folglich ist auf beiden Seiten der kleinen Axe alles gleich, die beiden Aeste der Hyperbel sind also identisch. Die Hyperbel zerfällt also durch die beiden Axen in vier congruente Theile, gerade wie die Ellipse (vergl. §. 125.).

§. 174.

Setzt man die halbe große Axe $\frac{a}{2} = \alpha$, die halbe kleine Axe $\frac{c}{2} = \beta$, so wird, diese Werthe in die Gleichung des vorigen §. substituirt,

$$y = \frac{\beta}{\alpha} \sqrt{(x'^2 - \alpha^2)},$$

oder schlichtweg

$$y = \frac{\beta}{\alpha} \sqrt{(x^2 - \alpha^2)},$$

wo denn aber x die Abscisse aus dem Mittelpuncte bedeutet. Diese Gleichung der Hyperbel mag **Gleichung vom Mittelpuncte**, und die Gleichung $y = \frac{c}{a} \sqrt{(ax + x^2)}$ mag **Gleichung der Hyperbel vom Scheitelpuncte** heißen (vergl. §. 126.).

§. 175.

Auch für die Hyperbel gibt es zwei Puncte, f und F, in der Richtung der großen Axe liegend, welche so beschaffen sind, daß jede aus ihnen gezogene gerade Linie an die Curve, FM, fM u. s. w. (Fig. 46.) rational wird. Wiederholt man die Untersuchung, wie sie bei der Ellipse geführt ist (§. 127.), indem man die Gleichung $y = \frac{\beta}{\alpha} \sqrt{(x^2 - \alpha^2)}$ statt der dort gebrauchten $y = \frac{\beta}{\alpha} \sqrt{(\alpha^2 - x^2)}$ setzt, so findet sich

$$CF = f = \pm \sqrt{(\alpha^2 + \beta^2)}.$$

Die Puncte f und F heißen die **Brennpuncte**, fM und FM die **Vectoren** des Puncts M, und CF heißt die **Excentricität** der Hyperbel (vergleiche §. 128.).

Da $f = \sqrt{(\alpha^2 + \beta^2)}$ jederzeit $> \alpha$ ist, so ist CF jederzeit größer, als CA, d. h. der Brennpunct F liegt nicht in der großen Axe, sondern jenseits des Scheitelpuncts in der Verlängerung der großen Axe. Eben so liegt der Brennpunct f von C aus über B hinaus in der verlängerten großen Axe. In jedem Aste der Hyperbel liegt also einer der Brennpuncte; sie stehen übrigens gleich weit vom Mittelpuncte C, also auch von den ihnen correspondirenden Scheitelpuncten ab, es ist

$$CF = Cf = \sqrt{(\alpha^2 + \beta^2)},$$

folglich auch

$$CF - \alpha = Cf - \alpha,$$

oder

$$AF = Bf.$$

Will man die Vectoren wirklich berechnen, so geschicht das eben so wieder, wie bei der Ellipse (§. 129.); es ist

$$\begin{aligned} FM &= \sqrt{(PM^2 + FP^2)} = \sqrt{[PM^2 + (CP - CF)^2]} \\ &= \sqrt{[y^2 + (x - f)^2]} \\ &= \sqrt{\left\{\frac{\beta^2}{\alpha^2}(x^2 - \alpha^2) + x^2 - 2x\sqrt{(\alpha^2 + \beta^2)} + \alpha^2 + \beta^2\right\}} \\ &= \sqrt{\left\{\left(\frac{\beta^2}{\alpha^2} + 1\right)x^2 - 2x\sqrt{(\alpha^2 + \beta^2)} + \alpha^2\right\}} \\ &= \sqrt{\left\{\left(\frac{\beta^2 + \alpha^2}{\alpha^2}\right)x^2 - 2x\sqrt{(\alpha^2 + \beta^2)} + \alpha^2\right\}} \\ &= \sqrt{\left\{\left(\frac{x\sqrt{(\alpha^2 + \beta^2)}}{\alpha} - \alpha\right)^2\right\}} \\ &= \frac{x\sqrt{(\alpha^2 + \beta^2)}}{\alpha} - \alpha \\ &= \frac{fx}{\alpha} - \alpha. \end{aligned}$$

Eben so findet sich

$$fM = \frac{fx}{\alpha} + \alpha.$$

Es ist daher

$$fM - FM = \frac{fx}{\alpha} + \alpha - \frac{fx}{\alpha} + \alpha = 2\alpha = a = \text{großer Axe.}$$

Die Differenz der Vectoren eines Puncts der Hyperbel ist folglich immer gleich der großen Axe dieser Curve.

§. 176.

Soll die Hyperbel construirt werden, so müssen zwei Data gegeben seyn, entweder große und kleine Axe, oder eine der Axen und der Parameter, oder eine der Axen und die Excentrizität, oder endlich Parameter und Excentrizität. Aus zweien dieser Stücke kann man die übrigen finden.

Wäre große Axe und kleine Axe gegeben, so ist die Excentrizität

$$f = \sqrt{(\alpha^2 + \beta^2)};$$

zieht man DA (Fig. 46.), so ist

$$DA = \sqrt{(CD^2 + CA^2)} = \sqrt{(\alpha^2 + \beta^2)} = f = CF.$$

Man trage also DA von C aus auf CX rückwärts und vorwärts ab, so hat man dadurch die Puncte f und F.

Wäre große Axe und Excentrizität gegeben, so ist

$$f^2 = \alpha^2 + \beta^2, \text{ also}$$

$$\beta^2 = f^2 - \alpha^2 = (f + \alpha)(f - \alpha) = fA \,.\, AF;$$

die halbe kleine Axe ist also die mittlere Proportionale zwischen fA und AF. Beschreibt man also aus C mit CF einen Kreis, und errichtet in A das Perpendikel AG, so ist dieses die halbe kleine Axe.

Auf diese Weise kann man denn aus zweien der vier Stücke, große und kleine Axe, Parameter und Excentrizität, die beiden andern finden; sie sind deshalb alle als bekannt anzusehen, wenn man die Hyperbel construiren soll. Man könnte nun einzelne Abscissen AP wählen und die zugehörigen Vectoren FM berechnen, und auf diese Weise beliebig viele Puncte der Curve festlegen.

§. 177.

Auf die Eigenschaft der Hyperbel, daß die Differenz zweier correspondirender Vectoren gleich ist der großen Axe, gründet sich jedoch eine viel bequemere Constructionsart dieser Curve. Man verlängere (Fig. 47.) die große Axe vorwärts und rückwärts, und lege die Brennpuncte F und f fest. Man fasse ein beliebiges Stück AG auf der großen Axe zwischen den Zirkel, und beschreibe damit aus f den Bogen MM' und aus F den Bogen mm; dann fasse man BG zwischen den Zirkel und beschreibe damit aus f einen Bogen, welcher den aus F beschriebenen mm' in den Puncten m und m' schneidet, und aus F einen Bogen, welcher den aus f beschriebenen MM' in den Puncten M und M' schneidet, so sind die Puncte M, M', m, m' in der Hyperbel, weil jederzeit die Differenz zweier zusammengehöriger Vectoren $GA - GB = fM - FM = Fm - fm$ u. s. w. $= a$ ist. Man wiederhole dieselbe Operation, indem man immer andere Stücke AH u. s. w. zwischen den Zirkel nimmt, so kann man beliebig viele Puncte der Hyperbel festlegen.

Werden sich denn aber die beiden so beschriebenen Kreise immer schneiden? Da der eine mit dem Radius AG aus F und der andere mit dem Radius BG aus f beschrieben wird, so muß $AG + GB$ jedesmal größer seyn, als Ff. So lange nun der kleinere Theil $GB > fB$ ist, wird auch der größere Theil $AG > Af$ seyn, und folglich $AG + GB > fB + fA$ oder $> fF$ seyn, die Kreise schneiden sich also. Wäre der kleinere Theil $GB = fB$, so ist der größere $AG = Af$, $GB + AG = Af + fB = fF$, die beiden Kreise schneiden sich also auch noch, aber nur in einem Puncte und dieser Punct ist der Scheitelpunct der Hyperbel. Ist aber der kleinere Theil $GB < fB$, so ist auch $AG < Af$, also $GB + AG < fF$ und in diesem Falle ist kein Schneiden der Kreise mehr möglich. Um also durch die obige Methode Puncte der Hyperbel zu erhalten, muß man den Punct G, H u. s. w. so wählen, daß der kleine Vector $fm = BG >$ als die Entfernung seines Brennpuncts von dem nächsten Scheitelpuncte, also $> fB$ sey. Ist diese Bedingung erfüllt, so werden sich die beschriebenen Kreise jedesmal schneiden, man wird also auch jedesmal Puncte der Hyperbel finden.

§. 178.

Aus eben der Eigenschaft der Hyperbel, daß die Differenz der Vectoren gleich ist der großen Axe, leitet sich auch folgende Beschreibung der Hyperbel durch continuirliche Bewegung ab:

Man befestige in dem einen Brennpuncte f (Fig. 48.) das Ende eines Lineals, doch so, daß es sich um f drehen lasse, und daß der Drehungspunct f in die Richtung der untern Kante fS des Lineals falle. Man nehme einen biegsamen Faden, der um die große Axe a = AB kleiner ist, als die Länge des Lineals fS, befestige das eine Ende dieses Fadens im Brennpuncte F, das andere Ende in der Spitze S des Lineals; spannt man nun mit einem Stifte M den Faden an das Lineal und dreht dieses herum, während man den Faden immer gespannt an das Lineal hält, so beschreibt der Stift M den einen Ast der Hyperbel, denn es ist

$$Sf - (SM + MF) = a,$$

folglich

$$fM - FM = a.$$

Will man auch den zweiten Ast haben, so befestigt man das Lineal in F und den Faden in f, und verfährt, wie vorhin.

§. 179.

Da

$$y = \frac{c}{a}\sqrt{(ax + x^2)},$$

so ist auch

$$\frac{y^2}{(a+x)x} = \frac{c^2}{a^2},$$

oder (Fig. 46.) $y = PM$, $a + x = BP$, so ist

$$\frac{PM^2}{BP \,.\, AP} = \frac{Dd^2}{AB^2},$$

d. h. es verhält sich das Quadrat der Ordinate zu dem Producte aus der Abscisse in die Abscisse addirt zur großen Axe, wie das Quadrat der kleinen Axe zum Quadrate der großen Axe.

Sind ferner die Ordinaten einer Hyperbel y und Y, die correspondirenden Abscissen x und X, so ist

$$y^2 = \frac{c^2}{a^2}(a x + x^2),$$

und

$$Y^2 = \frac{c^2}{a^2}(a X + X^2),$$

folglich

$$\frac{y^2}{Y^2} = \frac{(a x + x^2)}{(a X + X^2)} = \frac{(a + x) x}{(a + X) X},$$

d. h. die Quadrate der Ordinaten einer Hyperbel verhalten sich, wie die Producte aus der Summe der Abscissen und der großen Axe in die Abscissen (vergleiche §. 133.).

§. 180.

Die Tangentenbestimmung für die Hyperbel macht sich gerade so, wie bei der Ellipse (§. 134.). Man zieht von irgend einem Puncte T der großen Axe (Fig. 46.) eine gerade Linie in die Hyperbel und sucht die Schnittpuncte dieser geraden Linie mit der Curve. Man setze TA = f und lege die Gleichung der Hyperbel vom Mittelpuncte zum Grunde

$$y = \frac{\beta}{\alpha}\sqrt{(x^2 - \alpha^2)}.$$

Die Gleichung der geraden Linie auf T als Anfangspunct bezogen ist

$$y' = \operatorname{tg}\acute{T}\, x', \text{ wo } x' = TP \text{ ist.}$$

Wollen wie nun gerade Linie und Curve vergleichen, so müssen beide auf denselben Anfangspunct bezogen werden; beziehen wir deshalb die Hyperbel auf den Punct T, so ist

$$CP = CT + TP = CA - TA + TP, \text{ oder}$$

$$x = (\alpha - f) + x', \text{ und}$$

$$x^2 = \alpha^2 - 2\alpha f + f^2 + 2\alpha x' - 2 f x' + x'^2,$$

also ist die Gleichung der Hyperbel auf T als Anfangspunct bezogen

$$y = \frac{\beta}{\alpha}\sqrt{\{x'^2 + 2\alpha x' - 2 f x' - 2\alpha f + f^2\}}.$$

Die gerade Linie wird nun die Hyperbel in allen den Puncten schneiden, in welchen die Ordinate der geraden Linie y' gleich der Hyperbelordinate y ist; wir erfahren also diese Schnittpuncte, wenn wir y = y' setzen; das gibt

$$\operatorname{tg} T\, x' = \frac{\beta}{\alpha} \sqrt{\{x'^2 + 2\alpha x' - 2 f x' - 2\alpha f + f^2\}},$$

löset man diese Gleichung, so wird

$$x' = \frac{-\beta^2(f-\alpha)}{\alpha^2 \operatorname{tg} T^2 - \beta^2} \pm \sqrt{\left\{\frac{\beta^4 (f-\alpha)^2}{(\alpha^2 \operatorname{tg} T^2 - \beta^2)^2} + \frac{(f^2 - 2\alpha f)\beta^2}{\alpha^2 \operatorname{tg} T^2 - \beta^2}\right\}};$$

die Hyperbel wird also von der geraden Linie in zwei Puncten geschnitten; die Abscissen dieser Puncte erhält man, nachdem man in dem Werthe von x' die Quadratwurzel positiv oder negativ nimmt.

Soll nun (Fig. 49.) die gerade Linie Tangente der Hyperbel werden, so darf sie die Hyperbel nur in einem Puncte treffen (vergleiche §. 134. und §. 97. Anm.); x' darf also nur einen einzigen Werth haben, es muß folglich

$$\sqrt{\left\{\frac{\beta^4 (f-\alpha)^2}{(\alpha^2 \operatorname{tg} T^2 - \beta^2)^2} + \frac{(f^2 - 2\alpha f)\beta^2}{\alpha^2 \operatorname{tg} T^2 - \beta^2}\right\}} = 0 \text{ seyn.}$$

Quadrirt man diese Gleichung und dividirt dann durch

$\frac{\beta^2}{\alpha^2 \operatorname{tg} T^2 - \beta^2}$, so erhält man

$$\frac{\beta^2 (f-\alpha)^2}{\alpha^2 \operatorname{tg} T^2 - \beta^2} + f^2 - 2\alpha f = 0,$$

oder

$$\beta^2 (f-\alpha)^2 = (2\alpha f - f^2)(\alpha^2 \operatorname{tg} T^2 - \beta^2),$$

oder

$$\beta^2 f^2 - 2\alpha f \beta^2 + \alpha^2 \beta^2 = (2\alpha f - f^2)\alpha^2 \operatorname{tg} T^2 - 2\alpha f \beta^2 + \beta^2 f^2,$$

oder

$$\alpha^2 \beta^2 = (2\alpha f - f^2)\alpha^2 \operatorname{tg} T^2;$$

also

$$\operatorname{tg} T^2 = \frac{\beta^2}{2\alpha f - f^2}.$$

Unter dieser Voraussetzung wird dann

$$x' = \frac{-\beta^2 (f-\alpha)}{\alpha^2 \operatorname{tg} T^2 - \beta^2},$$

und für tg T^2 den eben gefundenen Werth gesetzt, wird

$$x' = \frac{-\beta^2(f-\alpha)}{\frac{\alpha^2\beta^2}{2\alpha f - f^2} - \beta^2} = \frac{-(f-\alpha)}{\frac{\alpha^2}{2\alpha f - f^2} - 1}$$

$$= \frac{-(f-\alpha)(2\alpha f - f^2)}{\alpha^2 - 2\alpha f + f^2}$$

$$= \frac{-(f-\alpha)(2\alpha f - f^2)}{(f-\alpha)^2}$$

$$= -\frac{2\alpha f - f^2}{f-\alpha} = \frac{2\alpha f - f^2}{\alpha - f};$$

folglich ist

$$TP = x' = \frac{2\alpha f - f^2}{\alpha - f},$$

und also

$$AP = x = x' - f = \frac{2\alpha f - f^2}{\alpha - f} - f,$$

$$x = \frac{2\alpha f - f^2 - \alpha f + f^2}{\alpha - f} = \frac{\alpha f}{\alpha - f};$$

folglich

$$\alpha x - f x = \alpha f,$$

also

$$f = \frac{\alpha}{\alpha + x}.$$

Daraus ergibt sich

$$TP = AP + TA = f + x = \frac{\alpha x}{\alpha + x} + x$$

$$= \frac{\alpha x + \alpha x + x^2}{\alpha + x} = \frac{2\alpha x + x^2}{\alpha + x}.$$

Weil nun

$$\alpha = \tfrac{1}{2}a, \text{ so ist } TP = \frac{a x + x^2}{\frac{1}{2}a + x},$$

wo $x = AP =$ Abscisse vom Scheitelpuncte ist.

Die Linie TP heißt die Subtangente für den Punct M der Hyperbel. Will man nun an den Punct M der Hyperbel eine Tangente ziehen, so fälle man das Perpendikel PM, berechne aus dem bekannten $AP = x$ die Subtangente TP $= \frac{a x + x^2}{\frac{1}{2}a + x}$, trage diese von P aus nach T ab, ziehe durch

T und M eine gerade Linie TM, so ist diese die verlangte Tangente des Puncts M der Hyperbel.

Da in dem Ausdrucke der Subtangente die große Axe allein vorkommt, so haben auch alle Hyperbeln über derselben großen Axe beschrieben in ihren gleichnamigen Puncten gleiche Subtangenten.

Soll die Subtangente in Bezug auf die Mittelpunctsgleichung dargestellt werden, so muß in $TP = \frac{ax + x^2}{\frac{1}{2}a + x}$ für a gesetzt werden 2α und für x substituirt werden $x - \alpha$, also ist

$$TP = \frac{2\alpha(x-\alpha) + (x-\alpha)^2}{\alpha + x - \alpha}$$
$$= \frac{x^2 - \alpha^2}{x},$$

wo x die Abscisse vom Mittelpuncte bedeutet (vergl. §. 137.).

§. 181.

Setzt man in M (Fig. 49.) auf die Tangente TM ein Perpendikel RM, welches die Axe in R schneidet, so heißt RM die Normale und PR die Subnormale der Hyperbel. Um die Subnormale zu finden, betrachte man nur das Verhältniß

$$\frac{PR}{PM} = \frac{PM}{PT},$$

woraus

$$PR = \frac{PM^2}{PT} = \frac{y^2}{\text{subtg}} \text{ wird.}$$

Je nachdem man nun die Gleichung vom Scheitelpuncte oder vom Mittelpuncte zum Grunde legt, erhält auch PR scheinbar verschiedene Werthe. Für die Gleichung vom Scheitelpuncte ist

$$PR = \frac{\frac{c^2}{a^2}(ax + x^2)}{\frac{ax + x^2}{\frac{1}{2}a + x}} = \frac{c^2}{a^2}(\tfrac{1}{2}a + x).$$

Für die Gleichung vom Mittelpuncte ist

$$PR = \frac{\beta^2}{\alpha^2} \frac{(x^2 - \alpha^2)}{\frac{x^2 - \alpha^2}{x}} = \frac{\beta^2}{\alpha^2} x.$$

§. 182.

Die Länge der Tangente ist

$$TM = \sqrt{\{y^2 + \text{subtg}^2\}};$$

für die Gleichung vom Scheitelpuncte also

$$TM = \sqrt{\left\{\frac{c^2}{a^2}(ax + x^2) + \frac{(ax + x^2)^2}{(\frac{1}{2}a + x)^2}\right\}}$$

$$= \sqrt{\left\{\frac{ax + x^2}{(\frac{1}{2}a + x)^2}\left(\frac{c^2}{a^2}(\tfrac{1}{2}a + x)^2 + (ax + x^2)\right)\right\}};$$

für die Gleichung vom Mittelpuncte ist

$$TM = \sqrt{\left\{\frac{\beta^2}{\alpha^2}(x^2 - \alpha^2) + \frac{(x^2 - \alpha^2)^2}{x^2}\right\}}$$

$$= \sqrt{\left\{\frac{x^2 - \alpha^2}{x^2}\left(\frac{\beta^2}{\alpha^2}x^2 + (x^2 - \alpha^2)\right)\right\}}.$$

§. 183.

Die Länge der Normale ist

$$RM = \sqrt{(y^2 + \text{subnorm}^2)};$$

für die Gleichung vom Scheitelpuncte also

$$RM = \sqrt{\left\{\frac{c^2}{a^2}(ax + x^2) + \frac{c^4}{a^4}(\tfrac{1}{2}a + x)^2\right\}}$$

$$= \frac{c}{a}\sqrt{\left\{ax + x^2 + \frac{c^2}{a^2}(\tfrac{1}{2}a + x)^2\right\}};$$

für die Gleichung vom Mittelpuncte aber ist sie

$$RM = \sqrt{\left\{\frac{\beta^2}{\alpha^2}(x^2 - \alpha^2) + \frac{\beta^4}{\alpha^4}x^2\right\}}$$

$$= \frac{\beta}{\alpha}\sqrt{\left\{x^2 - \alpha^2 + \frac{\beta^2}{\alpha^2}x^2\right\}}$$

$$= \frac{\beta}{\alpha}\sqrt{\left\{\left(\frac{\alpha^2 + \beta^2}{\alpha^2}\right)x^2 - \alpha^2\right\}}$$

(vergleiche §. 139.).

§. 184.

Wie verhalten sich die Winkel gegen einander, welche die Vectoren fM und FM mit der Normale RM einschließen? wie verhält sich also Winkel fMR zu Winkel FMR?

$$\text{tg fMR} = (\text{fMP} + \text{PMR})$$

$$= \frac{\text{tg fMP} + \text{tg PMR}}{1 - \text{tg fMP} \cdot \text{tg PMR}}$$

$$= \frac{\frac{x+f}{y} + \frac{\frac{\beta^2}{\alpha^2}x}{y}}{1 - \frac{\frac{\beta^2}{\alpha^2}x(x+f)}{y^2}}, \text{ wo f die Excentrizität bedeutet,}$$

$$= \frac{\left(x+f+\frac{\beta^2}{\alpha^2}x\right)y}{y^2 - \frac{\beta^2}{\alpha^2}x(x+f)} = \frac{\left[\left(\frac{\alpha^2+\beta^2}{\alpha^2}\right)x+f\right]y}{\frac{\beta^2}{\alpha^2}x^2 - \beta^2 - \frac{\beta^2}{\alpha^2}x^2 - \frac{\beta^2}{\alpha^2}xf}$$

$$= \frac{\left(\frac{f^2}{\alpha^2}x+f\right)y}{-\left(\beta^2+\frac{\beta^2}{\alpha^2}xf\right)} = \frac{f(fx+\alpha^2)y}{-\beta^2(fx+\alpha^2)} = \frac{-fy}{\beta^2}.$$

Ferner ist

$$\text{tg FMR} = \text{tg}(\text{FMP} + \text{PMR})$$

$$= \frac{\text{tg FMP} + \text{tg PMR}}{1 - \text{tg FMP} \cdot \text{tg PMR}}$$

$$= \frac{\frac{x-f}{y} + \frac{\frac{\beta^2}{\alpha^2}x}{y}}{1 - \frac{(x-f)\frac{\beta^2}{\alpha^2}x}{y^2}} = \frac{\left(x-f+\frac{\beta^2}{\alpha^2}x\right)y}{y^2-(x-f)\frac{\beta^2}{\alpha^2}x}$$

$$= \frac{\left(\frac{\alpha^2+\beta^2}{\alpha^2}x-f\right)y}{-\beta^2+\frac{\beta^2}{\alpha^2}fx} = \frac{(f^2x-\alpha^2f)y}{\beta^2fx-\beta^2\alpha^2}$$

$$= \frac{f(fx-\alpha^2)y}{\beta^2(fx-\alpha^2)} = \frac{fy}{\beta^2}.$$

Folglich ist

$$tg(fMR) = -tgFMR,$$

folglich Winkel fMR + Winkel FMR = 180° bekannten trigonometrischen Lehren zufolge,

oder $fMT + TMF + FMP + PMR + FMP + PMR = 180°$,

oder $fMT + TMF + 2FMP + 2PMR = 180°$.

Es ist aber

$$2TMF + 2FMP + 2PMR = 180°,$$

weil MR senkrecht auf der Tangente TM steht; zieht man die untere Gleichung von der obern ab, so bleibt

$$fMT - TMF = 0, \text{ also}$$

$$fMT = TMF.$$

Die Vectoren schließen also mit der Tangente der Hyperbel und folglich auch mit ihr selbst gleiche Winkel ein.

§. 185.

Auf dieser Eigenschaft der Hyperbel beruht eine leichte geometrische Constructionsart der Tangente an jeden beliebigen Punct M dieser Curve (Fig. 49.). Denn weil die Tangente TM den Winkel fMF, den die Vectoren mit einander bilden, halbirt, so muß, wenn man MS = MF macht und SF zieht, diese Linie SF als Basis des gleichschenkligen Dreiecks SFM von der Linie TM, die den Winkel an der Spitze halbirt, auch halbirt werden, und TM muß senkrecht auf ST stehen. Will man also an den Punct M der Hyperbel eine Tangente ziehen, so beschreibe man die Vectoren dieses Puncts fM und FM, trage FM von M aus auf fM ab, so daß SM = FM wird, ziehe SF und senkrecht auf sie durch M die gerade Linie TM, so ist diese Tangente des Puncts M der Hyperbel.

Anmerkung. Läßt man die Hyperbel um AB in Drehung gerathen, so wird MAM', so wie auch mBm' eine hohle hyperbolische Wölbung beschreiben; legt man dieser Wölbung spiegelnde Eigenschaften bei, und stellt man in F ein Licht, welches seine Strahlen auf die Wölbung sendet, so fällt der Strahl FM unter dem Winkel TMF ein, er muß folglich auch unter einem Winkel = TMF = fMT = NMG reflectirt werden, es wird also MG der reflectirte Strahl seyn, wo MG der verlängerte Vector fM ist; es scheinen also die aus F auf die Wölbung fallenden Strahlen nach der Reflexion aus f zu kommen. Eben so verhält es sich, wenn man die Strahlen aus f auffallen läßt. Diese optische Eigenschaft der Hyperbelwölbung ist es, welche den Puncten F und f den Namen der Brennpuncte verschaffte.

§. 186.

Ueber die Richtung der Hyperbel gegen ihre große Axe gibt der Winkel Aufschluß, den die Tangente dieser Curve mit der Axe bildet; es ist

$$\mathrm{tg}\,T = \frac{PM}{PT} = \frac{y}{\mathrm{subtg}} \text{ (Fig. 49.).}$$

In Bezug auf die Scheitelpuncte der Hyperbel ist also

$$\mathrm{tg}\,T = \frac{\frac{c}{a}\sqrt{(ax+x^2)}}{\frac{ax+x^2}{\frac{1}{2}a+x}},$$

oder

$$\mathrm{tg}\,T = \frac{\frac{c}{a}(\frac{1}{2}a+x)}{\sqrt{(ax+x^2)}}.$$

Für $x = 0$ ist $\mathrm{tg}\,T = \frac{\frac{c}{a}(\frac{1}{2}a)}{0}$ unmöglich, also steht im Puncte A die Tangente und folglich die Curve selbst senkrecht auf der Abscissenaxe AX.

Für $x = -a$ ist $\mathrm{tg}\,T = \frac{\frac{c}{a}(-\frac{1}{2}a)}{\sqrt{(a^2-a^2)}} =$ unmöglich, folglich erhebt sich die Hyperbel auch aus dem Scheitelpuncte B mit Perpendikularität auf die große Axe empor.

Für $x = +x$ ist $\operatorname{tg} T = \dfrac{\frac{c}{a}(\frac{1}{2}a + x)}{\sqrt{(ax + x^2)}}$;

für $x = -(a+x)$ ist $\operatorname{tg} T = \dfrac{\frac{c}{a}[\frac{1}{2}a - (a+x)]}{\sqrt{[a(-(a+x)) + (a+x)^2]}}$

$$= \frac{\frac{c}{a}(-\frac{1}{2}a - x)}{\sqrt{(-a^2 - ax + a^2 + 2ax + x^2)}}$$

$$= -\frac{\frac{c}{a}(\frac{1}{2}a + x)}{\sqrt{(ax + x^2)}}.$$

Wäre nun (Fig. 49.) $AP = x$ und $pB = AP$, so ist $Ap = -(a+x)$, für den Punct M ist also

$$\operatorname{tg} T = \frac{\frac{c}{a}(\frac{1}{2}a + x)}{\sqrt{(ax + x^2)}},$$

und für den Punct m ist

$$\operatorname{tg} T' = -\frac{\frac{c}{a}(\frac{1}{2}a + x)}{\sqrt{(ax + x^2)}},$$

folglich ist

$$T' + T = 180^\circ, \text{ also}$$
$$mT'p = T.$$

Die beiden Aeste der Hyperbel haben folglich in den correspondirenden Puncten gleiche Richtung gegen die Axe.

Da in dem Ausdrucke

$$\operatorname{tg} T = \frac{\frac{c}{a}(\frac{1}{2}a + x)}{\sqrt{(ax + x^2)}},$$

$\dfrac{\frac{1}{2}a + x}{\sqrt{(ax + x^2)}}$ ein unechter Bruch ist, denn es ist

$$\tfrac{1}{2}a + x > \sqrt{(ax + x^2)}, \text{ weil}$$
$$(\tfrac{1}{2}a + x)^2 = \tfrac{1}{4}a^2 + ax + x^2 > ax + x^2, \text{ oder}$$
$$\tfrac{1}{4}a^2 > 0 \text{ ist},$$

so muß tg T, mag x auch noch so groß werden, doch immer größer seyn, als $\frac{c}{a}$; die Hyperbel kann sich also nie unter einem Winkel gegen die Axe neigen, dessen trigonometrische Tangente kleiner oder auch nur gleich dem Quotienten aus der kleinen Axe in die große wäre.

Je größer x wird, desto mehr nähert sich tg T dem Werthe $\frac{c}{a}$, und kann sich über jede Grenze hinaus dem Werthe $\frac{c}{a}$ immer mehr nähern, ohne jemals $= \frac{c}{a}$ zu werden; denn

$$\begin{aligned} \text{tg}\,T &= \frac{c}{a}\left(\frac{\frac{1}{2}a + x}{\sqrt{(ax + x'')}}\right) \\ &= \frac{c}{a}\sqrt{\left(\frac{(\frac{1}{2}a + x)^2}{(ax + x^2)}\right)} \\ &= \frac{c}{a}\sqrt{\left(\frac{\frac{1}{4}a^2 + ax + x^2}{ax + x^2}\right)} \\ &= \frac{c}{a}\sqrt{\left(\frac{\frac{1}{4}a^2}{ax + x^2} + 1\right)}. \end{aligned}$$

$\sqrt{\left(\frac{\frac{1}{4}a^2}{ax + x^2} + 1\right)}$ läßt sich der Einheit so nahe bringen, als man will, weil sich $\frac{\frac{1}{4}a^2}{ax + x^2}$ so klein nehmen läßt, als man will, kann jedoch nie $= 1$ werden, weil $\frac{\frac{1}{4}a^2}{ax + x^2}$ nie $= 0$ werden kann, wenn auch x noch so groß angenommen wird. Demnach kann sich auch tg T dem Werthe $\frac{c}{a}$ so sehr nähern, als man will, nie aber $= \frac{c}{a}$ werden.

§. 187.

Aus dem im vorigen §. gezeigten Satze, daß tg T immer kleiner als $\frac{c}{a}$ seyn müsse, folgt gewissermaßen schon von selbst, daß auch die Subtangente TP (Fig. 49.) nach der Richtung **AX'** hin nicht ins Unendliche wachsen könne, wie bei der Parabel und Ellipse, sondern irgendwo einen begrenzenden Punct haben müsse, über welchen sie nicht hinausgehen könne.

Die Subtangente war $= \frac{x^2 - \alpha^2}{x}$, wo die Mittelpuncts-gleichung der Hyperbel zum Grunde liegt. Nun ist AP $=$ $x - \alpha$, folglich ist

$$TA = TP - AP = \frac{x^2 - \alpha^2}{x} - (x - \alpha)$$
$$= \frac{x^2 - \alpha^2 - x^2 + \alpha x}{x}$$
$$= \frac{\alpha x - \alpha^2}{x} = \alpha \left(\frac{x - \alpha}{x}\right);$$

Da nun $\frac{x - \alpha}{x}$ jederzeit kleiner als 1 ist, so muß auch

$$TA \text{ immer} < \alpha \text{ seyn.}$$

So wie nun x größer wird, wird $\frac{x - \alpha}{x}$ der Einheit immer näher kommen und sich derselben ins Unendliche nähern können, ohne ihr jedoch jemals gleich zu werden. Es wird also der Punct T dem Puncte C (der Mitte der großen Axe) sich über jede bestimmte Grenze hinaus nähern, doch nie mit ihm zusammenfallen können.

Wie sollte sich denn nun wohl eine durch C gezogene gerade Linie zur Hyperbel verhalten?

Ziehen wir durch C (Fig. 50.) eine gerade Linie, so ist ihre Gleichung auf C bezogen

$$y' = \operatorname{tg} C . x, \text{ wo } CP = x, \ PM = y' \text{ ist.}$$

Die Gleichung der Hyperbel auf C bezogen ist

$$y = \frac{\beta}{\alpha} \sqrt{(x^2 - \alpha^2)}.$$

Die gerade Linie wird also die Hyperbel in allen den Puncten schneiden, wo $y = y'$ ist, oder wo

$$\operatorname{tg} C . x = \frac{\beta}{\alpha} \sqrt{(x^2 - \alpha^2)}, \text{ oder}$$

$$\operatorname{tg} C^2 x^2 = \frac{\beta^2}{\alpha^2} x^2 - \beta^2, \text{ also}$$

$$\left(\frac{\beta^2}{\alpha^2} - \operatorname{tg} C^2\right) x^2 = \beta^2,$$

$$x^2 = \frac{\beta^2}{\frac{\beta^2}{\alpha^2} - \operatorname{tg} C^2},$$

$$x = \pm \frac{\beta}{\sqrt{\left(\frac{\beta^2}{\alpha^2} - \operatorname{tg} C^2\right)}}.$$

§. 188.

Die gerade Linie mM, welche durch die Mitte der großen Axe der Hyperbel geht, schneidet also die Hyperbel in zwei Puncten; für den einen Schnittpunct ist

$$x = + \frac{\beta}{\sqrt{\left(\frac{\beta^2}{\alpha^2} - \operatorname{tg} C^2\right)}},$$

dieser liegt also im Aste MA; für den zweiten Schnittpunct ist

$$x = - \frac{\beta}{\sqrt{\left(\frac{\beta^2}{\alpha^2} - \operatorname{tg} C^2\right)}},$$

er liegt folglich im Aste mB; übrigens ist CP = cp und folglich auch AP = Bp, weil

$$x = \pm \frac{\beta}{\sqrt{\left(\frac{\beta^2}{\alpha^2} - \operatorname{tg} C^2\right)}} \text{ ist.}$$

So lange tg C eine kleine Größe ist, wird $\sqrt{\left(\frac{\beta^2}{\alpha^2} - \operatorname{tg} C^2\right)}$ eine große, x also eine kleine Größe werden, d. h. der Schnittpunct wird nahe am Scheitel liegen, und für tg C = 0 wird $x = \pm \alpha$.

Wird $\operatorname{tg} C = \frac{\beta}{\alpha}$, so ist $x = \frac{\beta}{0}$ = unmöglich; unter dieser Voraussetzung kann also die gerade Linie die Hyperbel nicht mehr schneiden; wird $\operatorname{tg} C > \frac{\beta}{\alpha}$, so wird $x = \frac{\beta}{\sqrt{(-)}}$, da kann die gerade Linie die Hyperbel also auch nicht treffen.

Die gerade Linie für $\operatorname{tg} C = \frac{\beta}{\alpha}$ ist die erste unter den durch C gezogenen geraden Linien, welche die Hyperbel nicht mehr treffen, sie muß deshalb auch unter allen diesen Linien am nächsten bei der Hyperbel hergehen, weil für sie tg C den kleinsten möglichen Werth hat, den sie unter der Bedingung, daß die gerade Linie die Hyperbel nicht mehr treffen soll, annehmen kann. Diese Linie heißt Asymptote der Hyperbel.

§. 189.

Will man die Asymptote construiren, so muß $\operatorname{tg} C = \frac{\beta}{\alpha}$ seyn; es ist aber $\operatorname{tg} C = \frac{DA}{CA} = \frac{DA}{\alpha}$, folglich muß $DA = \beta$ = halber kleiner Axe seyn. Man errichte also im Scheitel A ein Perpendikel AD = der halben kleinen Axe, ziehe dann durch D und C eine gerade Linie CD, so ist sie die Asymptote für den Schenkel AM der Hyperbel.

Verlängert man DA, bis Ad = AD wird, und zieht dann durch C und d die gerade Linie Cd, so ist sie die Asymptote für AM'. Errichtet man eben so im Scheitel B ein Perpendikel D'd', so daß $D'B = Bd' = \beta$ ist, und zieht man CD' und Cd', so sind sie die Asymptoten für Bm' und Bm, und es ist leicht einzusehen, daß die Asymptote CD' nur die Verlängerung von Cd, und die Asymptote Cd' nur die Verlängerung von CD ist, denn

$$\operatorname{tg} BCD' = \frac{\beta}{\alpha} = \operatorname{tg} ACd,$$

folglich

$$BCD' = ACd,$$

folglich

$$ACd + ACD' = 180°,$$

und demnach bilden die Linien Cd und CD' eine einzige gerade Linie dD'. Eben so wird bewiesen, daß CD und Cd' eine einzige gerade Linie Dd' machen. Es sind also die Asymptoten des einen Astes der Hyperbel zugleich die Asymptoten des andern Astes.

§. 190.

Rücksichtlich der Asymptoten wollen wir nun die Hyperbel betrachten; es mag die eine Abscissen-, die andere Ordinatenaxe seyn; ferner sey C der Anfangspunct; auf ihn und auf die Axen CD und Cd, welche die Asymptoten der Hyperbel sind, soll die Gleichung dieser Curve bezogen werden.

Die Gleichung der Hyperbel vom Mittelpuncte ist

$$y = \frac{\beta}{\alpha}\sqrt{(x^2 - \alpha^2)}, \text{ oder}$$

$$\alpha^2 y^2 = \beta^2 x^2 - \beta^2 \alpha^2,$$

wo $CP = x$ und $PM = y$ ist (Fig. 51.). Es sey nun $CQ = x'$ die neue Abscisse, und $QM = y'$ parallel zu Cd die neue Ordinate, so ist (§. 47. 1.)

$$x = x' \cos\alpha + y' \cos(A + \alpha), \text{ und}$$

$$y = x' \sin\alpha + y' \sin(A + \alpha),$$

wo A der neue Coordinatenwinkel CQM und α der Winkel ist, den die Abscissenaxen mit einander einschließen, also Winkel C.

$$\begin{aligned} A = CQM &= 180^\circ - MQL \\ &= 180^\circ - DCd \\ &= 180^\circ - 2\alpha; \end{aligned}$$

folglich

$$A + \alpha = 180^\circ - \alpha, \text{ also}$$

$$\cos(A + \alpha) = -\cos\alpha, \text{ und}$$

$$\sin(A + \alpha) = \sin\alpha;$$

diese Werthe substituirt, so ist

$$x = x' \cos\alpha - y' \cos\alpha = (x' - y') \cos\alpha, \text{ und}$$

$$y = x' \sin\alpha + y' \sin\alpha = (x' + y') \sin\alpha.$$

Weil aber y′ hier niederwärts geht, und also eine der in (§. 47.) gebrauchten Ordinatenrichtung entgegengesetzte Lage hat, so muß es in sich selbst negativ genommen werden; man erhält also

$$x = (x' + y') \cos\alpha, \text{ und}$$
$$y = (x' - y') \sin\alpha.$$

Substituirt man diese Werthe in die Gleichung der Hyperbel

$$\alpha^2 y^2 = \beta^2 x^2 - \beta^2 \alpha^2,$$

so erhält man

$$\alpha^2 (x' - y')^2 \sin\alpha^2 = \beta^2 (x' + y')^2 \cos\alpha^2 - \beta^2 \alpha^2;$$

oder weil

$$\operatorname{tg}\alpha = \frac{\beta}{\alpha} \text{ (§. 188.), also}$$
$$\sin\alpha^2 = \frac{\beta^2}{\alpha^2 + \beta^2}, \text{ und}$$
$$\cos\alpha^2 = \frac{\alpha^2}{\alpha^2 + \beta^2} \text{ ist, so wird}$$
$$\alpha^2 (x' - y')^2 \frac{\beta^2}{\alpha^2 + \beta^2} = \beta^2 (x' + y')^2 \frac{\alpha^2}{\alpha^2 + \beta^2} - \beta^2 \alpha^2,$$

oder

$$\alpha^2 \beta^2 (x' - y')^2 = \alpha^2 \beta^2 (x' + y')^2 - \beta^2 \alpha^2 (\alpha^2 + \beta^2),$$

oder

$$(x' - y')^2 = (x' + y')^2 - \alpha^2 + \beta^2,$$

oder

$$x'^2 - 2x'y' + y'^2 = x'^2 + 2x'y' + y'^2 - \alpha^2 + \beta^2;$$

folglich

$$4x'y' = \alpha^2 + \beta^2, \text{ und}$$
$$x'y' = \frac{\alpha^2 + \beta^2}{4}.$$

§. 191.

Es ist also das Product aus den beiden Linien CQ und QM jederzeit gleich dem vierten Theile der Summe der Quadrate beider Halbaxen, oder gleich dem 16ten Theile der Summe der Quadraten beider Axen, denn

$$\frac{\alpha^2 + \beta^2}{4} = \frac{\frac{a^2}{4} + \frac{c^2}{4}}{4} = \frac{a^2 + c^2}{16},$$

folglich auch

$$x'y' = \frac{a^2 + c^2}{16}.$$

Im Puncte A wird

$$x'y' = CI.IA.$$

Da nun IA parallel zu Cd, so ist Winkel IAC = ACd = ICA, folglich CI = IA, also $x'y' = IA^2 = \frac{a^2 + c^2}{16} = \frac{\alpha^2 + \beta^2}{4}$. Die Größe IA^2 heißt gewöhnlich Potenz der Hyperbel; setzt man sie = p, so hat man

$$x'y' = \frac{a^2 + c^2}{16} = p, \text{ also}$$

$$y' = \frac{p}{x}.$$

Je größer nun x′ wird, desto kleiner wird y′; die Asymptote nähert sich also der Hyperbel immer mehr, und diese Näherung kann ins Unendliche fortgesetzt werden, weil man x′ so groß machen kann, als man will; die Asymptote kann jedoch nie mit der Hyperbel zusammenfallen, weil $\frac{p}{x'} = y'$ nie null werden kann.

§. 192.

Verlängert man die Ordinate PM bis beiderseits an die Asymptote in L und l, so ist offenbar PL = Pl; bezeichnet man nun PL durch z, so ist

$$LM = z - y, \text{ und}$$
$$lM = z + y.$$

Es ist nun wegen Aehnlichkeit der Dreiecke CAD und CPL

$$\frac{CA}{AD} = \frac{CP}{PL}, \text{ oder}$$

$$\frac{\alpha}{\beta} = \frac{x}{z}; \text{ folglich}$$

$$z = \frac{\beta x}{\alpha}, \text{ und}$$

$$z^2 = \frac{\beta^2 x^2}{\alpha^2}.$$

Die Gleichung der Hyperbel

$$y^2 = \frac{\beta^2}{\alpha^2}(x^2 - \alpha^2) \text{ gibt}$$

$$y^2 = \frac{\beta^2}{\alpha^2}x^2 - \beta^2, \text{ folglich}$$

$$y^2 = z^2 - \beta^2, \text{ also}$$

$$z^2 - y^2 = \beta^2, \text{ oder}$$

$$(z + y)(z - y) = \beta^2,$$

und für $z + y = lM$ und $z - y = LM$ substituirt, so ist also

$$LM . lM = \beta^2;$$

d. h. das Product zweier Linien LM.lM, welche durch die Verlängerung der senkrechten Ordinate PM entstehen, ist gleich dem Quadrate der kleinen Halbaxe.

§. 193.

Zieht man beliebig durch die Hyperbel (Fig. 52.) eine gerade Linie RR' bis an die Asymptoten, so sind die Abschnitte dieser geraden Linie zwischen der Hyperbel und den Asymptoten jedesmal gleich, RM = R'M'; denn zieht man senkrecht auf die große Axe die Linien Ll und Kk, welche durch die Puncte M und M' gehen, wo die gerade Linie RR' die Hyperbel schneidet, so sind die Dreiecke RML und RM'K ähnlich, folglich

$$\frac{RM}{RM'} = \frac{LM}{KM'}.$$

Ferner sind die Dreiecke kR'M' und R'Ml ähnlich, also

$$\frac{R'M}{R'M'} = \frac{lM}{kM'};$$

die beiden Verhältnisse multiplicirt, so ist

$$\frac{RM . R'M}{RM' . R'M'} = \frac{LM . lM}{KM' . kM'}.$$

Nun ist aber nach dem vorigen §.

$$LM . lM = \beta^2 = KM' . kM'$$

also auch

$$RM . R'M = RM' . R'M', \text{ oder}$$

$$RM(R'M' + MM') = R'M'(RM + MM'),\text{ oder}$$
$$RM.R'M' + RM.MM' = RM.R'M' + R'M'.MM';$$

folglich

$$RM.MM' = R'M'.MM',\text{ also}$$
$$RM = R'M'.$$

Hieraus folgt unmittelbar, daß die Abschnitte TN und tN der Tangente Tt an irgend einen Punct N der Hyperbel gleich seyn müssen; denn man kann zu jeder Tangente Tt eine Parallele RR′ ziehen, wo denn RM = R′M′; läßt man nun diese Linie RR′ so weit vorrücken, daß M und M′ in einen Punct N zusammenfallen, RR′ also in die Lage von Tt kommt, so wird auch dann noch RM = R′M′ oder TN = tN seyn.

§. 194.

Zieht man durch den Punct N (Fig. 53.), wo die Tangente Tt die Hyperbel trifft, eine gerade Linie Gg parallel zu Dd, und zu tT eine Parallele RR′, so ist Dreieck TNG ähnlich RML, also

$$\frac{TN}{GN} = \frac{RM}{LM}.$$

Ferner ist Dreieck tNg ähnlich lMR′, also

$$\frac{tN}{Ng} = \frac{R'M}{lM};$$

also auch

$$\frac{TN.tN}{GN.Ng} = \frac{RM.R'M}{LM.lM}.$$

Es ist aber $GN.Ng = LM.lM = \beta^2$ (§. 192.), also

$$TN.tN = RM.R'M,$$

und da nach dem vorigen §. TN = tN ist, so wird

$$TN^2 = RM.R'M.$$

§. 195.

Zieht man zu der Tangente Tt mehre Parallelen RR′, rr′ u. s. w., so ist

$$TN^2 = RM.R'M, \text{ und}$$
$$TN^2 = rm.r'm;$$

folglich auch

$$RM.R'M = rm.r'm.$$

Zieht man also durch die Hyperbel bis beiderseits an die Asymptoten mehre Parallelen, so ist das Product aus den Segmenten, in welche der eine Schenkel der Hyperbel diese geraden Linien schneidet, immer dasselbe.

§. 196.

Die Gleichung der Hyperbel in Bezug auf Asymptoten war

$$xy = p.$$

Bezeichnet man nun durch X und Y ein anderes Coordinatenpaar, so ist auch

$$XY = p.$$

Daraus folgt

$$xy = XY, \text{ oder}$$
$$\frac{x}{X} = \frac{Y}{y};$$

d. h. die Abscissen verhalten sich umgekehrt, wie die Ordinaten. Hierdurch hat man ein Mittel, die Hyperbel zu beschreiben, wenn die Directionen der Asymptoten gegeben sind. Wären diese (Fig. 54.) die Linien Cr und CR, so schneide man auf einer derselben Cr lauter gleiche Stücke ab, in 1, 2, 3, 4, 5, 6 u. s. w., führe durch diese Schnittpuncte lauter Parallelen zur andern Asymptote CR. Auf der durch den Punct 6 geführten Parallele schneide man ein beliebiges Stück 6p ab; mache $\frac{5p}{6p} = \frac{6}{5}$; $\frac{4p}{6p} = \frac{6}{4} = \frac{3}{2}$; $\frac{3p}{6p} = \frac{6}{3} = \frac{2}{1}$; $\frac{2p}{6p} = \frac{6}{2} = \frac{3}{1}$; $\frac{1p}{6p} = \frac{6}{1}$, so sind die Puncte p lauter Puncte einer Hyperbel, der die Linie Cr und CR als Asymptoten angehören, weil sich beständig der Construction zufolge die Abscissen umgekehrt, wie die Ordinaten verhalten.

Da wir die erste Ordinate 6 p beliebig wählten, so ist klar, daß zu denselben Asymptoten unzählig viele Hyperbeln gezogen werden können, denn so wie wir 6 p anders wählen, erhalten wir auch eine andere Hyperbel, welcher aber immer Cr und CR als Asymptoten angehören. Wird aber in dem Raume zwischen CR und Cr ein einziger Punct gegeben, durch welchen die Hyperbel gehen soll, so ist dadurch das Verhältniß einer Abscisse zu ihrer Ordinate gegeben, und mit ihm das Verhältniß jeder Abscisse zu der ihr zugehörigen Ordinate bestimmt; in diesem Falle hat also die zu construirende Hyperbel eine bestimmte Lage.

§. 197.

Ist die Hyperbel concav oder convex gegen die große Axe? Es sey (Fig. 55) M irgend ein Punct der Hyperbel, TM eine Tangente dieses Puncts; man gehe von P nach Q um ein beliebiges Stück PQ = p fort, ziehe QR, welche die Tangente in R und die Hyperbel in m schneidet; je nachdem nun die Differenz QR — Qm positiv oder negativ wird, ist die Hyperbel concav oder convex gegen die große Axe.

Es ist

$$QR = \operatorname{tg} T \,.\, TQ;$$

$$Qm = \frac{c}{a}\sqrt{(a \,.\, AQ + AQ^2)};$$

$$TQ = \text{subtg} + p = \frac{ax + x^2}{\frac{1}{2}a + x} + p;$$

$$\operatorname{tg} T = \frac{\frac{c}{a}(\frac{1}{2}a + x)}{\sqrt{(ax + x^2)}};$$

$$AQ = x + p, \text{ folglich}$$

$$QR = \frac{\frac{c}{a}(\frac{1}{2}a + x)}{\sqrt{(ax + x^2)}}\left(\frac{ax + x^2}{\frac{1}{2}a + x} + p\right)$$

$$= \frac{c}{a}\sqrt{(ax + x^2)} + \frac{\frac{c}{a}(\frac{1}{2}a + x)\,p}{\sqrt{(ax + x^2)}};$$

und

$$Qm = \frac{c}{a}\sqrt{[a(x+p)+(x+p)^2]}.$$

QR — Qm wird nun positiv oder negativ seyn, nachdem

$$\sqrt{(ax+x^2)} + \frac{(\frac{1}{2}a+x)p}{\sqrt{(ax+x^2)}} \lessgtr \sqrt{[a(x+p)+(x+p)^2]} \text{ ist;}$$

oder quadrirt,

$$ax + x^2 + 2(\tfrac{1}{2}a+x)p + \frac{(\frac{1}{2}a+x)^2 p^2}{ax+x^2} \gtrless ax + ap + x^2 + \\ + 2px + p^2,$$

oder

$$ax + 2px + \frac{(\frac{1}{2}a+x)^2 p^2}{ax+x^2} \gtrless ap + 2px + p^2,$$

oder

$$(\tfrac{1}{4}a^2 + ax + x^2)p^2 \gtrless (ax+x^2)p^2,$$

oder

$$\tfrac{1}{4}a^2 p^2 \gtrless 0.$$

Da nun $\frac{1}{4}a^2p^2$ jederzeit positiv ist, p mag positiv oder negativ seyn, so ist auch QR beständig größer, als Qm. Die Hyperbel ist also durchaus concav gegen ihre große Axe.

§. 198.

Je größer p wird, mag es positiv oder negativ seyn, desto größer wird die Differenz QR — Qm. Je weiter man also vom Puncte P, der dem Berührungspuncte M correspondirt, rückwärts und vorwärts fortgeht, desto weiter entfernt sich die Hyperbel von der Tangente TR und auch von der Tangente jedes andern Punctes, weil der Punct M ganz unbestimmt angenommen ist. Könnte nun bewiesen werden, daß sich zu jeder unter einem beliebigen Winkel V sich gegen die große Axe neigenden Linie VZ eine Parallele ziehen ließe, die zugleich Tangente irgend eines Punctes der Hyperbel würde, so wäre dargethan, daß die Hyperbel sich von jeder beliebig gegen ihre große Axe gezogenen geraden Linie immer weiter entferne. In dieser Hinsicht können füglich drei Fälle unterschieden werden.

1. Der Winkel V ist so beschaffen, daß $\operatorname{tg} V > \frac{c}{a}$ ist.

Da nach (§. 186.) $\operatorname{tg} T$ immer größer ist, als $\frac{c}{a}$, so wird sich unter dieser Voraussetzung jedesmal zu VZ eine Parallele ziehen lassen, die Tangente an irgend einen Punct der Hyperbel ist, weil man $\operatorname{tg} T = \operatorname{tg} V$ machen kann. Die Abscisse des Berührungspunctes erfährt man, wenn man $\operatorname{tg} T = \operatorname{tg} V$ setzt und die daraus entspringende Gleichung auflöset; es ist

$$\operatorname{tg} V = \operatorname{tg} T = \frac{\frac{c}{a}(\frac{1}{2}a + x)}{\sqrt{(a x + x^2)}} \text{ (§. 186.)},$$

oder

$$a^2 \operatorname{tg} V^2 = \frac{c^2(\frac{1}{4}a^2 + a x + x^2)}{a x + x^2},$$

oder

$$(a^2 \operatorname{tg} V^2 - c^2) x^2 + a(\operatorname{tg} V^2 a^2 - c^2) x = \tfrac{1}{4} a^2 c^2,$$

oder

$$x^2 + a x = \frac{\frac{1}{4} a^2 c^2}{a^2 \operatorname{tg} V^2 - c^2};$$

folglich

$$x = -\frac{a}{2} \pm \sqrt{\left(\frac{\frac{1}{4} a^2 c^2}{a^2 \operatorname{tg} V^2 - c^2} + \tfrac{1}{4} a^2\right)};$$

oder

$$x = -\frac{a}{2} \pm \frac{a^2 \operatorname{tg} V}{2} \sqrt{\left(\frac{1}{a^2 \operatorname{tg} V^2 - c^2}\right)};$$

x hat hier also einen doppelten Werth, von dem der eine negativ, der andere positiv ist; daß der eine positiv seyn müsse, erhellet daraus, daß

$$\frac{a^2 \operatorname{tg} V}{2} \sqrt{\left(\frac{1}{a^2 \operatorname{tg} V^2} - c^2\right)} > \frac{a}{2} \text{ ist,}$$

denn

$$a \operatorname{tg} V \sqrt{\left(\frac{1}{a^2 \operatorname{tg} V^2 - c^2}\right)} > 1,$$

oder

$$a \operatorname{tg} V > \sqrt{(a^2 \operatorname{tg} V^2 - c^2)},$$

oder

$$a^2 \operatorname{tg} V^2 > a^2 \operatorname{tg} V^2 - c^2.$$

Es lassen sich folglich zu jeder geraden Linie VZ, die so gegen die Axe liegt, daß $\operatorname{tg} V > \frac{c}{a}$ ist, zwei Parallelen ziehen, die zugleich Tangenten an die Hyperbel sind; die eine dieser Tangenten berührt den Hyperbelast AM, die andere den Ast Bm′. Von jeder auf diese Art gegen die große Axe gezogenen geraden Linie wird sich also die Hyperbel immer weiter entfernen. Es versteht sich von selbst, daß auch $\operatorname{tg}(180 - V)$ oder $\operatorname{tg} ZVB > \frac{c}{a}$ seyn müsse, weil in diesem Falle die ganze Untersuchung nur für den Ast Bm′ gilt.

§. 199.

2. Der Winkel V ist so beschaffen, daß $\operatorname{tg} V = \frac{c}{a}$ wird.

In diesem Falle läßt sich durch die Mitte C der großen Axe (Fig. 56.) eine gerade Linie CL parallel zu VZ ziehen, und diese wird Asymptote der Hyperbel, weil $\operatorname{tg} C = \frac{c}{a}$ ist. Da sich nun die Hyperbel der Asymptote immer mehr nähert, so muß sie sich auch der Parallelen VZ zur Asymptote immer mehr nähern, kann sich ihr jedoch nie so sehr nähern, als der Abstand von der Asymptote beträgt, weil sie die Asymptote nie treffen kann.

Wäre $\operatorname{tg}(180 - V) = \operatorname{tg} ZVB = \frac{c}{a}$, so gilt die Untersuchung ganz so, nur für den entgegengesetzten Hyperbelast Bm′.

Liegt der Punct V über der Asymptote CL, wie in unserer Figur, so schneidet die Linie VZ, weil sie unter der Asymptote des Schenkels Bm″ hergeht, diesen Schenkel Bm″, und nähert sich dem Schenkel AM immer mehr, so wie sie sich von dem Schenkel Bm″ nach der Schneidung immer mehr entfernt.

Liegt V unter der Asymptote CL etwa in G, so daß VZ in die Lage von Gl kommt, so schneidet Gl den Schenkel AM und nähert sich immer mehr dem Schenkel Bm″. In wie viel Puncten wird Gl den Schenkel AM schneiden, und wie werden sich Hyperbel und gerade Linie nach dem Schneiden verhalten?

$$pl = \operatorname{tg} C . Gp.$$

Ist nun $Ap = x$ und $GA = q$, so wird

$$pl = \frac{c}{a}(q + x).$$

Für den Punct p wird die Ordinate der Hyperbel

$$y = \frac{c}{a}\sqrt{(ax + x^2)};$$

wird also $pl = y$, so schneidet die gerade Linie die Hyperbel, also

$$\frac{c}{a}\sqrt{(ax + x^2)} = \frac{c}{a}(q + x),$$

oder

$$ax + x^2 = q^2 + 2qx + x^2,$$

also

$$(a - 2q)x = q^2,$$

folglich

$$x = \frac{q^2}{a - 2q}.$$

Die gerade Linie Gl kann also die Hyperbel nur in einem einzigen Puncte treffen, und sie trifft den Ast AM, so lange x positiv bleibt, was der Fall ist, so lange $q < \frac{a}{2}$, d. h. $< AC$ ist, so lange also G zwischen C und A liegt. Fällt G über A hinaus, so wird q eine entgegengesetzte Lage erhalten, also

$$x = \frac{(-q)^2}{a + 2q} = \frac{q^2}{a + 2q},$$

also jedesmal positiv werden; so lange also G nicht über den Punct C hinausgeht, schneidet die gerade Linie Gl den Ast AM. Wird $q = \frac{a}{2}$, so ist $x = \frac{q^2}{0}$, d. h. die Asymptote trifft die Hyperbel nicht. Wird $q > \frac{a}{2}$, so ist $x = \frac{q^2}{-(2q - a)}$ $= \frac{-q^2}{2q - a}$, also negativ, dann trifft also die Linie Gl den Ast Bm′. Jenseits des Schnittpuncts tritt die Hyperbel zwischen die Asymptote und die ihr Parallele Gl; da sie sich nun der Asymptote immer mehr nähert, so muß sie sich von der Parallelen Gl immer weiter entfernen, ohne jemals von ihr einen Abstand erlangen zu können, der gleich wäre dem Abstande der Asymptote CL von der Parallelen Gl.

Ist also eine gerade Linie so gegen die Axe geneigt, daß die trigonometrische Tangente dieses Neigungswinkels $= \frac{c}{a}$ ist, so wird sich die Hyperbel ihr, falls sie durch die Mitte der großen Axe geht, immer weiter auf beiden Seiten des Schnittpuncts der geraden Linie mit der Axe nähern; geht die gerade Linie aber nicht durch die Mitte der großen Axe, so wird sich die Hyperbel auf einer Seite der Axe immer mehr derselben nähern, auf der andern aber von ihr entfernen.

§. 200.

3. Der Winkel V ist so beschaffen, daß $\mathrm{tg}\, V < \frac{c}{a}$ ist.

Daß unter dieser Voraussetzung sich zu VZ keine Tangente an die Hyperbel parallel zu VZ ziehen lasse, versteht sich von selbst, weil tg T nicht $< \frac{\beta}{\alpha} = \frac{c}{a}$ seyn kann. Mag VZ die Lage (Fig. 57.) haben, so ist

$PL = \mathrm{tg}\, V . VP$, und in Bezug auf die Hyperbel $PL = \frac{\beta}{\alpha}\sqrt{(x^2 - \alpha^2)}$.

Ist nun $VC = q$, so ist $VP = x - q$, also

$$PL = \mathrm{tg}\, V\,(x - q).$$

Setzen wir $PL = PL$, so erfahren wir die Schnittpuncte, also

$$\mathrm{tg}\, V\,(x - q) = \frac{\beta}{\alpha}\sqrt{(x^2 - \alpha^2)},$$

oder

$$\mathrm{tg}\, V^2\,(x^2 - 2qx + q^2) = \frac{\beta^2}{\alpha^2}x^2 - \beta^2,$$

oder

$$\left(\frac{\beta^2}{\alpha^2} - \mathrm{tg}\, V^2\right)x^2 + 2q\,\mathrm{tg}\, V^2\, x = \beta^2 + q^2\,\mathrm{tg}\, V^2,$$

oder

$$x^2 + \frac{2q\,\mathrm{tg}\,V^2}{\frac{\beta^2}{\alpha^2} - \mathrm{tg}\,V^2}\,x = \frac{\beta^2 + q^2\,\mathrm{tg}\,V^2}{\frac{\beta^2}{\alpha^2} - \mathrm{tg}\,V^2};$$

also

$$x = -\frac{q\,\mathrm{tg}\,V^2}{\frac{\beta^2}{\alpha^2} - \mathrm{tg}\,V^2} \pm \sqrt{\left(\frac{\beta^2 + q^2\,\mathrm{tg}\,V^2}{\frac{\beta^2}{\alpha^2} - \mathrm{tg}\,V^2} + \frac{q^2\,\mathrm{tg}\,V^4}{\left(\frac{\beta^2}{\alpha^2} - \mathrm{tg}\,V^2\right)^2}\right)},$$

und die Größe unter dem Wurzelzeichen auf gleiche Benennung gebracht und die gleichen Glieder weggelassen, so wird

$$x = \frac{-q\,\mathrm{tg}\,V^2 \pm \sqrt{\left(\frac{\beta^4}{\alpha^2} + q^2\frac{\beta^2}{\alpha^2}\,\mathrm{tg}\,V^2 - \beta^2\,\mathrm{tg}\,V^2\right)}}{\frac{\beta^2}{\alpha^2} - \mathrm{tg}\,V^2},$$

oder

$$x = \frac{-q\,\mathrm{tg}\,V^2 \pm \frac{\beta}{\alpha}\sqrt{(\beta^2 + q^2\,\mathrm{tg}\,V^2 - \alpha^2\,\mathrm{tg}\,V^2)}}{\frac{\beta^2}{\alpha^2} - \mathrm{tg}\,V^2}.$$

Die gerade Linie schneidet also die Hyperbel in zwei Puncten, weil $\sqrt{(\beta^2 + q^2\,\mathrm{tg}\,V^2 - \alpha^2\,\mathrm{tg}\,V^2)}$ jedesmal möglich ist, denn es ist

$$\beta^2 + q^2\,\mathrm{tg}\,V^2 > \alpha^2\,\mathrm{tg}\,V^2,$$

weil

$$\beta^2 > (\alpha^2 - q^2)\,\mathrm{tg}\,V^2,$$

oder

$$\frac{\beta^2}{\alpha^2 - q^2} > \mathrm{tg}\,V^2,$$

denn $\frac{\beta^2}{\alpha^2 - q^2}$ ist $> \frac{\beta^2}{\alpha^2}$ und $\mathrm{tg}\,V^2$ nach der Annahme $< \frac{\beta^2}{\alpha^2}$.

Zieht man nun durch C eine Asymptote CK, so wird diese die Linie VZ schneiden, weil wegen der ungleichen Winkel V und C, CK nicht parallel seyn kann zu VZ. Beiderseits dieses Schnittpuncts wird die Asymptote sich immer weiter von der geraden Linie VZ entfernen; da nun die Hyperbel sich der Asymptote immer mehr nähert, so muß sich die gerade Linie VZ von der Hyperbel immer weiter entfernen.

§. 201.

Hieraus geht hervor, daß die Hyperbel sich allen geraden Linien, die unter einem Winkel, dessen trigonometrische Tangente gleich ist dem Quotienten aus der kleinen Axe dieser Curve in die große Axe derselben, gegen die große Axe sich neigen, bei hinlänglicher Verlängerung immer mehr und mehr nähere, wenigstens mit einem ihrer Schenkel. Diese Eigenschaft ist denn ein characteristisches Unterscheidungsmerkmal der Hyperbel von den vorhin betrachteten Curven. Jede Curve, welche diese Eigenschaft besitzt, heißt deshalb auch eine krumme Linie hyperbolischer Gattung (curva generis hyperbolici, vergleiche §. 109.).

§. 202.

Aus (§. 200.) erhellet, daß jede gerade Linie, welche die Axe der Hyperbel unter einem Winkel schneidet, dessen Tangente $< \frac{\beta}{\alpha}$ ist, die Hyperbel in zwei Puncten trifft, deren Abscissen

$$x = \frac{-q \operatorname{tg} V^2 \pm \frac{\beta}{\alpha} \sqrt{(\beta^2 + q^2 \operatorname{tg} V^2 - \alpha^2 \operatorname{tg} V^2)}}{\frac{\beta^2}{\alpha^2} - \operatorname{tg} V^2}.$$

Geht diese Linie durch den Mittelpunct der großen Axe, so wird $q = 0$, also

$$x = \pm \frac{\beta}{\alpha} \frac{\sqrt{(\beta^2 - \alpha^2 \operatorname{tg} V^2)}}{\frac{\beta^2}{\alpha^2} - \operatorname{tg} V^2}$$

$$= \pm \beta \frac{\sqrt{\left(\frac{\beta^2}{\alpha^2} - \operatorname{tg} V^2\right)}}{\frac{\beta^2}{\alpha^2} - \operatorname{tg} V^2}$$

$$= \pm \frac{\beta}{\sqrt{\left(\frac{\beta^2}{\alpha^2} - \operatorname{tg} V^2\right)}}.$$

Eine solche Linie CM (Fig. 58.) schneidet also die Hyperbel in zwei Puncten M und m, deren Abscissen gleich sind, die also gleichweit von dem Mittelpuncte und folglich auch gleichweit vom correspondirenden Scheitelpuncte abstehen.

Das Stück Mm dieser Linie, welches zwischen den beiden Hyperbelästen liegt, heißt ein Durchmesser der Hyperbel.

Zieht man durch die Endpuncte M und m Tangenten TM und tm an die Hyperbel, so ist $\operatorname{tg} T = \operatorname{tg} t$, weil $PM = pm$ und $CP = Cp$, folglich $T = t$ und deshalb TM parallel zu tm.

Bei der Ellipse war der conjugirte Durchmesser eine Parallele zu der durch den Endpunct des ersten Diameters gezogenen Tangente; diese Parallele ging durch den Mittelpunct der großen Axe und endigte beiderseits in der Ellipse (§. 146.). Zieht man nun bei der Hyperbel eine gerade Linie Nn durch die Mitte der großen Axe und parallel zu TM oder tm, so kann diese nach dem im Vorhergehenden Angeführten die Hyperbel nicht treffen, und also nicht ein conjugirter Durchmesser in dem Sinne seyn, wie bei der Ellipse. Bei dieser Curve war für den conjugirten Durchmesser NN′ (Fig. 39.) die Entfernung $CR^2 = \alpha^2 - X^2$, wo X die Abscisse CP′ bedeutete. Es ist aber $P'M = Y$ gesetzt,

$$Y^2 = \frac{\beta^2}{\alpha^2}(\alpha^2 - X^2), \text{ also}$$

$$CR^2 = \frac{\alpha^4}{\beta^2} Y^2 = \alpha^2 - X^2.$$

Der Gleichförmigkeit halber mit der Ellipse heißt nun auch bei der Hyperbel der conjugirte Durchmesser eine Linie Nn (Fig. 58.) parallel zu TM, und so lang, daß für ihre Hälfte CN die Entfernung $CR^2 = \frac{\alpha^2}{\beta^2} Y^2$ wird, wo Y die Ordinate des Puncts M bedeutet; setzt man $CP = X$, so ist

$$Y^2 = \frac{\beta^2}{\alpha^2}(X^2 - \alpha^2),$$

folglich

$$CR^2 = \frac{\alpha^2}{\beta^2} Y^2 = X^2 - \alpha^2.$$

§. 203.

Auf die conjugirten Durchmesser Mm und Nn (Fig. 58.) wollen wir die Gleichung der Hyperbel beziehen. Wir betrachten den Durchmesser Mm nach beiden Seiten hin beliebig verlängert als Abscissenaxe, $CQ = x'$; den Durchmesser Nn als Ordinatenaxe, $QM' = y'$. Die Gleichung der Hyperbel auf C als Anfangspunct und die Axen als Coordinatenaxen bezogen, ist $y = \frac{\beta}{\alpha}\sqrt{(x^2 - \alpha^2)}$, wo $CP' = x$ und $P'M' = y$ ist. Von diesen rechtwinkligen Coordinaten soll der Uebergang zu schiefwinkligen gemacht werden, wobei jedoch der Anfangspunct derselbe bleibt; es gelten folglich die Formeln (§. 47. 1.)

$$x = x'\cos\alpha + y'\cos(A+\alpha), \text{ und}$$
$$y = x'\sin\alpha + y'\sin(A+\alpha);$$

A ist neuer Coordinatenwinkel, also = MCN,
α ist der Winkel, den beide Abscissenaxen einschließen, folglich MCA; es ist also

$$A + \alpha = NCA = T,$$

folglich ist

$$x = x'\cos\alpha + y'\cos T, \text{ und}$$
$$y = x'\sin\alpha + y'\sin T.$$

Diese Werthe werden in die Gleichung der Hyperbel $y = \frac{\beta}{\alpha}\sqrt{(x^2 - \alpha^2)}$ für x und y substituirt, so ist

$$\alpha^2(x'\sin\alpha + y'\sin T)^2 = \beta^2(x'\cos\alpha + y'\cos T)^2 - \beta^2\alpha^2,$$

oder

$$\alpha^2 x'^2 \sin\alpha^2 + \alpha^2 y'^2 \sin T^2 + 2\alpha^2 x'y'\sin\alpha\sin T =$$
$$= \beta^2 x'^2\cos\alpha^2 + \beta^2 y'^2 \cos T^2 + 2\beta^2 x'y'\cos\alpha\cos T - \beta^2\alpha^2,$$

oder

$$x'^2(\alpha^2\sin\alpha^2 - \beta^2\cos\alpha^2) + y'^2(\alpha^2\sin T^2 - \beta^2\cos T^2) +$$
$$+ 2x'y'(\sin\alpha\sin T - \cos\alpha\cos T) = -\beta^2\alpha^2.$$

Es ist nun nach der im vorigen §. gebrauchten Bezeichnung

$$CP = X; \quad PM = Y;$$

folglich

$\mathrm{tg}\,\alpha = \frac{Y}{X}$; also $\cos\alpha = \frac{X}{\sqrt{(X^2+Y^2)}}$, und $\sin\alpha = \frac{Y}{\sqrt{(X^2+Y^2)}}$;

$$\mathrm{tg}\,T = \frac{Y}{\mathrm{subtg}} = \frac{XY}{X^2-\alpha^2} = \frac{\frac{\beta}{\alpha}X}{\sqrt{(X^2-\alpha^2)}};$$

also

$$\cos T = \frac{\alpha\sqrt{(X^2-\alpha^2)}}{\sqrt{[(\alpha^2+\beta^2)\,X^2-\alpha^4]}},$$

und

$$\sin T = \frac{\beta X}{\sqrt{[(\alpha^2+\beta^2)\,X^2-\alpha^4]}}.$$

Es wird also der Coefficient in x'^2

$$\alpha^2 \sin\alpha^2 - \beta^2\cos\alpha^2 = \frac{\alpha^2 Y^2 - \beta^2 X^2}{X^2+Y^2} = \frac{-\alpha^2\beta^2}{X^2+Y^2};$$

und der Coefficient in y'^2

$$\alpha^2\sin T^2 - \beta^2\cos T^2 = \frac{\alpha^2\beta^2X^2 - \beta^2\alpha^2(X^2-\alpha^2)}{(\alpha^2+\beta^2)X^2-\alpha^4} =$$

$$= \frac{\beta^2\alpha^4}{(\alpha^2+\beta^2)X^2-\alpha^4};$$

und endlich der Coefficient in $x'y'$ wird $= 0$; substituirt man also, so ist

$$\frac{-x'^2\alpha^2\beta^2}{X^2+Y^2} + \frac{\beta^2\alpha^4 y'^2}{(\alpha^2+\beta^2)X^2-\alpha^4} = -\alpha^2\beta^2, \text{ oder}$$

$$-\frac{x'^2}{X^2+Y^2} + \frac{\alpha^2 y'^2}{(\alpha^2+\beta^2)X^2-\alpha^4} = -1.$$

Setzt man nun den halben Durchmesser $CM = \alpha'$, und den halben Durchmesser $CN = \beta'$, so ist

$$\alpha' = \sqrt{(X^2+Y^2)}, \text{ also } \alpha'^2 = X^2+Y^2;$$

$$\beta' = \frac{CR}{\cos T} = \frac{\sqrt{(X^2-\alpha^2)}}{\frac{\alpha\sqrt{(X^2-\alpha^2)}}{\sqrt{[(\alpha^2+\beta^2)X^2-\alpha^4]}}}$$

$$= \frac{\sqrt{[(\alpha^2+\beta^2)\,X^2-\alpha^4]}}{\alpha},$$

also

$$\beta'^2 = \frac{(\alpha^2+\beta^2)X^2-\alpha^4}{\alpha^2};$$

substituirt man diese Werthe in die obige Gleichung, so erhält man

$$-\frac{x'^2}{\alpha'^2}+\frac{y'^2}{\beta'^2}=-1,$$

oder

$$y'^2=\beta'^2\left(\frac{x'^2}{\alpha'^2}-1\right)=\frac{\beta'^2}{\alpha'^2}(x'^2-\alpha'^2);$$

also

$$y'=\frac{\beta'}{\alpha'}\sqrt{(x'^2-\alpha'^2)},$$

als Gleichung der Hyperbel auf conjugirte Durchmesser bezogen.

§. 204.

Die Gleichung der Hyperbel zwischen conjugirten Durchmessern

$$y'=\frac{\beta'}{\alpha'}\sqrt{(x'^2-\alpha'^2)}$$

ist ganz ähnlich der Gleichung dieser Curve zwischen ihren Axen

$$y=\frac{\beta}{\alpha}\sqrt{(x^2-\alpha^2)}.$$

Betrachtet man die große Axe als einen ersten Durchmesser, so muß der conjugirte Durchmesser parallel seyn zu der durch einen der Endpuncte des ersten Durchmessers gezogenen Tangente, und da diese senkrecht auf der großen Axe steht, so muß auch der conjugirte Durchmesser senkrecht auf der großen Axe oder auf den ersten Durchmesser stehen; ferner ist nach dem vorigen §.

$$\beta'=\frac{\sqrt{[(\alpha^2+\beta^2)X^2-\alpha^4]}}{\alpha}.$$

Da nun hier $X=\alpha$, so ist

$$\beta'=\frac{\sqrt{[(\alpha^2+\beta^2)\alpha^2-\alpha^4]}}{\alpha}=\frac{\sqrt{(\alpha^4+\alpha^2\beta^2-\alpha^4)}}{\alpha}$$

$$=\frac{\sqrt{(\alpha^2\beta^2)}}{\alpha}=\beta.$$

Betrachtet man also die große Axe als ersten Durchmesser, so ist die kleine Axe der conjugirte Durchmesser.

Die Gleichung $y'=\frac{\beta'}{\alpha'}\sqrt{(x'^2-\alpha'^2)}$ faßt also die Gleichung $y=\frac{\beta}{\alpha}\sqrt{(x^2-\alpha^2)}$ in sich und ist als eine allgemeine Gleichung der Hyperbel zu betrachten.

Weil $y' = \pm \frac{\beta'}{\alpha'} \sqrt{(x'^2 - \alpha'^2)}$, so theilt der Durchmesser Mm die Hyperbel in zwei gleiche Theile.

Macht man die Abscissenaxe zur Ordinatenaxe und die Ordinatenaxe zur Abscissenaxe, so ist

$$CQ' = x'' = QM' = y' \text{ und } Q'M' = x' = y'',$$

also

$$x'' = \frac{\beta'}{\alpha'} \sqrt{(y''^2 - \alpha'^2)};$$

woraus sich ergibt

$$y'' = \pm \frac{\alpha'}{\beta'} \sqrt{(x''^2 - \beta'^2)};$$

es theilt also auch der Durchmesser Nn die Hyperbel in zwei gleiche Theile.

Aus diesen beiden Gleichungen

$$y' = \pm \frac{\beta'}{\alpha'} \sqrt{(x'^2 - \alpha'^2)} \text{ und } y'' = \pm \frac{\alpha'}{\beta'} \sqrt{(x''^2 - \beta'^2)},$$

folgt zugleich, daß der Durchmesser mM jede Parallele M'm' zum Durchmesser Nn in zwei Theile QM' und Qm schneidet, die beständig einander gleich sind, und daß eben so der Durchmesser Nn jede Parallele M'm'' zum Durchmesser Mm in zwei gleiche Stücke Q'M' und Q'm'' theilt.

§. 205.

Verlangt man die Größe der conjugirten Durchmesser, so ist

$$CM^2 = CP^2 + PM^2 = Y^2 + X^2 = \frac{\beta^2}{\alpha^2} X^2 - \beta^2 + X^2;$$

$$CN^2 = CR^2 + RN^2 = X^2 - \alpha^2 + RN^2;$$

und da

$$RM = CR \,.\, \text{tg}\, T = \sqrt{(X^2 - \alpha^2)} \frac{\frac{\beta}{\alpha} X}{\sqrt{(X^2 - \alpha^2)}} = \frac{\beta}{\alpha} X$$

ist, so wird

$$CN^2 = X^2 - \alpha^2 + \frac{\beta^2}{\alpha^2} X^2;$$

folglich ist

$$CM^2 - CN^2 = \frac{\beta^2}{\alpha^2}X^2 - \beta^2 + X^2 - X^2 + \alpha^2 - \frac{\beta^2}{\alpha^2}X^2,$$

oder

$$CM^2 - CN^2 = \alpha^2 - \beta^2;$$

folglich auch

$$4\,CM^2 - 4\,CN^2 = 4\alpha^2 - 4\beta^2,$$

oder

$$mM^2 - nN^2 = a^2 - c^2,$$

wo a und c die ganzen Axen der Hyperbel bedeuten. Die Differenz der Quadrate zweier Durchmesser ist also jederzeit so groß, als die Differenz der Quadrate der Axen.

§. 206.

Verlängert man die Tangente TM, und zieht auf sie CF senkrecht, so ist Dreieck CTF ähnlich TPM, also

$$CF = \frac{CT.PM}{TM}.$$

Ferner ist Dreieck CRN ähnlich TPM, folglich

$$CN = \frac{TM.CR}{PT};$$

multiplicirt man die beiden Ausdrücke mit einander, so erhält man

$$CF.CN = \frac{CT.PM.TM.CR}{TM.PT} = \frac{CT.PM.CR}{PT}.$$

Nun ist

$$CT = CP - TP = X - \frac{(X^2 - \alpha^2)}{X} = \frac{\alpha^2}{X};$$

$$PM = \frac{\beta}{\alpha}\sqrt{(X^2 - \alpha^2)};$$

$$CR = \sqrt{(X^2 - \alpha^2)};$$

$$TP = \frac{(X^2 - \alpha^2)}{X};$$

folglich

$$CF.CN = \frac{\alpha^2}{X} \cdot \frac{\beta}{\alpha} \frac{\sqrt{(X^2 - \alpha^2)}\sqrt{(X^2 - \alpha^2)}}{\frac{X^2 - \alpha^2}{X}},$$

oder

$$CF.CN = \alpha\beta = \tfrac{1}{4}ac;$$

das Product aus dem halben conjugirten Durchmesser in ein Perpendikel aus dem Mittelpuncte der großen Axe auf die durch den Endpunct des ersten Durchmessers gezogene Tangente an die Hyperbel ist gleich dem vierten Theile des Products aus großer Axe in die kleine.

§. 207.

Verlängert man die Tangente TM, bis sie die kleine Axe schneidet in T', und zieht dann P''M parallel zu CP, so ist Dreieck T'P''M ähnlich TMP, folglich

$$\frac{PT}{TM} = \frac{P''M}{T'M}.$$

Es war nun (nach §. 205.)

$$CN^2 = X^2 - \alpha^2 + \frac{\beta^2}{\alpha^2}X^2,$$

und es ist

$$TM^2 = \frac{\beta^2}{\alpha^2}(X^2 - \alpha^2) + \frac{(X^2 - \alpha^2)^2}{X^2}$$
$$= \frac{X^2 - \alpha^2}{X^2}\left(X^2 - \alpha^2 + \frac{\beta^2}{\alpha^2}X^2\right);$$

folglich ist

$$TM^2 = CN^2\,\frac{(X^2 - \alpha^2)}{X^2};$$

substituirt man diesen Werth für TM, so wie die bekannten Werthe für die übrigen Größen in die obige Proportion, nachdem man sie zuvor quadrirt hat, so wird

$$\frac{\dfrac{(X^2 - \alpha^2)^2}{X^2}}{CN^2\,\dfrac{(X^2 - \alpha^2)}{X^2}} = \frac{X^2}{T'M^2} = \frac{X^2 - \alpha^2}{CN^2};$$

folglich

$$T'M^2 = \frac{X^2.CN^2}{X^2 - \alpha^2};$$

also

$$T'M^2.TM^2 = CN^4, \text{ und}$$
$$T'M.TM = CN^2.$$

Es ist also CN die mittlere Proportionale zwischen TM und T'M. Beschreibt man nun aus der Mitte K der Linie TT' einen Kreis mit dem Radius TK = T'K, so geht dieser durch die Puncte T und T' und auch durch C, weil Winkel T'CT ein rechter ist; nun ist einer bekannten Eigenschaft des Kreises gemäß

$$T'M.TM = MH.CM = CN^2, \text{ also}$$

$$MH = \frac{CN^2}{CM} = \frac{\beta^2}{\alpha'};$$

gewöhnlich heißt die Größe MH der halbe Parameter des ersten Durchmessers Mm.

§. 208.

Auf diesen Satz, daß $MH = \frac{\beta'^2}{\alpha'}$, gründet sich eine Methode, die Hyperbel zu construiren, wenn die conjugirten Durchmesser mM und nN und der Winkel gegeben ist, den beide mit einander bilden. Man ziehe durch M eine unbestimmte Linie T'M parallel zu nN, man mache $MH = \frac{\beta'^2}{\alpha'}$, errichte in der Mitte der Linie CH ein Perpendikel IK, welches die Linie T'M in K schneidet. Aus K beschreibe man mit dem Radius KC einen Kreis, so wird dieser die Linie T'M in zwei Puncten T und T' schneiden. Zieht man nun durch C und T', und durch C und T die Linien CT' und CT, so sind diese, weil Winkel T'CT als Winkel im Halbkreise ein rechter ist, die Directionen der Axen, denn es ist TM.T'M = HM.CM. Wüßte man nun noch die Längen der Axen, so könnte man die Hyperbel nach einer der früherhin angegebenen Methoden construiren. Diese ergeben sich aber sofort; denn

$$CT = CP - TP = X - \frac{X^2 - \alpha^2}{X} = \frac{\alpha^2}{X} = \frac{\alpha^2}{CP};$$

also

$$\alpha^2 = CT.CP;$$

die große Axe ist folglich die mittlere Proportionale zwischen CT und CP.

Ferner ist

$$\frac{CT'}{CT} = \frac{PM}{PT}; \text{ also}$$

$$CT' = \frac{Y\frac{\alpha^2}{X}}{\frac{X^2-\alpha^2}{X}} = \frac{Y\alpha^2}{X^2-\alpha^2} = \frac{Y\alpha^2}{\frac{\alpha^2 Y^2}{\beta^2}} = \frac{\beta^2}{Y}.$$

also

$$\beta^2 = CT'.Y = CT'.PM = CT'.CP'',$$

die kleine Axe ist demnach die mittlere Proportionale zwischen CT' und CP''.

§. 209.

Zieht man durch den Punct N (Fig. 52.) einen Durchmesser CN und verlängert diesen, bis er die Parallele RR' zu der Tangente tT in V schneidet, so ist RV = R'V, denn wegen Aehnlichkeit der Dreiecke CNt und CVR', und der Dreiecke CNT und CVR ist

$$\frac{CN}{CV} = \frac{Nt}{VR'}, \text{ und } \frac{CN}{CV} = \frac{TN}{RV},$$

also auch

$$\frac{Nt}{VR'} = \frac{TN}{RV}.$$

Da nun (nach §. 193.)

$$Nt = TN, \text{ so ist auch } VR' = RV.$$

Der verlängerte Durchmesser CN theilt also alle Linien, welche parallel zu der Tangente, die durch den Endpunct des Durchmessers gezogen ist, beiderseits in den Asymptoten endigen, in zwei gleiche Theile.

§. 210.

Es sey

$$CV = z, \quad CN = \alpha' \text{ und } VM = y', \text{ so ist}$$

$$\frac{CN}{TN} = \frac{CV}{VR},$$

oder

$$\frac{\alpha'}{TN} = \frac{x'}{VR};$$

folglich

$$VR = \frac{x'\,TN}{\alpha'} = VR';$$

es ist

$$RM = VR - VM = \frac{x'\,TN}{\alpha'} - y', \text{ und}$$

$$R'M = \frac{x'\,TN}{\alpha'} + y';$$

folglich

$$RM.R'M = \frac{x'^2\,TN^2}{\alpha'^2} - y'^2.$$

Es ist aber

$$RM.R'M = TN^2 \text{ (§. 194.)},$$

folglich

$$TN^2 = \frac{x'^2\,TN^2}{\alpha'^2} - y'^2;$$

und für y'^2 den Werth $\frac{\beta'^2}{\alpha'^2}(x'^2 - \alpha'^2)$ gesetzt, so ist

$$TN^2 = \frac{x'^2\,TN^2}{\alpha'^2} - \frac{\beta'^2}{\alpha'^2}x'^2\,\beta'^2,$$

$$TN^2 - \beta'^2 = \frac{x'^2}{\alpha'^2}(TN^2 - \beta'^2),$$

$$(TN^2 - \beta'^2)\left(1 - \frac{x'^2}{\alpha'^2}\right) = 0,$$

$$TN^2 - \beta'^2 = 0,$$

$$TN = \beta'.$$

Zieht man also durch C einen conjugirten Durchmesser, so ist Cn = Tn = tN. Die Tangente Tt ist also gleich dem ganzen conjugirten Durchmesser.

Dadurch hat man ein neues Mittel, die Hyperbel zu construiren, wenn weiter nichts gegeben ist, als die conjugirten Durchmesser, oder ihre Hälften CM und CN (Fig. 59.) und der Winkel NCM, den sie mit einander bilden. Man ziehe durch M eine Linie Tt parallel zu CN, mache TM = tM = CN, so müssen die Asymptoten durch diese Puncte gehen; man ziehe diese wirklich, und führe dann durch M so viele gerade Linie PQ, als man will; macht man nun jedesmal $PM = QM'$, so sind alle Puncte M' in der Hyperbel.

Halbirt man den Asymptotenwinkel TCt durch eine gerade Linie CX, so ist diese die Direction der großen Axe, und halbirt man den Nebenwinkel WCT des Asymptotenwinkels durch eine gerade Linie CY, so ist diese die Direction der kleinen Axe, weil YCX ein rechter ist.

Hieraus erhellet zugleich, daß man zwischen denselben Asymptoten unzählig viele Hyperbeln ziehen könne, weil man, so wie man den Punct M anders wählt, auch eine andere Hyperbel erhält. Bleibt man also mit dem Puncte M in der geraden Linie CM, so ist nach dem Vorigen jederzeit $TM = tM$, es bleiben also dieselben Asymptoten für immer andere und andere Hyperbeln, so lange der Punct M in der geraden Linie CM sich befindet.

Ist außer den Asymptoten noch ein Punct zwischen ihnen gegeben, durch den die Hyperbel gehen soll, so ist diese vollkommen bestimmt.

Durch jeden Punct M zwischen den Schenkeln eines Winkels TCt läßt sich eine Hyperbel ziehen, welcher die Schenkel CT und Ct als Asymtoten angehören.

§. 211.

Es sollen die Spiralgleichungen der Hyperbel entwickelt werden. Macht man den Scheitelpunct A (Fig. 46.) zum Anfangspuncte, und bezeichnet z den Radius Vector, so wie φ den Drehungswinkel, so ist die Gleichung der Hyperbel vom Mittelpuncte zum Grunde gelegt,

$$x = z\cos\varphi + \alpha, \text{ und}$$

$$y = z\sin\varphi;$$

in die Gleichung der Hyperbel

$$y = \frac{\beta}{\alpha}\sqrt{(x^2 - \alpha^2)},\ \text{oder}$$

$$\alpha^2 y^2 = \beta^2 x^2 - \beta^2 \alpha^2\ \text{substituirt, gibt}$$

$$\alpha^2 \sin\varphi^2 z^2 = \beta^2 z^2 \cos\varphi^2 + 2\beta^2 \alpha z \cos\varphi + \beta^2\alpha^2 - \beta^2\alpha^2;$$

die gleichen Glieder weggelassen und durch z dividirt

$$\alpha^2 \sin\varphi^2 z^2 = \beta^2 \cos\varphi^2 z + 2\beta^2 \alpha \cos\varphi;$$

folglich

$$z = \frac{2\beta^2 \alpha \cos\varphi}{\alpha^2 \sin\varphi^2 - \beta^2 \cos\varphi^2},$$

als Spiralgleichung der Hyperbel auf den Scheitelpunct A bezogen.

Für $\varphi = 0$ ist $z = \frac{2\beta^2\alpha}{-\beta^2} = -2\alpha$, also unmöglich.

Für $\varphi > 0$ und $< 90^\circ$ ist z positiv, wenn der Nenner seines Werthes positiv ist; so lange also

$$\alpha^2 \sin\varphi^2 < \beta^2 \cos\varphi^2,\ \text{oder}$$

$$\operatorname{tg}\varphi < \frac{\beta}{\alpha},$$

ist z unmöglich; wird aber $\operatorname{tg}\varphi > \frac{\beta}{\alpha}$, dann wird z möglich.

Für $\varphi > 90^\circ$ und $< 180^\circ$, also $\varphi = (180^\circ - \varphi)$ ist $\cos\varphi = -$, es wird also

$$z = -\frac{2\beta^2 \alpha \cos\varphi}{\alpha^2 \sin\varphi^2 - \beta^2 \cos\varphi^2};$$

so lange also jetzt $\operatorname{tg}\varphi < \frac{\beta}{\alpha}$ wird z möglich; wird aber $\operatorname{tg}\varphi > \frac{\beta}{\alpha}$, dann ist z unmöglich.

Für $\varphi = (180^\circ + \varphi)$ ist $\cos\varphi = -$, hier gilt also dasselbe, wie für $\varphi = (180^\circ - \varphi)$. Für $\varphi = (360^\circ - \varphi)$ ist $\cos\varphi = +$, es verhält sich da also die Sache gerade so, wie im ersten Quadranten des Drehungswinkels, wo $\varphi = \varphi$.

Für $\varphi = 180^\circ$ ist $\cos\varphi = -1$ und $\sin\varphi = 0$, also

$$z = \frac{-2\beta^2\alpha}{-\beta^2} = 2\alpha.$$

§. 212.

Man soll die Spiralgleichung der Hyperbel finden, wo einer der Brennpuncte etwa F (Fig. 46.) zum Anfangspuncte genommen werden soll. Setzt man die Excentrizität

$$CF = f = \sqrt{(\alpha^2 + \beta^2)},$$

bezeichnet man ferner den Radius Vector durch z, den Drehungswinkel durch φ, so ist, die Gleichung der Hyperbel vom Mittelpuncte

$$\alpha^2 y^2 = \beta^2 x^2 - \beta^2 \alpha^2 \text{ zum Grunde gelegt,}$$
$$x = -z\cos\varphi + f, \text{ wo } \varphi = \text{Winkel CFM.}$$
$$y = z\sin\varphi;$$

also

$$\alpha^2 z^2 \sin\varphi^2 = \beta^2 z^2 \cos\varphi^2 - 2\beta^2 f z \cos\varphi + \beta^2 f^2 - \beta^2 \alpha^2;$$

es ist aber

$$\beta^2 f^2 - \beta^2 \alpha^2 = \beta^2 \alpha^2 + \beta^4 - \beta^2 \alpha^2 = \beta^4,$$

also

$$(\alpha^2 \sin\varphi^2 - \beta^2 \cos\varphi^2) z^2 + 2\beta^2 f z \cos\varphi = \beta^4,$$

oder

$$z^2 + \frac{2\beta^2 f z \cos\varphi}{\alpha^2 \sin\varphi^2 - \beta^2 \cos\varphi^2} = \frac{\beta^4}{\alpha^2 \sin\varphi^2 - \beta^2 \cos\varphi^2};$$

folglich

$$z = -\frac{\beta^2 f \cos\varphi}{\alpha^2 \sin\varphi^2 - \beta^2 \cos\varphi^2}$$
$$\pm \sqrt{\left\{\frac{\beta^4}{\alpha^2 \sin\varphi^2 - \beta^2 \cos\varphi^2} + \frac{\beta^4 f^2 \cos\varphi^2}{(\alpha^2 \sin\varphi^2 - \beta^2 \cos\varphi^2)^2}\right\}},$$

oder die Größe unter dem Wurzelzeichen gehörig reducirt,

$$z = -\frac{\beta^2 f \cos\varphi}{\alpha^2 \sin\varphi^2 - \beta^2 \cos\varphi^2} \pm \frac{\beta^2 \alpha}{\alpha^2 \sin\varphi^2 - \beta^2 \cos\varphi^2},$$

oder

$$z = -\frac{\beta^2 (f\cos\varphi \mp \alpha)}{\alpha^2 \sin\varphi^2 - \beta^2 \cos\varphi^2}.$$

Es ist aber

$$\alpha^2 \sin\varphi^2 - \beta^2 \cos\varphi^2 = \alpha^2 \sin\varphi^2 - (f^2 - \alpha^2)\cos\varphi^2$$
$$= \alpha^2 - f^2 \cos\varphi^2,$$

folglich

$$z = -\frac{\beta^2 (f \cos\varphi \mp \alpha)}{\alpha^2 - f^2 \cos\varphi^2},$$

oder

$$z = +\frac{\beta^2 (f\cos\varphi \mp \alpha)}{f^2\cos\varphi^2 - \alpha^2} = \frac{\beta^2 (f\cos\varphi \mp \alpha)}{(f\cos\varphi + \alpha)(f\cos\varphi - \alpha)} = \frac{\beta^2}{f\cos\varphi \mp \alpha}.$$

Nehmen wir das + Zeichen, so ist

$$z = \frac{\beta^2}{f\cos\varphi + \alpha};$$

für $\varphi = 0$ ist $z = \frac{\beta^2}{f + \alpha} = \frac{\beta^2 (f - \alpha)}{f^2 - \alpha^2} = \frac{\beta^2 (f - \alpha)}{\beta^2} = f - \alpha$;

für $\varphi = 0$ geht also der Radius Vector in den Punct A.

So lange φ ein spitzer Winkel ist, ist $\cos\varphi$ positiv, z also positiv und zwar wird z immer größer, je größer φ wird.

Wird $\varphi = 90°$, so ist $z = \frac{\beta^2}{\alpha}$.

Wird $\varphi = (180° - \varphi)$, wo φ einen spitzen Winkel bedeutet, so ist $\cos\varphi = -\cos\varphi$, also

$$z = \frac{\beta^2}{\alpha - f\cos\varphi};$$

so lange nun

$$\alpha > f\cos\varphi,$$

oder $\frac{\alpha}{f} > \cos\varphi$, oder $\frac{\alpha}{f} > \frac{1}{\sqrt{(1 + \operatorname{tg}\varphi^2)}}$, oder $\operatorname{tg}\varphi > \frac{\beta}{\alpha}$ ist, wird z möglich; wird aber $\operatorname{tg}\varphi = \frac{\beta}{\alpha}$ oder $< \frac{\beta}{\alpha}$, dann ist z unmöglich.

Wird $\varphi = (180° + \varphi)$, so ist $\cos\varphi = -\cos\varphi$, es bleibt also dasselbe, wie im vorigen Falle, wo $\varphi = (180° - \varphi)$.

Für den Fall, daß $\varphi = (360° - \varphi)$ ist $\cos\varphi = +\cos\varphi$; hier ist also z immer möglich.

Man sieht hieraus, daß die Gleichung $z = \frac{\beta^2}{f\cos\varphi + \alpha}$ den Ast der Hyperbel darstelle, auf dessen Brennpunct die Gleichung bezogen ist.

Nehmen wir nun in der allgemeinen Gleichung $-\alpha$, so ist

$$z = \frac{\beta^2}{f\cos\varphi - \alpha}.$$

Für $\varphi = 0$ ist $z = \frac{\beta^2}{f - \alpha} = \frac{\beta^2 (f + \alpha)}{f^2 - \alpha} = f + \alpha$; dieser Radius Vector führt also in den Punct B, den Scheitelpunct des zweiten Astes der Hyperbel.

Ist φ ein spitzer Winkel, so ist $\cos\varphi =$ positiv, z wird also möglich, so lange $f \cos\varphi > \alpha$, oder

$$\operatorname{tg}\varphi < \frac{\beta}{\alpha} \text{ ist.}$$

Befindet sich φ zwischen 90° und 270°, so ist $\cos\varphi$ negativ, z also unmöglich.

Wird $\varphi = 360 - \varphi$, so ist z wieder möglich, so lange $\operatorname{tg}\varphi < \frac{\beta}{\alpha}$ ist. Die Gleichung $z = \frac{\beta^2}{f \cos\varphi - \alpha}$ gibt also den zweiten Ast der Hyperbel. Hieraus erhellet, daß die Gleichung $z = \frac{\beta^2}{f \cos\varphi \pm \alpha}$ die ganze Hyperbel darstelle.

§. 213.

Soll die Spiralgleichung der Hyperbel auf den Mittelpunct der großen Axe als Anfangspunct bezogen werden, so ist

$$y = z \sin\varphi \text{ und } x = z \cos\varphi,$$

folglich

$$\alpha^2 z^2 \sin\varphi^2 = \beta^2 z^2 \cos\varphi^2 - \beta^2 \alpha^2, \text{ also}$$

$$z = \frac{\beta\alpha}{\sqrt{(\beta^2 \cos\varphi^2 - \alpha^2 \sin\varphi^2)}}.$$

§. 214.

Eine besondere Art von Hyperbeln erhält man, wenn man beide Axen gleich annimmt; diese Hyperbeln heißen gleichseitige (auch wohl rechtwinklige). Ihre Gleichung ist also vom Scheitelpuncte $y = \sqrt{(ax + x^2)}$,

vom Mittelpuncte $y = \sqrt{(x^2 - \alpha^2)}$.

Für die gleichseitige Hyperbel ist die Exentrizität

$$f = \sqrt{(\alpha^2 + \alpha^2)} = \alpha\sqrt{2}.$$

Der halbe Asymptotenwinkel wurde bei der Hyperbel im Allgemeinen dadurch bestimmt, daß seine trigonometrische Tangente $\operatorname{tg} C = \frac{\beta}{\alpha}$ war. Für die gleichseitige Hyperbel ist also $\operatorname{tg} C = 1$, C selbst demnach $= 45^\circ$, der Asymptotenwinkel also $= 90^\circ$; die Gleichung zwischen den Asymptoten ist für sie

$$xy = \frac{\alpha^2}{2} = \frac{\alpha^2}{8}.$$

Zieht man für die gleichseitige Hyperbel ein Paar conjugirter Durchmesser, so ist

$$\alpha'^2 - \beta'^2 = \alpha^2 - \beta^2 = \alpha^2 - \alpha^2 = 0 \text{ (§. 205.), also}$$

$$\alpha' = \beta',$$

die conjugirten Durchmesser der gleichseitigen Hyperbel sind also einander gleich.

Die Spiralgleichung der gleichseitigen Hyperbel auf den Brennpunct als Anfangspunct bezogen, ist

$$z = \frac{\beta^2}{f \cos \varphi \mp \alpha} = \frac{\alpha^2}{\cos \varphi\, \alpha \sqrt{2} \mp \alpha} = \frac{\alpha}{\cos \varphi \sqrt{2} + 1}.$$

Auf diese Weise findet man alle Eigenschaften der gleichseitigen Hyperbel, indem man in den Formeln für die Hyperbel im Allgemeinen die Axen gleich setzt.

§. 215.

Zum Schlusse möge hier auch noch die Gleichung für die Schnittpuncte zweier Hyperbeln auf ähnliche Weise wie bei der Parabel und Ellipse entwickelt werden.

Es sey die Gleichung der einen Hyperbel

$$\text{I.} \quad \mathfrak{A}^2 Y^2 = \mathfrak{B}^2 X^2 - \mathfrak{B}^2 \mathfrak{A}^2,$$

und die Gleichung der zweiten Hyperbel

$$\text{II.} \quad \mathfrak{a}^2 y^2 = \mathfrak{b}^2 x^2 - \mathfrak{b}^2 \mathfrak{a}^2;$$

in wie vielen Puncten werden sich die beiden Hyperbeln schneiden können? Beziehen wir die erste Hyperbel auf den Anfangspunct und auf die Axe der zweiten; seyen die Coordinaten des Anfangspunctes der zweiten Hyperbel auf den Anfangspunct und auf die Abscissenaxe der ersten bezogen, a und b; die Abscissenaxe der zweiten Hyperbel neige sich gegen die der ersten unter einem Winkel $= \alpha$, so ist (§. 49. 1.)

$$X = a + x\cos\alpha - y'\sin\alpha, \text{ und}$$

$$Y = b + x\sin\alpha + y'\cos\alpha;$$

diese Werthe für X und Y in I. substituirt, gibt

$$\mathfrak{A}^2 b^2 + 2b\mathfrak{A}^2\sin\alpha\, x + 2b\mathfrak{A}^2\cos\alpha\, y' + 2\mathfrak{A}^2\sin\alpha\cos\alpha\, xy' + \\ + \mathfrak{A}^2\sin\alpha^2 x^2 + \mathfrak{A}^2\cos\alpha^2 y'^2 = \mathfrak{B}^2 a^2 + \\ + 2a\mathfrak{B}^2\cos\alpha\, x - 2a\mathfrak{B}^2\sin\alpha\, y' - 2\mathfrak{B}^2\sin\alpha\cos\alpha\, xy' + \\ + \mathfrak{B}^2\cos\alpha^2 x^2 + \mathfrak{B}^2\sin\alpha^2 y'^2 - \mathfrak{B}^2\mathfrak{A}^2,$$

oder zusammengezogen

$$(\mathfrak{A}^2 b^2 - \mathfrak{B}^2 a^2 + \mathfrak{B}^2\mathfrak{A}^2) + 2(b\mathfrak{A}^2\sin\alpha - a\mathfrak{B}^2\cos\alpha)x + \\ + 2(b\mathfrak{A}^2\cos\alpha + a\mathfrak{B}^2\sin\alpha)y' + 2\sin\alpha\cos\alpha(\mathfrak{A}^2 + \mathfrak{B}^2)xy' + \\ + (\mathfrak{A}^2\sin\alpha^2 - \mathfrak{B}^2\cos\alpha^2)x^2 + (\mathfrak{A}^2\cos\alpha^2 - \mathfrak{B}^2\sin\alpha^2)y'^2 = 0,$$

Gleichung der Hyperbel I. auf den Anfangspunct und die Axe der zweiten bezogen.

Die Hyperbeln werden sich nun in allen den Puncten schneiden, in welchen $y = y'$ ist; es ist aber

$$y = \frac{b}{a}\sqrt{(a^2 - x^2)};$$

dieser Werth wird also in die eben gefundene Gleichung für y' gesetzt, und man erhält die Gleichung der Schnittpuncte. Es wird also

$$2\sin\alpha\cos\alpha(\mathfrak{A}^2 + \mathfrak{B}^2)xy = \\ = 2\sin\alpha\cos\alpha(\mathfrak{A}^2 + \mathfrak{B}^2)x\frac{b}{a}\sqrt{(x^2 - a^2)},$$

und

$$2(b\mathfrak{A}^2\cos\alpha + a\mathfrak{B}^2\sin\alpha)y' = \\ = 2(b\mathfrak{A}^2\cos\alpha + a\mathfrak{B}^2\sin\alpha)\frac{b}{a}\sqrt{(x^2 - a^2)};$$

diese beiden Glieder addirt, gibt

$$2\frac{b}{a}[\sin\alpha\cos\alpha(\mathfrak{A}^2 + \mathfrak{B}^2)x + b\mathfrak{A}^2\cos\alpha + \\ + a\mathfrak{B}^2\sin\alpha]\sqrt{(x^2 - a^2)}.$$

Ferner ist $(\mathfrak{A}^2 \cos\alpha^2 - \mathfrak{B}^2 \sin\alpha^2)\, y'^2$

$$= (\mathfrak{A}^2 \cos\alpha^2 - \mathfrak{B}^2 \sin\alpha^2)\left(\frac{b^2}{a^2}x^2 - b^2\right)$$

$$= (\mathfrak{A}^2 \cos\alpha^2 - \mathfrak{B}^2 \sin\alpha^2)\frac{b^2}{a^2}x^2$$

$$- (\mathfrak{A}^2 \cos\alpha^2 - \mathfrak{B}^2 \sin\alpha^2)\, b^2;$$

die Werthe substituirt, so entsteht die Gleichung der Schnittpuncte

$$[\mathfrak{A}^2 b^2 - \mathfrak{B}^2 a^2 + \mathfrak{B}^2 \mathfrak{A}^2 - (\mathfrak{A}^2 \cos\alpha^2 - \mathfrak{B}^2 \sin\alpha^2)\, b^2]$$

$$+ 2(b\,\mathfrak{A}^2 \sin\alpha - a\,\mathfrak{B}^2 \cos\alpha)\,x$$

$$+ \left[\mathfrak{A}^2 \sin\alpha^2 - \mathfrak{B}^2 \cos\alpha^2 + (\mathfrak{A}^2 \cos\alpha^2 - \mathfrak{B}^2 \sin\alpha^2)\frac{b^2}{a^2}\right]x^2 =$$

$$= -\left[2\,\frac{b}{a}(\sin\alpha\cos\alpha\,(\mathfrak{A}^2 + \mathfrak{B}^2)\,x\right.$$

$$\left. + b\,\mathfrak{A}^2 \cos\alpha - a\,\mathfrak{B}^2 \sin\alpha)\right]\sqrt{(x^2 - a^2)}.$$

Es sey

$$\mathfrak{A}^2 b^2 - \mathfrak{B}^2 a^2 + \mathfrak{B}^2 \mathfrak{A}^2 - (\mathfrak{A}^2 \cos\alpha^2 - \mathfrak{B}^2 \sin\alpha^2)\, b^2 = A;$$

$$2(b\,\mathfrak{A}^2 \sin\alpha - a\,\mathfrak{B}^2 \cos\alpha) = B;$$

$$\mathfrak{A}^2 \sin\alpha^2 - \mathfrak{B}^2 \cos\alpha^2 + (\mathfrak{A}^2 \cos\alpha^2 - \mathfrak{B}^2 \sin\alpha^2)\frac{b^2}{a^2} = C;$$

$$-2\,\frac{b}{a}\sin\alpha\,\cos\alpha\,(\mathfrak{A}^2 + \mathfrak{B}^2) = E;$$

$$-2\,\frac{b}{a}\,(b\,\mathfrak{A}^2 \cos\alpha + a\,\mathfrak{B}^2 \sin\alpha) = D;$$

so erhalten wir

$$A + Bx + Cx^2 = (D + Ex)\sqrt{(x^2 - a^2)},$$

und

$$\left.\begin{array}{l} A^2 + 2ABx + \left.\begin{array}{l}2AC\\ +B^2\end{array}\right\}x^2 + 2BCx^3 + C^2x^4 \\ + D^2a^2 + 2DEa^2x - \left.\begin{array}{l}D^2\\ +E^2a^2\end{array}\right\}x^2 - 2DEx^3 - E^2x^4 \end{array}\right\} = 0,$$

und

$$A^2 + D^2a^2 = F;\quad 2(AB + DEa^2) = G;$$

$$2AC + B^2 - D^2 + E^2a^2 = H;\quad 2(BC - DE) = I;$$

$C^2 - E^2 = K$ gesetzt, so ist

$F + Gx + Hx^2 + Ix^3 + Kx^4 = 0$ die Gleichung der Schnittpuncte zweier Hyperbeln.

Eben so kann man die Gleichung für die Schnittpuncte der Hyperbel mit Ellipse und Parabel finden. Macht man dabei keine besondere Voraussetzungen, so erhält man immer Gleichungen des vierten Grades, woraus denn mit Beziehung auf das früher bei der Parabel und Ellipse über diesen Punct Gesagte der allgemeine Satz fließt, daß zwei Curven des zweiten Grades sich höchstens nur in vier Puncten schneiden können. Diese Gleichungen hier wirklich darzustellen, würde einerseits für uns überflüssig seyn, indem wir doch in diesem Bande davon keine weitere Anwendung machen dürfen, anderseits kann sie sich auch Jeder nach Analogie der vorigen Gleichungen selbst leicht ableiten.

Achtes Capitel.

Ableitung der Gleichung einer Curve aus gegebenen Eigenschaften derselben.

§. 216.

Es ist schon im Anfange dieser Abhandlungen gezeigt worden, daß man in der analytischen Geometrie einen zweifachen Gang gehen könne, entweder man sucht aus der Gleichung einer Curve die Eigenschaften derselben, oder man bestimmt aus den Eigenschaften einer Curve die Gleichung derselben (§. 28.). Den ersten Weg haben wir bisher verfolgt, und auf ihm alle Curven des ersten und zweiten Grades zur Darstellung gebracht. Was nun den zweiten anbelangt, so ist auf ihm keine wissenschaftliche Vollständigkeit zu erlangen (§. 29.). Es bleibt also nichts übrig, als einzelne Proben vorzulegen, und dieses wollen wir im Folgenden thun. Auch lassen sich keine allgemeine Regeln angeben, wie man aus der gegebenen Eigenschaft einer Curve die Gleichung derselben finden könne, weil jeder vorkommende Fall ein individueller ist und also besonderer Regeln bedarf; man befindet sich hier in demselben Falle, wie in der Arithmetik bei der Aufsuchung des sogenannten Ansatzes aus den bekannnten Bedingungen der Aufgabe; und in Wahrheit sind beide Untersuchungen so nahe mit einander verwandt, daß sich dieselben, falls man von dem Unterschiede zwischen veränderlichen und constanten Größen abstrahiren will, wohl schwerlich möchten trennen lassen.

Die einzige, freilich sehr unbestimmte, allgemeine Regel, die sich hier angeben läßt, ist diese: wähle eine Abscissen- und Ordinatenaxe, und die Art der Coordinaten, und leite dann aus den gegebenen Bedingungen der Aufgabe eine Gleichung ab, in welcher die Coordinaten der Curve vorkommen. Wie aber die Cordinatenaxen gelegt werden müssen, was für eine Art der Coordinaten zu wählen sey, damit man auf dem leichtesten Wege die Gleichung der Curve erhalte, darüber lassen sich keine allgemeine Regeln angeben, sondern man wird dieses aus den jedesmaligen Umständen der Aufgabe abnehmen müssen, wozu denn allerdings einige Uebung in dergleichen Untersuchungen erfordert wird. Hat man aus den gegebenen Bedingungen der Aufgabe die Gleichung gefunden, so zeigt die Gestalt derselben, welcher Curve sie angehöre. Ist sie z. B. eine Gleichung des zweiten Grades, so muß die Curve ein Kegelschnitt seyn, und die (§. 77.) angegebenen Bedingungen lassen erkennen, ob sie Parabel, Ellipse oder Hyperbel sey. Und so in allen andern Fällen.

§. 217.

Aufgabe I. Es soll die Gleichung einer Curve gefunden werden, welche so beschaffen ist, daß alle ihre Puncte von einem gegebenen festen Puncte C (Fig. 60.) um eine bekannte Linie a abstehen.

M sey irgend ein Punct der Curve, so ist $CM = a$; man mache nun C zum Anfangspuncte der Coordinaten, wähle rechtwinklige Coordinaten, setze $CP = x$, $PM = y$, so ist

$$CP^2 + PM^2 = CM^2, \text{ oder}$$
$$x^2 + y^2 = a^2, \text{ also}$$
$$y^2 = a^2 - x^2, \text{ oder}$$
$$y = \sqrt{(a^2 - x^2)};$$

dieses ist aber die Gleichung des Kreises auf das Centrum als Anfangspunct bezogen. Die gesuchte Curve ist also ein Kreis, dessen Centrum C und dessen Radius CM = a ist (vergleiche §. 155.).

§. 218.

Aufgabe II. Man suche die Gleichung einer Curve, welche die Eigenschaft besitzt, daß wenn man von den Endpuncten einer gegebenen constanten Linie AB = a (Fig. 61.), an einen beliebigen Punct M der Curve zwei gerade Linien AM und BM zieht, der Winkel AMB, den diese Linien mit einander an der Curve bilden, gleich ist einem rechten.

Man mache A zum Anfangspuncte, AB zur Richtung der Abscissenaxe, die Ordinatenaxe senkrecht auf sie, AP = x, PM = y, so ist PM aus dem rechten Winkel AMB senkrecht auf die Hypotenuse AB gefällt, folglich ist PM die mittlere Proportionale zwischen AP und PB, also

$$AP \cdot PB = PM^2.$$

Da nun AP = x, so ist

$$PB = a - x, \text{ also}$$

$$x(a - x) = y^2, \text{ oder}$$

$$y^2 = ax - x^2, \text{ also}$$

$$y = \sqrt{(ax - x^2)},$$

Gleichung des Kreises (§. 155.). Die Curve ist also ein Kreis, die zum Durchmesser die Linie AB = a hat.

§. 219.

Aufgabe III. Eine krumme Linie MCB (Fig. 62.) hat die Eigenschaft, daß wenn man von den Endpuncten einer geraden Linie AB, deren Länge = a gegeben ist, zwei gerade Linien AM und BM an einen beliebigen Punct M der Curve zieht, der von diesen beiden geraden Linien im Puncte M gebildete Winkel AMB ein constanter und einem gegebenen Winkel p gleich sey; man sucht die Gleichung dieser Curve.

Es sey A Anfangspunct, AB Abscissenaxe, der Coordinatenwinkel ein rechter, $AP = x$, $PM = y$, so ist $PB = a - x$.

Der Winkel $AMB = p$ ist gegeben, es wird also nur darauf ankommen, ihn durch x und y darzustellen, um dann diesen so bestimmten Werth $= p$ setzen zu können. Es ist nun

$$AMB = AMP + PMB,$$

folglich

$$\begin{aligned} tg\,AMB &= tg\,(AMP + PMB) \\ &= \frac{tg\,AMP + tg\,PMB}{1 - tg\,AMP \,.\, tg\,PMB}; \end{aligned}$$

es ist aber

$$tg\,AMP = \frac{AP}{PM} = \frac{x}{y}, \text{ und}$$

$$tg\,PMB = \frac{PB}{PM} = \frac{a-x}{y};$$

also substituirt

$$tg\,AMB = \frac{\frac{x}{y} + \frac{a-x}{y}}{1 - \frac{x(a-x)}{y^2}},$$

oder mit y^2 multiplicirt,

$$\begin{aligned} tg\,AMB &= \frac{(x + a - x)\,y}{y^2 - x\,(a - x)} \\ &= \frac{a\,y}{y^2 - a\,x + x^2}. \end{aligned}$$

Es sollte nun $AMB = p$, also $tg\,AMB = tg\,p$ seyn, also ist

$$tg\,p = \frac{a\,y}{y^2 - a\,x + x^2}, \text{ oder}$$

$$tg\,p \,.\, y^2 - tg\,p \,.\, a\,x + tg\,p \,.\, x^2 = a\,y, \text{ oder}$$

$$y^2 - \frac{a\,y}{tg\,p} = a\,x - x^2,$$

eine Gleichung des zweiten Grades, die Curve ist also ein Kegelschnitt, und da der Coefficient in $y^2 =$ ist dem Coefficienten in x^2 (denn nach der in §. 72. aufgestellten Form müßte diese Gleichung so geordnet werden:

$y^2 + x^2 - \frac{a\,y}{tg\,p} - a\,x = 0$), so ist die Curve ein Kreis (§. 165.). Um diese Gleichung auf die gewöhnliche Form der

Kreisgleichung zu bringen, schaffe man des Glied in y weg, weil dieses in der gewöhnlichen Form der Kreisgleichung nicht vorkommt. Man nehme zu dem Ende eine Coordinatenverwandlung vor, behalte denselben Anfangspunct und auch rechtwinklige Coordinaten bei, lasse aber die neue Abscissenrichtung von der alten um einen Winkel α abweichen, den man unbestimmt annimmt, um ihn nach vollendeter Rechnung den Bedürfnissen gemäß einrichten zu können. Ist die neue Abscisse x', die neue Ordinate y', so ist nach (§. 49. 1.)

$$x = x'\cos\alpha - y'\sin\alpha, \text{ und}$$
$$y = x'\sin\alpha + y'\cos\alpha;$$

diese Werthe in die obige Gleichung substituirt, erhält man

$$x'^2\sin\alpha^2 + 2x'y'\cos\alpha\sin\alpha + y'^2\cos\alpha^2 - \frac{a}{\operatorname{tg} p}x'\sin\alpha - \\ - \frac{a}{\operatorname{tg} p}y'\cos\alpha = a x'\cos\alpha - a y'\sin\alpha - x'^2\cos\alpha^2 + \\ + 2x'y'\cos\alpha\sin\alpha - y'^2\sin\alpha^2,$$

oder

$$x'^2(\sin\alpha^2 + \cos\alpha^2) + y'^2(\cos\alpha^2 + \sin\alpha^2) = \\ = \left(\frac{a}{\operatorname{tg} p}\sin\alpha + a\cos\alpha\right)x' + \left(\frac{a}{\operatorname{tg} p}\cos\alpha - a\sin\alpha\right)y',$$

oder

$$x'^2 + y'^2 = a\left(\frac{\sin\alpha}{\operatorname{tg} p} + \cos\alpha\right)x' + a\left(\frac{\cos\alpha}{\operatorname{tg} p} - \sin\alpha\right)y'.$$

Soll nun das Glied in y'=0 werden, so muß der Coefficient desselben $a\left(\frac{\cos\alpha}{\operatorname{tg} p} - \sin\alpha\right) = 0$ werden; daraus bestimmt sich α,

$$\frac{\cos\alpha}{\operatorname{tg} p} = \sin\alpha, \text{ oder}$$
$$\frac{\cos\alpha}{\sin\alpha} = \operatorname{tg} p, \text{ also}$$
$$\operatorname{tg} p = \operatorname{cotg}\alpha.$$

Es muß also der Winkel α so gewählt werden, daß $\operatorname{cotg}\alpha = \operatorname{tg} p$ ist, unter dieser Voraussetzung wird das Glied in y' aus der Gleichung der Curve verschwinden, und sie wird

$$x'^2 + y'^2 = a\left(\frac{\sin\alpha}{\operatorname{cotg}\alpha} + \cos\alpha\right)x',$$

wo für $\operatorname{tg} p$ der Werth $\operatorname{cotg}\alpha$ gesetzt ist. Es ist aber

$$\frac{\sin\alpha}{\operatorname{cotg}\alpha} + \cot\alpha = \frac{\sin\alpha}{\frac{\cos\alpha}{\sin\alpha}} + \cos\alpha = \frac{\sin\alpha^2}{\cos\alpha} + \cos\alpha = \frac{\sin\alpha^2 + \cos\alpha^2}{\cos\alpha}$$

$$= \frac{1}{\cos\alpha},$$

folglich ist

$$x'^2 + y'^2 = \frac{a}{\cos\alpha}x', \text{ also}$$

$$y' = \sqrt{\left(\frac{a}{\cos\alpha}x' - x'^2\right)}.$$

Die gewöhnliche Gleichung des Kreises ist

$$y^2 = \sqrt{(2rx - x^2)},$$

wo r den Radius bedeutet; es muß also $2r = \frac{a}{\cos\alpha}$ seyn, und dieses bestätigt auch unsere Construction, denn der Winkel ABC ist $= 90°$, weil AC Durchmesser des Kreises ist, folglich ist

$$\frac{AB}{AC} = \cos\alpha, \text{ oder}$$

$$\frac{a}{2r} = \cos\alpha, \text{ also}$$

$$2r = \frac{a}{\cos\alpha}.$$

Anmerkung. Da $\operatorname{tg} p = \operatorname{cotg}\alpha$, so ist $p + \alpha = 90° =$ Winkel AMB + BAC. Verbindet man also die beiden Schenkel AM und MB eines Peripheriewinkels AMB durch eine Sehne AB, und zieht man durch den Endpunct A oder B eines der Schenkel des Peripheriewinkels einen Durchmesser AC, so ist die Summe des Peripheriewinkels und des Winkels, den der Durchmesser AC mit der Sehne AB bildet, jederzeit $= 90°$.

§. 220.

Aufgabe IV. Man soll die Gleichung einer Curve bestimmen, die so beschaffen ist, daß wenn man von den Endpuncten einer gegebenen geraden Linie AB = a (Fig. 63.) an irgend einen Punct M der Curve die geraden Linien AM und

BM zieht, diese Linien immer in einem constanten gegebenen Verhältnisse zu einander stehen, daß etwa $\frac{AM}{BM} = \frac{q}{p}$ ist, wo p und q zwei bekannte Zahlen sind.

Da $\frac{AM}{BM} = \frac{q}{p}$, so wird es, um die Gleichung der Curve zu erhalten, nur darauf ankommen, AM und BM durch die Coordinaten des Puncts M zu bestimmen; es sey daher BA die Richung der Abscissenaxe, die Coordinaten mögen rechtwinklig und B mag Anfangspunct seyn; $BP = x$, $PM = y$, so ist $AP = (x - a)$.

$$BM^2 = PM^2 + PB^2 = y^2 + x^2, \text{ und}$$

$$AM^2 = PM^2 + AP^2 = y^2 + (x-a)^2.$$

Da nun

$$\frac{BM^2}{AM^2} = \frac{p^2}{q^2}.$$

so ist

$$\frac{y^2 + x^2}{y^2 + (x-a)^2} = \frac{p^2}{q^2}, \text{ oder}$$

$$q^2 y^2 + q^2 x^2 = p^2 y^2 + p^2 x^2 - 2p^2 ax + a^2 p^2, \text{ also}$$

$$(q^2 - p^2) y^2 + (q^2 - p^2) x^2 = -2p^2 ax + a^2 p^2, \text{ oder}$$

$$y^2 + x^2 = \frac{2p^2 ax}{p^2 - q^2} - \frac{a^2 p^2}{p^2 - q^2}.$$

Hieraus erhellet, daß die Curve der Kreis, und die Richtung der Linie BA die Richtung des Durchmessers sey, weil allein y^2 in der Gleichung enthalten ist, und also für jedes x zwei entgegengesetzte gleiche y vorhanden seyn müssen.

Für $y = 0$ ist x nicht $= 0$, der Kreis geht also nicht durch den Anfangspunct der Coordinaten; um der Gleichung also die gewöhnliche Form der Kreisgleichung zu geben, beziehe man sie auf den Punct, wo die Curve die Abscissenaxe schneidet; diesen Punct erhält man, wenn man $y = 0$ setzt und das zugehörige x berechnet, es ist also

$$x^2 = \frac{2p^2 ax}{p^2 - q^2} - \frac{a^2 p^2}{p^2 - q^2},$$

oder

$$x^2 - \frac{2ap^2}{p^2-q^2}x = -\frac{p^2a^2}{p^2-q^2},$$

also

$$x = \frac{ap^2}{p^2-q^2} \pm \sqrt{\left(\frac{a^2p^4}{(p^2-q^2)^2} - \frac{p^2a^2}{p^2-q^2}\right)}$$

$$= \frac{ap^2}{p^2-q^2} \pm \frac{\sqrt{(p^2a^2q^2)}}{p^2-q^2} = \frac{ap^2 \pm paq}{p^2-q^2}$$

$$= \frac{ap(p\pm q)}{p^2-q^2} = \frac{ap(p\pm q)}{(p+q)(p-q)} = \frac{ap}{p\pm q}.$$

Der Kreis schneidet also die Abscissenaxe in zwei Puncten, D und E, und es ist BD $= \frac{ap}{p+q}$ und BE $= \frac{ap}{p-q}$; auf einen dieser Puncte, etwa auf D, wollen wir die Gleichung $y^2 + x^2 = \frac{2ap^2x}{p^2-q^2} - \frac{a^2p^2}{p^2-q^2}$ beziehen; es sey die neue Abscisse DP $= x$, so ist

$$x = x' + \frac{ap}{p+q};$$

es wird also die Gleichung

$$y^2 = \frac{2ap^2}{p^2-q^2}x' + \frac{2ap^2}{p^2-q^2} \cdot \frac{ap}{(p+q)} - \frac{p^2a^2}{p^2-q^2}$$
$$- x'^2 - \frac{2apx'}{p+q} - \frac{a^2p^2}{(p+q)^2};$$

fassen wir vorläufig die constanten Glieder zusammen,

$$\frac{2ap^2ap}{(p^2-q^2)(p+q)} - \frac{p^2a^2}{p^2-q^2} - \frac{p^2a^2}{(p+q)^2}$$

$$= \frac{2a^2p^3}{(p-q)(p+q)(p+q)} - \frac{p^2a^2}{(p+q)(p-q)} - \frac{p^2a^2}{(p+q)(p+q)};$$

bringen wir alles auf gleiche Benennung, indem wir das zweite Glied mit $p+q$ und das dritte mit $p-q$ multipliciren, so erhalten wir

$$= \frac{2a^2p^3 - p^2a^2(p+q) - p^2a^2(p-q)}{(p-q)(p+q)(p+q)},$$

$$= \frac{2a^2p^3 - p^3a^2 - p^2qa^2 - p^3a^2 + p^2qa^2}{(p-q)(p+q)(p+q)} = 0.$$

Es bleibt uns also die Gleichung

$$y^2 = \left(\frac{2ap^2}{p^2-q^2} - \frac{2ap}{p+q}\right)x' - x'^2,$$

oder

$$y^2 = \frac{(2ap^2 + 2paq - 2ap^2)}{p^2-q^2}x' - x'^2,$$

oder

$$y^2 = \frac{2apq}{p^2-q^2}x' - x'^2,$$

welches die gewöhnliche Gleichung des Kreises ist; es ist also $\frac{2apq}{p^2-q^2}$ der Durchmesser dieses Kreises nach der gewöhnlichen Bezeichnung $= 2r$. Dieser Durchmesser muß sich auch ergeben, wenn man die beiden Abscissen BE und DB von einander abzieht; nämlich

$$BE - DB = 2r = \frac{ap}{p-q} - \frac{ap}{p+q} = \frac{ap(p+q) - ap(p-q)}{p^2-q^2},$$

oder

$$2r = \frac{ap^2 + apq - ap^2 + apq}{p^2-q^2},$$

oder

$$2r = \frac{2apq}{p^2-q^2}.$$

§. 221.

Aufgabe V. Man hat eine feste gerade Linie ZX (Fig. 64.) und einen bestimmten Punct F außer ihr. Eine Curve ist so beschaffen, daß, wenn man aus F an irgend einen Punct M derselben eine gerade Linie FM zieht, diese Linie FM gleich ist dem Abstande des Puncts M von der geraden Linie ZX, also FM = dem Perpendikel HM auf ZX.

Man fälle aus F eine senkrechte Linie VF auf ZX, und mache diese zur Abscissenaxe, so wie VZ zur Ordinatenaxe, $VP = x$, $PM = y$. Ferner sey $VF = c$, weil es sich von selbst versteht, daß der Punct gegen die Linie ZX eine feste Lage haben muß, falls die Curve eine bestimmte seyn soll.

Es ist $MH = MF = x$, und $FP = x - c$, also

$$FM^2 = y^2 + (x - c)^2 = x^2,$$

folglich

$$y^2 + x^2 - 2cx + c^2 = x^2,$$

oder

$$y^2 = 2cx - c^2,$$

also

$$y = \sqrt{(2cx - c^2)},$$

worin man denn gewiß nicht die Gleichung der Parabel verkennt. Soll sie die gewöhnliche Form der Parabelgleichung erhalten, so muß das constante Glied verschwinden, man muß also den Punct zum Anfangspuncte der Abscissen machen, in welchem die krumme Linie die Abscissenaxe schneidet; dieser Punct findet sich aus der Gleichnng

$$2cx - c^2 = 0,$$

woraus $x = \frac{c}{2}$ wird.

Dieser Punct ist also der Mittelpunct der Linie $VF = c$, etwa A; beziehen wir auf A die Gleichung, und ist $AP = x'$, so ist $x = x' + \frac{c}{2}$, also

$$y = \sqrt{(2cx' + c^2 - c^2)} = \sqrt{(2cx')}.$$

Die Linie ZX ist also die Directrix der Parabel, F deren Brennpunct und VF der halbe Parameter.

§. 222.

Aufgabe VI. Men soll die Gleichung einer Curve finden, die so beschaffen ist, daß die Summe zweier Linien $AM + FM$ (Fig. 65.) von zwei festen Puncten A und F an irgend einen Punct M der Curve gezogen, gleich sey einer gegebenen Linie $AB = a$.

Man lege die Abscissenaxe durch die Puncte A und F, mache A zum Anfangspuncte, und wähle rechtwinklige Coordinaten, $AP = x$, $PM = y$. Die Entfernung der Puncte A und F, also $AF = f$ ist gegeben.

Es ist

$$AM = \sqrt{(x^2 + y^2)}, \text{ und}$$
$$FM = \sqrt{((f - x)^2 + y^2)};$$

also

$$AM + FM = a = \sqrt{(x^2 + y^2)} + \sqrt{((f - x)^2 + y^2)},$$

oder

$$\sqrt{((f - x)^2 + y^2)} = a - \sqrt{(x^2 + y^2)},$$

oder

$$(f - x)^2 + y^2 = a^2 - 2a\sqrt{(x^2 + y^2)} + x^2 + y^2,$$

oder

$$f^2 - 2fx = a^2 - 2a\sqrt{(x^2 + y^2)},$$

oder

$$2a\sqrt{(x^2 + y^2)} = a^2 - f^2 + 2fx,$$

oder

$$\sqrt{(x^2 + y^2)} = \frac{a^2 - f^2}{2a} + \frac{fx}{a},$$

oder

$$x^2 + y^2 = \frac{(a^2 - f^2)^2}{4a^2} + \frac{(a^2 - f^2)}{a^2} fx + \frac{f^2 x^2}{a^2},$$

oder

$$y^2 = \frac{(a^2 - f^2)^2}{4a^2} + \left(\frac{a^2 - f^2}{a^2}\right) fx + \frac{(f^2 - a^2)}{a^2} x^2,$$

oder

$$y^2 = \frac{a^2 - f^2}{4a^2}\left(\frac{a^2 - f^2}{a^2} + fx - x^2\right).$$

f muß immer $<$ a seyn, weil sonst nicht AM + FM, welche Summe immer $>$ f seyn muß, $=$ a seyn könnte; es ist also der Coefficient vor x^2 negativ, woraus erhellet, daß die Gleichung eine Ellipsengleichung ist.

Für $y = 0$ ist

$$\frac{a^2 - f^2}{4} + fx - x^2 = 0,$$

oder

$$x^2 - fx = \frac{a^2 - f^2}{4};$$

also

$$x = \frac{f}{2} \pm \sqrt{\left(\frac{a^2 - f^2}{4} + \frac{f^2}{4}\right)} = \frac{f}{2} \pm \frac{a}{2},$$

oder

$$x = \frac{f \pm a}{2}.$$

Die Curve schneidet also die Abscissenlinie in zwei Puncten, in $x = \frac{f+a}{2}$ und $x = \frac{f-a}{2}$. Der erste Werth ist positiv, der zweite aber negativ, weil $f < a$; es mag $\frac{f-a}{2} = -\frac{(a-f)}{2}$ $= AC$ seyn, und wir wollen auf den Punct C die Gleichung beziehen; ist $CP = x'$, so ist $x = x' - \left(\frac{a-f}{2}\right)$, also ist

$$y^2 = \frac{a^2-f^2}{a^2}\left(\frac{a^2-f^2}{4} + fx' - \frac{f(a-f)}{2} - x'^2 + (a-f)x' - \frac{(a-f)^2}{4}\right),$$

oder

$$y^2 = \frac{a^2-f^2}{a^2}\left(\frac{a^2}{4} - \frac{f^2}{4} + fx' - \frac{af}{2} + \frac{f^2}{2} - x'^2 + ax' - fx' - \frac{a^2}{4} + \frac{af}{2} - \frac{f^2}{4}\right),$$

oder

$$y^2 = \frac{a^2-f^2}{a^2}(ax' - x'^2).$$

Um ganz die gewöhnliche Ellipsengleichung zu erhalten, setze man den Werth von y, der für $x' = \frac{1}{2}a$ resultirt, $= \frac{c}{2}$, so ist

$$\frac{c^2}{4} = \frac{a^2-f^2}{a^2}\left(\frac{a^2}{2} - \frac{a^2}{4}\right) = \frac{a^2-f^2}{4}, \text{ also}$$

$$f^2 = a^2 - c^2;$$

substituirt, so ist

$$y^2 = \frac{c^2}{a^2}(ax' - x'^2);$$

woraus erhellet, daß die verlangte Curve die Ellipse ist, daß **A** und **F** ihre Brennpuncte sind, und daß ihre große Axe gleich ist der gegebenen Linie **AB** $=$ a und in die Richtung **AB** fällt.

§. 223.

Aufgabe VII. Man hat zwei feste Puncte f und **F** (Fig. 66.); zieht man von diesen an irgend einen Punct **M**

einer Curve zwei gerade Linien FM und fM, so ist die Differenz dieser Linien $fM - FM =$ einer constanten Linie 2α; man sucht die Gleichung dieser Curve.

fF ist bekannt $= 2f$; durch fF lege man die Abscissenaxe und mache den Mittelpunct C der Linie fF zum Anfangspuncte, so ist $CF = Cf = f$; setzt man $CP = x$, $PM = y$, so ist

$$fM = \sqrt{((x+f)^2 + y^2)}, \text{ und}$$

$$FM = \sqrt{((x-f)^2 + y^2)};$$

also

$$fM - FM = 2\alpha = \sqrt{((x+f)^2 + y^2)} - \sqrt{((x-f)^2 + y^2)};$$

also

$$2\alpha + \sqrt{((x-f)^2 + y^2)} = \sqrt{((x-f)^2 + y^2)},$$

oder

$$4\alpha^2 + 4\alpha\sqrt{((x-f)^2 + y^2)} + x^2 - 2fx + f^2 + y^2 = x^2 + 2fx + f^2 + y^2,$$

oder

$$4\alpha^2 + 4\alpha\sqrt{((x-f)^2 + y^2)} - 4fx = 0,$$

oder

$$4\alpha\sqrt{((x-f)^2 + y^2)} = 4fx - 4\alpha^2,$$

oder

$$\sqrt{((x-f)^2 + y^2)} = \frac{fx}{\alpha} - \alpha,$$

oder

$$x^2 - 2fx + f^2 + y^2 = \frac{f^2x^2}{\alpha^2} - 2fx + \alpha^2,$$

oder

$$y^2 = \frac{f^2x^2}{\alpha^2} + \alpha^2 - f^2 - x^2,$$

oder

$$y^2 = \frac{f^2 - \alpha^2}{\alpha^2}x^2 - \frac{f^2 - \alpha^2}{\alpha^2}\alpha^2,$$

oder

$$y^2 = \frac{f^2 - \alpha^2}{\alpha^2}(x^2 - \alpha^2).$$

Hier ist f jedesmal $> \alpha$, denn wäre $f < \alpha$, so würde, weil $fM - FM = 2\alpha$, $fM - FM > 2f$, oder $2f + FM < fM$, was nicht möglich ist; eben so kann f nicht $= \alpha$ seyn. f ist also $> \alpha$, folglich $\frac{f^2 - \alpha^2}{\alpha^2}$ positiv, die Gleichung ist also die Gleichung der Hyperbel $y^2 = \frac{\beta^2}{\alpha^2}(x^2 - \alpha^2)$, es muß folglich $f^2 - \alpha^2 = \beta^2$, oder $f = \sqrt{(\alpha^2 + \beta^2)}$ seyn. $CF = Cf$ ist also die Excentrizität, folglich sind die Puncte f und F die Brennpuncte, α die halbe große Axe und fF die Richtung der großen Axe, so wie C der Mittelpunct derselben.

§. 224.

Aufgabe VIII. Man hat zwei unter einem bestimmten Winkel DBF (Fig. 67.) gegen einander geneigte Linien DB und BF. Zwischen diesen beiden gleitet eine dritte gerade Linie DF, so daß der Punct F alle Puncte der geraden Linie BF und der Punct D alle Puncte der Linie DB durchläuft. Was für eine Curve wird irgend ein Punct M der gleitenden Linie DF beschreiben?

Man betrachte B als Anfangspunct, BF als Abscissenaxe und BD als Ordinatenaxe, $BP = x$, $PM = y$. Als gegeben müssen die Stücke DM und FM der gleitenden Linie DF angesehen werden, es sey etwa $DM = g$; $FM = h$.

Zieht man MN senkrecht auf BF, so ist

$$MN = y \sin B, \text{ und}$$
$$PN = y \cos B.$$

Ferner ist

$$\frac{FM}{DM} = \frac{PF}{PB}, \text{ also}$$
$$FP = \frac{h}{g} x;$$

folglich

$$NF = \frac{h}{g} x - y \cos B.$$

Da nun

$$NF^2 + MN^2 = MF^2,$$

so ist substituirt

$$\frac{h^2}{g^2}x^2 - \frac{2h\cos B}{g}xy + y^2\cos B^2 + y^2\sin B^2 = h^2,$$

oder

$$\frac{h^2}{g^2}x^2 - \frac{2h\cos B}{g}xy + y^2 = h^2,$$

also

$$y^2 = h^2 + \frac{2h\cos B}{g}xy - \frac{h^2}{g^2}x^2.$$

Diese Gleichung ist die Gleichung der Ellipse, denn es ist

$$\frac{4h^2}{g^2} > \frac{4h^2}{g^2}\cos B^2,$$

weil $\cos B$ nicht größer als 1 werden kann, und unter unserer Voraussetzung auch nicht $= 1$ seyn kann, weil sonst $B = 0$ würde und die beiden Linien DB und BF in eine einzige gerade Linie zusammenfielen. Es muß folglich $\cos B > 1$, also $\cos B^2$ ein positiver echter Bruch seyn, demnach ist

$$\frac{4h^2}{g^2} > \frac{4h^2}{g^2}\cos B^2,$$

und folglich die Curve, welche durch obige Gleichung dargestellt wird, eine Ellipse (§. 77.).

Wäre $B = 90°$, so ist $\cos B = 0$, es wird also die Gleichung

$$y^2 = h^2 - \frac{h^2}{g^2}x^2, \text{ oder}$$
$$y^2 = \frac{h^2}{g^2}(g^2 - x^2).$$

Unter dieser Voraussetzung wäre also h die halbe kleine und g die halbe große Axe, B der Mittelpunct und BF und DB die Richtung der Axen.

Hat übrigens B einen andern Werth, so können die Linien DB und BG nicht die Directionen der Ellipsenaxen seyn. Um diese zu finden, wird man nur nöthig haben, die obige Gleichung $y^2 = h^2 + \frac{2h\cos B}{g}xy - \frac{h^2}{g^2}x^2$ auf die gewöhnliche Form $y^2 = \frac{\beta^2}{\alpha^2}(\alpha^2 - x^2)$ zu bringen. Zu dem Ende mache man eine Coordinatenverwandlung und richte diese so ein, daß das Glied $\frac{2h\cos B}{g}xy$ verschwinde, indem dadurch die

Gleichung die gewöhnliche Form der Ellipsengleichung erhält. Es wird also nur nöthig seyn, daß die neue Ordinate $y' = y - \frac{h \cos B}{g} x$ werde. Diese Verwandlung wird sich nach Analogie des §. 73. leicht in der Construction nachweisen lassen; man mache $BG = g = DM$, und $GH = h \cos B = FM \cos B$, und ziehe GH parallel zu DB. Jetzt lege man durch B und H die neue Abscissenaxe und behalte den alten Anfangspunct, also $BQ = x'$, $QM = y'$, so ist

$$\frac{PQ}{BP} = \frac{GH}{BG}, \text{ oder}$$

$$\frac{PQ}{x} = \frac{h \cos B}{g}, \text{ also}$$

$$PQ = \frac{h \cos B}{g} x;$$

folglich

$$PM = y = QM + PQ = y' + \frac{h \cos B}{g} x.$$

Ferner ist

$$BP = BQ \cdot \frac{BG}{BH} = \frac{g x'}{BH}.$$

Es ist aber

$$BH = \sqrt{(g^2 + h^2 \cos B^2 - 2 g h \cos B \cos (180 - B))}$$
$$= \sqrt{(g^2 + h^2 \cos B^2 + 2 g h \cos B^2)}$$
$$= \sqrt{(g^2 + \cos B^2 (h^2 + 2 g h))},$$

also

$$x = BP = \frac{g x'}{\sqrt{[g^2 + \cos B^2 (h^2 + 2 g h)]}};$$

diese Werthe in obige Gleichung für x und y substituirt, wird

$$y'^2 + \frac{2 h \cos B}{g} x y' + \frac{h^2 \cos B^2 x^2}{g^2} =$$
$$= h^2 + \frac{2 h \cos B}{g} x y' + \frac{2 h^2 \cos B^2}{g^2} x^2 - \frac{h^2}{g^2} x^2, \text{ also}$$

$$y'^2 = h^2 - \frac{h^2}{g^2}(1 - \cos B^2) x^2,$$

und für x substituirt, so erhält man

$$y'^2 = h^2 - \frac{h^2 (1 - \cos B^2)}{g^2 + \cos B^2 (h^2 + 2 g h)} x'^2, \text{ oder}$$

$$y'^2 = h^2 \left\{1 - \frac{(1-\cos B^2)x'^2}{g^2 + \cos B^2 (h^2 + 2gh)}\right\},$$

oder auch, weil $1 - \cos B^2 = \sin B^2$, so ist

$$y'^2 = h^2 \left\{1 - \frac{\sin B^2 x'^2}{g^2 + \cos B^2 (h^2 + 2gh)}\right\}, \text{ oder}$$

$$y'^2 = \frac{h^2 \sin B^2}{g^2 + \cos B^2 (h^2 + 2gh)} \left\{\frac{g^2 + \cos B^2 (h^2 + 2gh)}{\sin B^2} - x'^2\right\}.$$

Setzt man $h = \beta'$ und $\frac{\sqrt{[g^2 + \cos B^2 (h^2 + 2gh)]}}{\sin B} = \alpha'$, so ist

$$y'^2 = \frac{\beta'^2}{\alpha'^2}(\alpha'^2 - x'^2);$$

für jedes y' hat x' zwei gleiche Werthe, und für jedes x' hat y' zwei gleiche Werthe, woraus erhellet, daß B der Mittelpunct der Ellipse ist, und daß DB und BH die Directionen zweier conjugirter Durchmesser sind, daß ferner der Durchmesser in der Direction BH, $\alpha' = \frac{\sqrt{[g^2 + \cos B^2 (h^2 + 2gh)]}}{\sin B}$, und der Durchmesser in der Direction BD, $\beta' = h$ ist. Verlangt man nun die Axen, so wende man das §. 151. gelehrte Verfahren an, denn der Winkel DBH findet sich sehr leicht durch Auflösung des Dreiecks BHG, nämlich

$$\frac{\sin B}{BH} = \frac{\sin HBG}{GH}, \text{ also}$$

$$\sin HBG = \frac{h \cos B \sin B}{\sqrt{[g^2 + \cos B^2 (h^2 + 2gh)]}}.$$

Daraus ergibt sich

$$\cos HBG = \frac{g + h \cos B^2}{\sqrt{[(g^2 + \cos B^2 (h^2 + 2gh)]}}.$$

Nun ist

$$\begin{aligned}\sin DBH &= \sin B \cos HBG - \cos B \sin HBG,\\ &= \frac{\sin B\, g + \sin B\, h \cos B^2 - \cos B^2 h \sin B}{\sqrt{[g^2 + \cos B^2 (h^2 + 2gh)]}},\\ &= \frac{g \sin B}{\sqrt{[g^2 + \cos B^2 (h^2 + 2gh)]}}.\end{aligned}$$

Soll die Ellipse ein Kreis werden, so muß der Winkel DBH

ein rechter und $\frac{h^2 \sin B^2}{g^2 + \cos B^2 (h^2 + 2gh)} = 1$ werden (vergl. §. 165.); es muß also $\sin DBH = 1 = \frac{g \sin B}{\sqrt{[g^2 + \cos B^2 (h^2 + 2gh)]}}$ seyn, und für $\frac{\sin B}{\sqrt{[g^2 + \cos B^2 (h^2 + 2gh)]}}$ den Werth $\frac{1}{h}$ substituirt, so ist $\frac{g}{h} = 1$, also $g = h$, d. h. der beschreibende Punct M muß der Mittelpunct der Linie DF seyn.

Unter dieser Voraussetzung ist

$$\sin HBG = \frac{h \cos B \sin B}{\sqrt{[g^2 + \cos B^2 (h^2 + 2gh)]}} = \frac{h \cos B}{h} = \cos B;$$

folglich ist

$$HBG + B = DBG = 90°.$$

Soll also die Ellipse ein Kreis werden, so müssen die Linien DB und FB, zwischen welchen die Linie DF gleitet, senkrecht auf einander stehen und der beschreibende Punct M muß der Mittelpunct der Linie DF seyn.

§. 225.

Aufgabe IX. Ueber einer unbestimmten geraden Linie AB (Fig. 68.) befindet sich ein gleichschenkliges Dreieck ACB; der eine Schenkel AC ist in A befestigt und um A drehbar, der andere Schenkel CB = AC ist um C drehbar und gleitet längs der Linie AB fort. Was für eine Curve wird während dieser gleitenden Bewegung irgend ein Punct M der Linie CB beschreiben?

Soll die Curve eine bestimmte seyn, so muß die Lage des Puncts M in der Linie CB und die Länge von CB selbst gegeben seyn; es sey daher $BM = f$, $CM = g$.

Man mache A zum Anfangspuncte und AB zur Richtung der Abscissenaxe; das Coordinatensystem sey ein rechtwinkliges, $AP = x$, $PM = y$.

Bekannten Lehren der Trigonometrie gemäß ist

$$AB = 2\,CB \cos B = 2(f + g) \cos B$$

Da nun

$$BM \cos B = PB = f \cos B, \text{ so ist}$$

$$AP = x = AB - PB = (2(f+g) - f) \cos B = (2g + f) \cos B.$$

Nun ist $\sin B = \frac{y}{f}$, folglich $\cos B = \frac{\sqrt{(f^2 - y^2)}}{f}$; also

$$x = (2g + f) \frac{\sqrt{(f^2 - y^2)}}{f}, \text{ oder}$$

$$\frac{fx}{2g + f} = \sqrt{(f^2 - y^2)}, \text{ oder}$$

$$\frac{f^2 x^2}{(2g + f)^2} = f^2 - y^2;$$

folglich

$$y^2 = f^2 - \frac{f^2 x^2}{(2g + f)^2}, \text{ oder}$$

$$y^2 = \frac{f^2}{(2g + f)^2} [(2g + f)^2 - x^2];$$

Gleichung der Ellipse auf den Mittelpunct bezogen; es ist also A der Mittelpunct der Ellipse, und weil die Coordinaten rechtwinklig sind, so sind AB und ein Perpendikel auf AB die Richtungen der Axen; ferner ist die halbe erste Axe $= (2g + f)$, die halbe zweite Axe $= f$.

Soll die krumme Linie ein Kreis werden, so muß

$$1. \quad \frac{f^2}{(2g + f)^2} = 1, \text{ also}$$

$$f = 2g + f, \text{ folglich}$$

$$g = 0; \text{ und}$$

$$2. \quad (2g + f)^2 = r^2 \text{ seyn, also}$$

$$f = r;$$

es muß also C der beschreibende Punct seyn.

§. 226.

Aufgabe X. Es sind zwei Linien AX und AY (Fig. 69.) gegeben, und der Winkel A, den beide einschließen. Ferner ist ein Punct F auf der Linie AX bestimmt. Man soll nun die Gleichung einer Curve finden, die so beschaffen ist, daß wenn man an einen beliebigen Punct M derselben aus F eine gerade Linie FM, und dann aus M parallel mit AX eine gerade Linie GM bis an AY zieht, jederzeit $\frac{FM}{GM} = \frac{k}{l}$ ist, wo $\frac{k}{l}$ ein bestimmter in Zahlen gegebener Quotient ist.

AF = a ist gegeben; man mache AX zur Abscissen-, AY zur Ordinatenaxe, ziehe also MP parallel mit AY, so ist AP = x, PM = y. Fällt man aus M auf AX das Perpendikel MS, so ist

$$MS = y \sin A, \text{ und}$$
$$PS = y \cos A; \text{ also}$$
$$FS = PS - FP = PS - AP + AF = y \cos A - x + a.$$

Da ferner

$$MF = \sqrt{(MS^2 + FS^2)},$$

so ist

$$MF = \sqrt{\left(\begin{array}{r} y^2 \sin A^2 + y^2 \cos A^2 - 2 y x \cos A + x^2 + \\ + 2 a y \cos A - 2 a x + a^2 \end{array}\right)},$$

oder

$$MF = \sqrt{(y^2 - 2 y x \cos A + x^2 - 2 a x + 2 a y \cos A + a^2)}.$$

Da nun

$$\frac{FM}{GM} = \frac{k}{l} = \frac{FM}{x}, \text{ so ist}$$
$$FM = \frac{kx}{l};$$

also

$$\frac{kx}{l} = \sqrt{(y^2 - 2 y x \cos A + x^2 - 2 a x + 2 a y \cos A + a^2)},$$

oder

$$k^2 x^2 = l^2 y^2 - 2 l^2 y x \cos A + l^2 x^2 - 2 a l^2 x + \\ + 2 a l^2 y \cos A + a^2 l^2,$$

oder

$$l^2 y^2 + (l^2 - k^2) x^2 - 2 l^2 \cos A\, x y - 2 a l^2 x + \\ + 2 a l^2 \cos A\, y + a^2 l^2 = 0;$$

eine vollständige Gleichung des zweiten Grades; die Curve wird also eine Curve des zweiten Grades, und es wird von den Coefficienten der Glieder des zweiten Grades abhangen, ob die Curve Parabel, Ellipse oder Hyperbel werden soll (§. 77.); ist

$$4l^2(l^2-k^2) = 4l^4 \cos A^2,$$

so ist die Curve eine Parabel. Die Bedingung für sie ist also

$$\cos A = \sqrt{\left(\frac{l^2-k^2}{l^2}\right)};$$

wäre dabei $A = 90°$, so ist $\cos A = 0$, also ist in diesem Falle die Bedingung für die Parabel $l = k$ (welches eine der vorigen Aufgaben war).

Für die Ellipse muß $4l^4 \cos A^2 < 4l^2(l^2-k^2)$,

$$\text{also} \quad \cos A < \sqrt{\left(\frac{l^2-k^2}{k^2}\right)};$$

und für die Hyperbel muß $\cos A > \sqrt{\left(\frac{l^2-k^2}{l^2}\right)}$;

wäre also $A = 90°$, so muß für die Ellipse $k < l$ und für die Hyperbel $k > l$ seyn.

Die Bedingung für den Kreis findet sich ohne Weiteres aus dem (§. 165.) Angegebenem.

Es fragt sich: ob es nicht möglich sey, daß die auf diese Weise erzeugte Curve eine Curve des ersten Grades werde? Dann müßte sich nach (§. 89.) die Gleichung des zweiten Grades

$$l^2y^2 + (l^2-k^2)x^2 - 2l^2 \cos A\,xy - 2al^2x + 2al^2 \cos A\,y + a^2l^2 = 0,$$

oder

$$y^2 + \left(\frac{l^2-k^2}{l^2}\right)x^2 - 2\cos A\,xy - 2ax + 2a\cos A\,y + a^2 = 0$$

in zwei rationale Ausdrücke des ersten Grades zerlegen lassen, $y + Ax + B$ und $y + \alpha x + \beta$. Multiplicirt man diese beiden Ausdrücke, so erhält man

$$y^2 + A\alpha x^2 + (A+\alpha)xy + (\alpha B + A\beta)x + (B+\beta)y + B\beta.$$

Soll nun dieser Ausdruck gleich seyn dem Ausdrucke obiger Gleichung, so muß

$$1. \quad A\alpha = \frac{l^2-k^2}{l^2};$$

$$2.\quad A + \alpha = -2\cos A;$$
$$3.\quad \alpha B + A\beta = -2a;$$
$$4.\quad B + \beta = 2a\cos A;$$
$$5.\quad B\beta = a^2.$$

Aus 4. folgt $B^2 + 2B\beta + \beta^2 = 4a^2\cos A^2$.

Aus 5. ist $\quad 4B\beta \quad = a^2$, also

$$B^2 - 2B\beta + \beta^2 = 4a^2\cos A^2 - a^2 =$$
$$= -4a^2\sin A^2,$$

folglich

$$B - \beta = \sqrt{(-4a^2\sin A^2)} = 2a\sin A\sqrt{(-1)}.$$

Daraus geht hervor, daß $a = 0$ seyn muß, weil in jedem andern Falle $B - \beta$ unmöglich wird, denn $\sin A$ kann nicht $= 0$ werden, ohne daß die ganze Construction verschwindet.

Es muß also $B\beta = 0$ und $B + \beta = 0$, also $B = 0$ und $\beta = 0$ werden; es bleibt die Gleichung

$$y^2 + \left(\frac{l^2 - k^2}{l^2}\right)x^2 - 2\cos A\, x y = 0,$$

die sich denn zerlegen läßt in

$$y + Ax = 0, \text{ und}$$
$$y + \alpha x = 0.$$

A und α ergeben sich aus den Formeln 1. und 2., wo

$$A\alpha = \frac{l^2 - k^2}{l^2}, \text{ und}$$
$$A + \alpha = -2\cos A;$$

folglich

$$A^2 + 2A\alpha + \alpha^2 = +4\cos A^2, \text{ und}$$
$$4A\alpha \quad = \quad 4\frac{(l^2 - k^2)}{l^2}; \text{ also}$$

$$A^2 - 2A\alpha + \alpha^2 = 4\left(\cos A^2 + \frac{k^2 - l^2}{l^2}\right)$$
$$= 4\left(\frac{\cos A^2 l^2 - l^2 + k^2}{l^2}\right)$$
$$= 4\left(\frac{k^2 - l^2\sin A^2}{l^2}\right); \text{ also}$$

$$A - \alpha = 2\frac{\sqrt{(k^2 - l^2\sin A^2)}}{l}.$$

Nun war auch $A + \alpha = -2\cos A$, also ist

$$A = \frac{\sqrt{(k^2 - l^2 \sin A^2)}}{l} - \cos A, \text{ und}$$

$$\alpha = -\left(\frac{\sqrt{(k^2 - l^2 \sin A^2)}}{l} + \cos A\right).$$

Im Falle also $a = AF = 0$ ist, gibt die gegebene Bedingung zwei gerade Linien, deren Gleichungen

$$y = \left(\cos A - \frac{\sqrt{(k^2 - l^2 \sin A^2)}}{l}\right) x, \text{ und}$$

$$y = \left(\cos A + \frac{\sqrt{(k^2 - l^2 \sin A^2)}}{l}\right) x \text{ sind.}$$

Wäre also $A = 90°$, so würde

für die eine gerade Linie $y = -\frac{\sqrt{(k^2 - l^2)}}{l} x$,

für die andere gerade Linie $y = +\frac{\sqrt{(k^2 - l^2)}}{l} x$ werden.

§. 227.

Aufgabe XI. Es ist (Fig. 70.) ein Kegel ABC gegeben, man schneidet denselben durch eine Ebene FPM, und fragt nach der Beschaffenheit der Durchschnittslinie, welche die Ebene mit dem Mantel des Kegels bildet.

Als gegeben ist anzusehen der Winkel $ABC = \gamma$ und der Winkel $ACB = \alpha$, weil durch sie die Gestalt des Kegels bestimmt wird. Ferner müssen gegeben seyn $CF = b$ und Winkel $PFB = \beta$, weil durch sie die Lage des Schnitts bestimmt ist.

Ist M irgend ein Punct der Schnittlinie, so lege man durch ihn eine Ebene GPMH parallel zur Basis des Kegels, so wird diese einem bekannten Satze der Stereometrie gemäß mit dem Mantel des Kegels einen Kreis bilden; zieht man also PM, so ist

$$PM^2 = GP \cdot PH.$$

Setzt man $FP = x$ und $PM = y$, so ist

$$y^2 = GP \cdot PH.$$

Ferner ist

$$\frac{PH}{\sin PFH} = \frac{FP}{\sin PHF}, \text{ also}$$

$$PH = \frac{x \sin\beta}{\sin\gamma}.$$

Zieht man FN parallel mit CA und NL parallel mit CB, so ist

$$GP = GN + NP.$$

Nun ist $GN = \frac{\sin L . LN}{\sin G} = \frac{b \sin\alpha}{\sin(\alpha+\gamma)}$, und

$$NP = \frac{\sin F . x}{\sin(\alpha+\gamma)} = \frac{x . \sin(\alpha-\beta)}{\sin(\alpha+\gamma)},$$

diese Werthe substituirt, so erhält man

$$y^2 = \frac{x \sin\beta}{\sin\gamma}\left(\frac{b \sin\alpha + x \sin(\alpha-\beta)}{\sin(\alpha+\gamma)}\right), \text{ oder}$$

$$y^2 = \frac{\sin\beta}{\sin\gamma \sin(\alpha+\gamma)}[b \sin\alpha\, x + \sin(\alpha-\beta)x^2],$$

eine Gleichung des zweiten Grades, die Curve ist also eine Curve des zweiten Grades.

Ist $\sin(\alpha-\beta) = 0$, oder

$$\alpha = \beta, \text{ so wird}$$

$$y^2 = \frac{\sin\beta\, b \sin\alpha}{\sin\gamma \sin(\alpha+\gamma)} x = \frac{\sin\alpha^2 b}{\sin\gamma \sin(\alpha+\gamma)} x,$$

die Curve also eine Parabel. $\alpha = \beta$ heißt, der Schnitt muß parallel mit CA geführt werden; schneidet man also die eine Seite eines Kegels durch eine Ebene, die parallel ist zu der andern Seite, so entsteht auf der Oberfläche des Kegels die krumme Linie, die wir Parabel nennen; ihre große Axe ist FP und ihr Parameter $\frac{\sin\alpha^2 b}{\sin\gamma \sin(\alpha+\gamma)}$.

Würde $\sin(\alpha-\beta) = -$, also $\beta > \alpha$, so wäre die Curve eine Ellipse; würde aber $\sin(\alpha-\beta) = +$, also $\beta > \alpha$, so wäre die Curve eine Hyperbel.

Schneidet man also die eine Seite eines Kegels durch einen ebenen Schnitt, der mit der andern Seite divergirt, so wird auf der Oberfläche des Kegels eine Hyperbel entstehen; schneidet man aber so, daß der Schnitt mit der Seite des Kegels convergirt, so hat man eine Ellipse auf der Oberfläche des Kegels.

Hieraus erhellet, daß alle drei Curven des zweiten Grades aus einem und demselben Kegel geschnitten werden können, und gerade diesem Umstande verdanken denn auch jene Curven des zweiten Grades den Namen der Kegelschnitte.

Würde in der allgemeinen Gleichung

$$y^2 = \frac{\sin\beta}{\sin\gamma\sin(\alpha+\gamma)}[b\sin\alpha\, x + \sin(\alpha-\beta)\, x^2],$$

$b = CF = 0$, so wird

$$y^2 = \frac{\sin\beta\sin(\alpha-\beta)}{\sin\gamma\sin(\alpha+\beta)}x^2, \text{ oder}$$

$$y = \sqrt{\left(\frac{\sin\beta\sin(\alpha-\beta)}{\sin\gamma\sin(\alpha+\gamma)}\right)}\, x.$$

Geht also der Schnitt durch die Spitze des Kegels, so ist er eine gerade Linie (bekannter Satz aus der Elementargeometrie).

Was die Schenkel der Parabel und Ellipse betrifft, so stellen sie sich in dem einzigen Kegel CAB dar; will man aber alle vier Schenkel der Hyperbel haben, so wird es nöthig seyn, CA und CB jenseits C zu verlängern und zwischen CA' und CB' einen zweiten Kegel CB'A' zu construiren, ganz conform mit dem Kegel CAB. Verlängert man nun auch die schneidende Ebene FP, so tritt diese in den obern Kegel, weil bei der Hyperbel FP mit CA nach AB hin divirgirt, also nach C hin convergirt, und bildet in dem obern Kegel den zweiten Ast der Hyperbel, welcher dann frühern Lehren gemäß mit dem Aste in dem untern Kegel völlig identisch ist.

Anmerkung. Die bisher betrachteten Kegelschnitte heißen gewöhnlich die Appollonischen, weil Apollonius von Pergae der älteste Schriftsteller ist, der uns Betrachtungen über die Kegelschnitte hinterlassen hat, zum Unterschiede von einer Art höherer Kegelschnitte, deren Betrachtung wir in diesem Bande nicht geben können.

§. 228.

Aufgabe XII. Es soll die Gleichung einer Curve gefunden werden, die ein geworfener schwerer Körper im leeren Raume beschreibt.

Soll der Körper von A (Fig. 71.) aus in die Höhe geworfen werden, so wird dazu eine Kraft erfordert, die ihn von A aus mit einer bestimmten Geschwindigkeit forttreibt, die Geschwindigkeit mag $= c$ seyn. Wirkte nun nicht die Schwere auf ihn, so würde er der ihn treibenden Kraft, welche die Geschwindigkeit c im Puncte A erzeugte, einzig und allein folgen, er würde also eine geradlinigte gleichförmige Bewegung haben, folglich in t Zeitsecunden einen Raum durchlaufen $= c . t$. Mag A der Winkel seyn, unter welchem der Körper in die Höhe geworfen wird und mag $c . t$ durch AG repräsentirt werden. Wirkte also nicht die Schwere auf den Körper, so würde derselbe nach t Zeitsecunden in G seyn. Während dieser Bewegung treibt aber die Schwere den Körper niederwärts von G in C und es wird CG nach dem Gallilàischen Gesetze $= g t^2$ (wo $g = 15{,}625$ rhl. Fß.), zugleich wird auch CG senkrecht auf die Horizontale AP seyn.

Es sey nun $AP = x$, $PC = y$, so ist

I. $x = AG \cos A = c t \cos A$, und

II. $PG = y + g t^2 = c t \sin A$.

Aus I. ist

$$t = \frac{x}{c . \cos A}, \text{ also}$$

$$t^2 = \frac{x^2}{c^2 . \cos A^2}.$$

Dieses für t^2 in II. substituirt, so ist

$$y + \frac{g x^2}{c^2 \cos A^2} = \frac{c x \sin A}{c \cos A}, \text{ oder}$$

$$y = x \operatorname{tg} A - \frac{g x^2}{c^2 \cos A^2}.$$

als Gleichung der Wurfslinie; sie muß, weil die Gleichung

eine Gleichung des zweiten Grades ist, einer der Kegelschnitte seyn, und es wird nur darauf ankommen, der Gleichung die gewöhnliche Form zu geben, um zu erkennen, was für ein Kegelschnitt sie ist. Bei der gewöhnlichen Gleichungsform der Kegelschnitte ist die große Axe zur Abscissenaxe genommen; wo sollte die nun wohl in vorliegendem Falle zu finden seyn?

Der Körper steigt mit einer bestimmten Geschwindigkeit in die Höhe, die Schwere wirkt dieser Geschwindigkeit entgegen, die Geschwindigkeit wird folglich immer kleiner, und endlich von der Schwere überwunden, der Körper wird also dann zum Fallen gezwungen, und weil beim Fallen dieselbe Kraft wirkt, wie beim Steigen, so zerfällt die Wurfslinie in zwei congruente Schenkel, einen aufsteigenden und einen niedersteigenden, der Scheitelpunct des Kegelschnitts ist also im höchsten Puncte der Wurfslinie zu finden, die große Axe wird also durch ihn und die Mitte der Linie AD gehen. AD findet sich leicht aus der obigen Gleichung, wenn in ihr $y = 0$ gesetzt wird; dann ist

$$x \operatorname{tg} A = \frac{g x^2}{c^2 \cos A^2}, \text{ oder}$$

$$\operatorname{tg} A = \frac{g x}{c^2 \cos A^2}; \text{ also}$$

$$x = AD = \frac{\operatorname{tg} A\, c^2 \cos A^2}{g} = \frac{c^2 \sin A \cos A}{g} = \frac{c^2 \sin 2A}{2g};$$

dadurch hat man die sogenannte Wurfsweite AD.

$$AF \text{ ist also } = \frac{c^2 \sin 2A}{4g} = \frac{c^2 \sin A \cos A}{2g}.$$

BF findet sich also aus obiger Gleichung, wenn man in ihr $x = \frac{c^2 \sin A \cos A}{2g}$ setzt; es ist also

$$BF = \frac{\operatorname{tg} A\, c^2 \sin A \cos A}{2g} - \frac{g c^4 \sin A^2 \cos A^2}{4 g^2 c^2 \cos A^2}, \text{ oder}$$

$$BF = \frac{c^2 \sin A^2}{2g} - \frac{c^2 \sin A^2}{4g} = \frac{c^2 \sin A^2}{4g},$$

BF heißt die Wurfshöhe, sie ist also $= \frac{c^2 \sin A^2}{4g}$.

Um nun die Gleichung auf die gewöhnliche Form zu bringen,

machen wir BF zur Abscissenaxe und AD zur Ordinatenaxe; es sey also BQ Abscisse $= X$, CQ Ordinate $= Y$, so ist

$$CP = QF = BF - BQ, \text{ oder}$$

$$y = \frac{c^2 \sin A^2}{4g} - X; \text{ ferner}$$

$$AP = AF - PF = AF - CQ, \text{ oder}$$

$$x = \frac{c^2 \sin A \cos A}{2g} - Y;$$

substituirt man diese Werthe in obige Gleichung, so hat man

$$\frac{c^2 \sin A^2}{4g} - X = \frac{c^2 \sin A \cos A}{2g} \operatorname{tg} A - \operatorname{tg} A Y - \frac{g}{c^2 \cos A^2}\left(\frac{c^2 \sin A \cos A}{2g} - Y\right)^2,$$

oder

$$\frac{c^2 \sin A^2}{4g} - X = \frac{c^2 \sin A^2}{2g} - \operatorname{tg} A Y - \frac{g}{c^2 \cos A^2}\left\{\frac{c^4 \sin A^2 \cos A^2}{4g^2} - \frac{2c^2 \sin A \cos A}{2g} Y + Y^2\right\},$$

oder

$$\frac{c^2 \sin A^2}{4g} - X = \frac{c^2 \sin A^2}{2g} - \operatorname{tg} A Y - \frac{c^2 \sin A^2}{4g} + \operatorname{tg} A Y - \frac{g Y^2}{c^2 \cos A^2},$$

oder

$$\frac{c^2 \sin A^2}{2g} - X = \frac{c^2 \sin A^2}{2g} - \frac{g Y^2}{c^2 \cos A^2},$$

oder

$$\frac{g Y^2}{c^2 \cos A^2} = X; \text{ also}$$

$$Y^2 = \frac{c^2 \cos A^2}{g} X;$$

setzen wir $\frac{c^2 \cos A^2}{g} = b$, so hat man

$$Y = \sqrt{(b X)}.$$

Die Wurfslinie ist also die gewöhnliche Apollonische Parabel, die ihren Scheitel im höchsten Puncte der Wurfslinie hat.

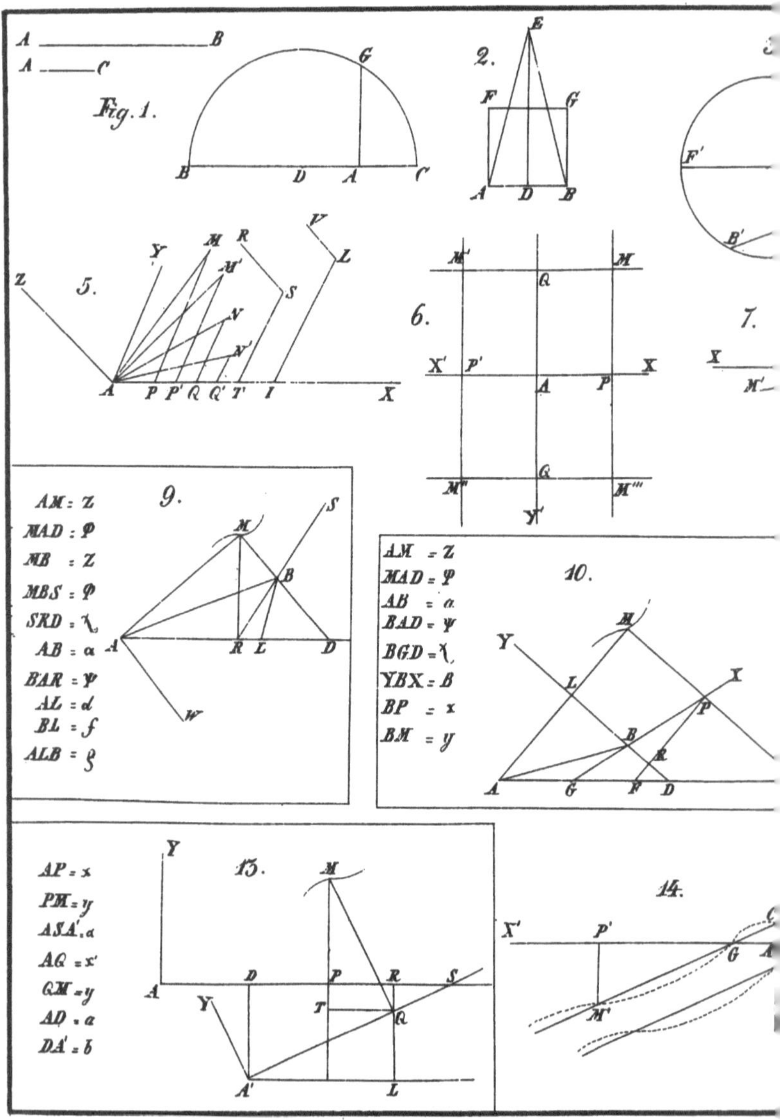
Fig. 1.
2.
5.
6.
7.
9.
AM = z
MAD = φ
MB = z
MBS = φ
SRD = χ
AB = α
BAR = ψ
AL = d
BL = f
ALB = ϱ
10.
AM = z
MAD = φ
AB = α
BAD = ψ
BGD = χ
YBX = B
BP = x
BM = y
13.
AP = x
PM = y
ASA′ = α
AQ = x′
QM = y
AD = a
DA′ = b
14.

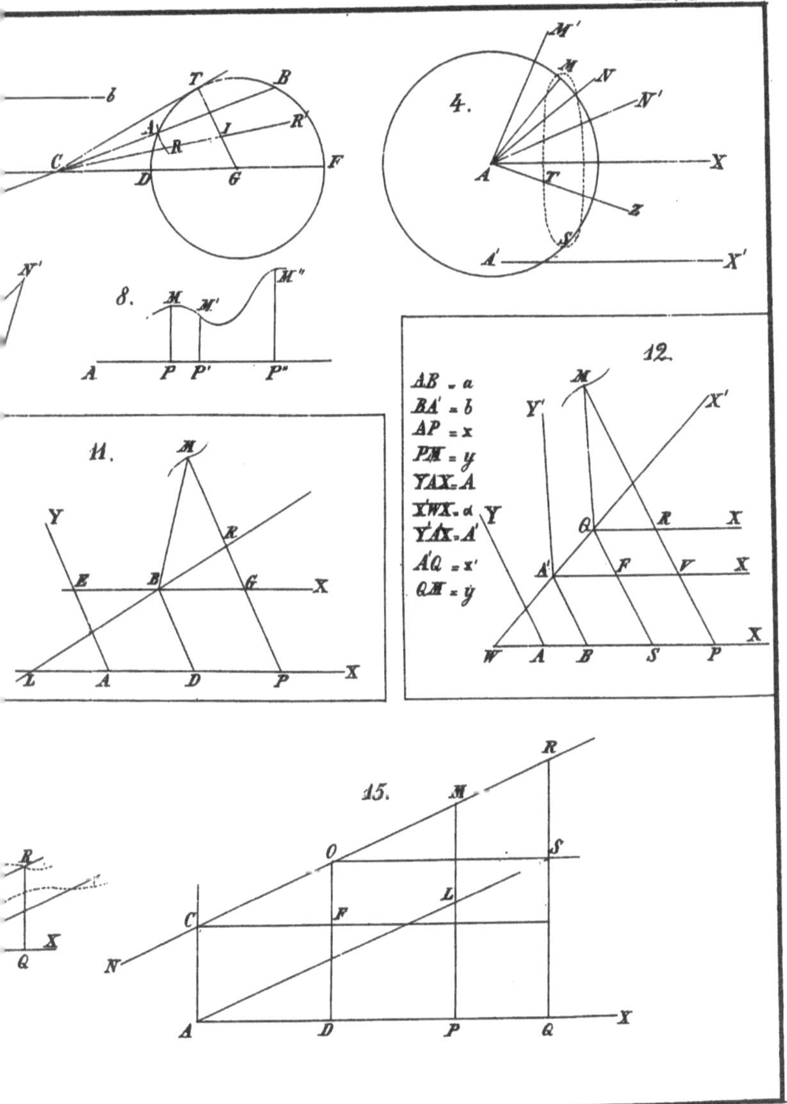
4.
8.
11.
12.
15.
AB = a
BA' = b
AP = x
PM = y
YAX = A
X'WX = α
Y'A'X = A'
A'Q = x'
QM = y'

Fig. 16.

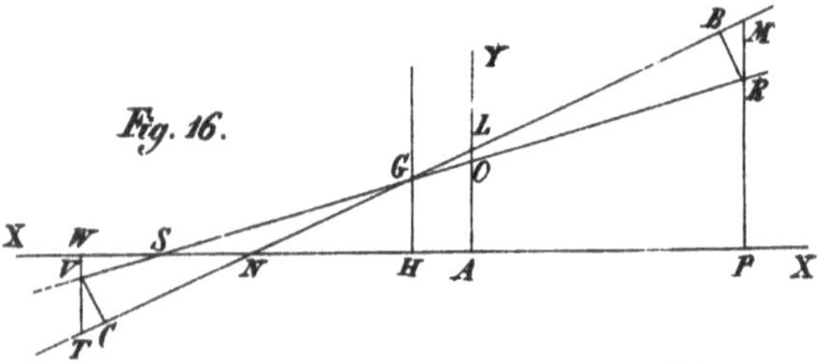

17.

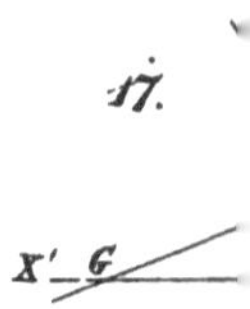

20.

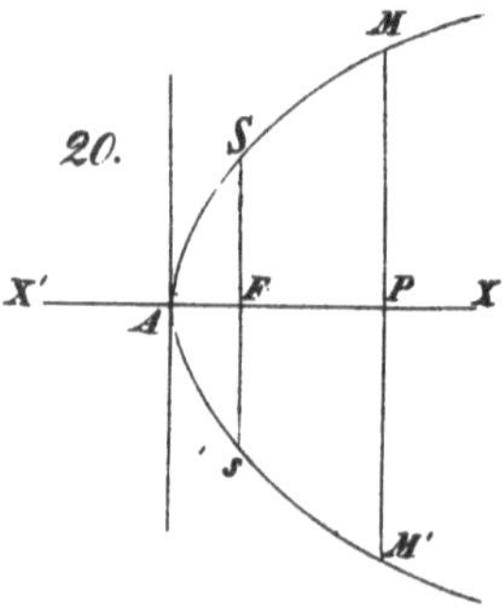

21.

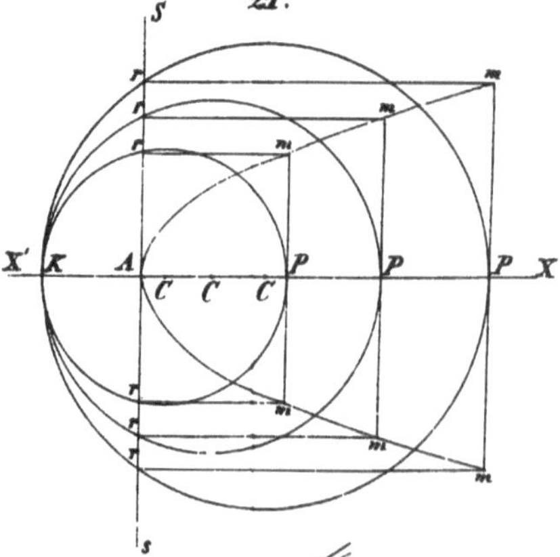

25.

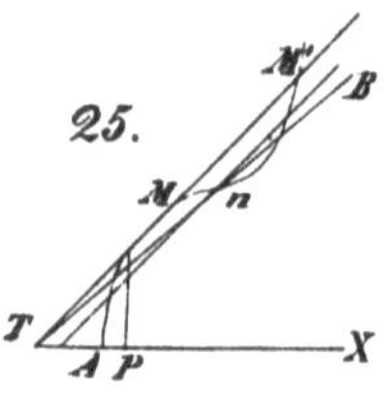

26.

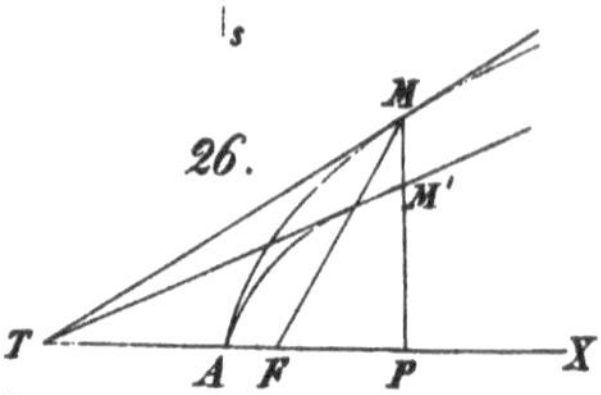

27.

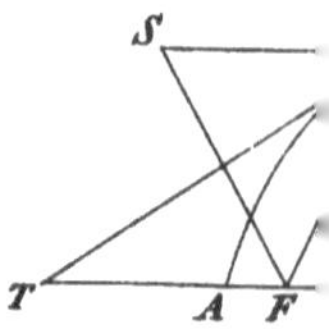

29.

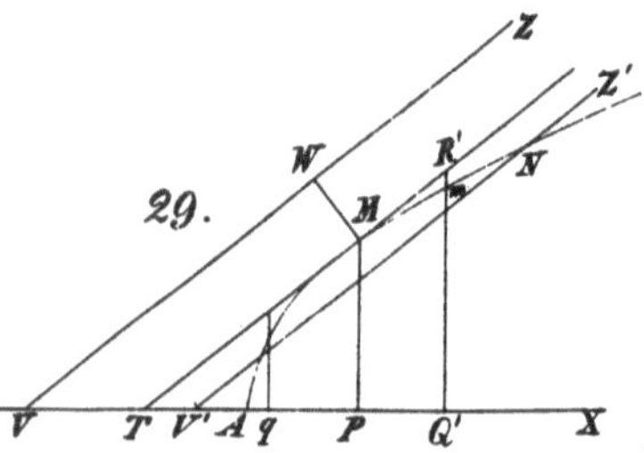

30.

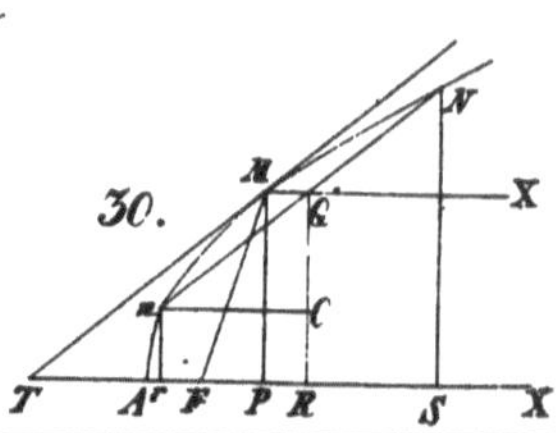

31.

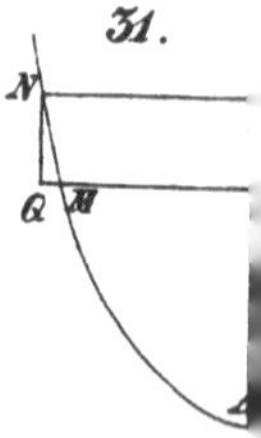

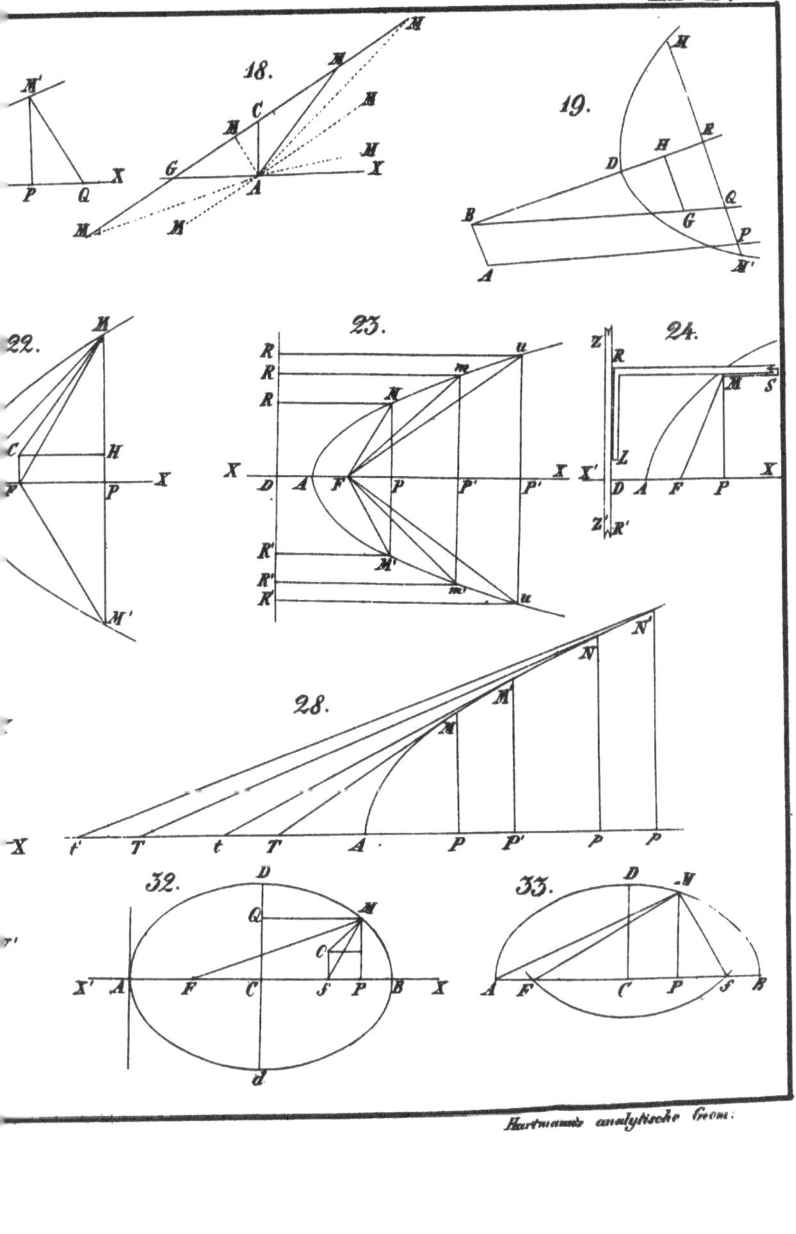
18.
19.
22.
23.
24.
28.
32.
33.

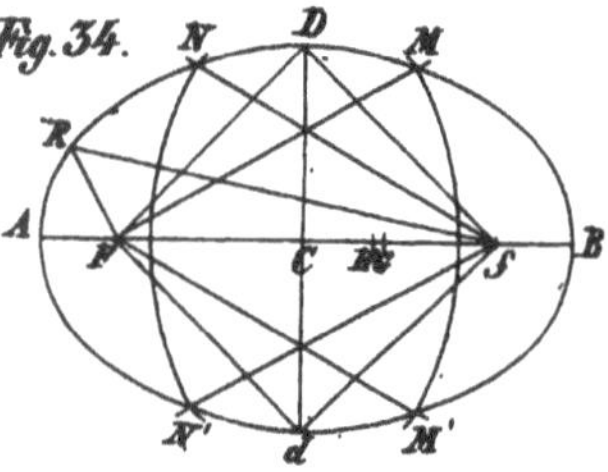

Fig. 34.

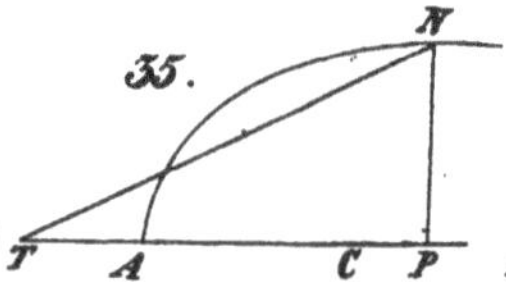

35.

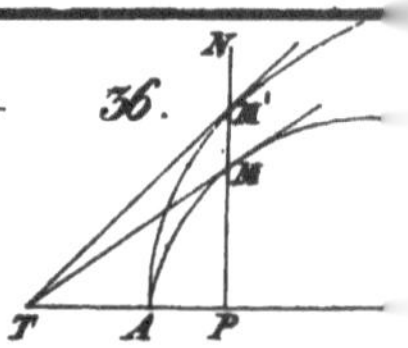

36.

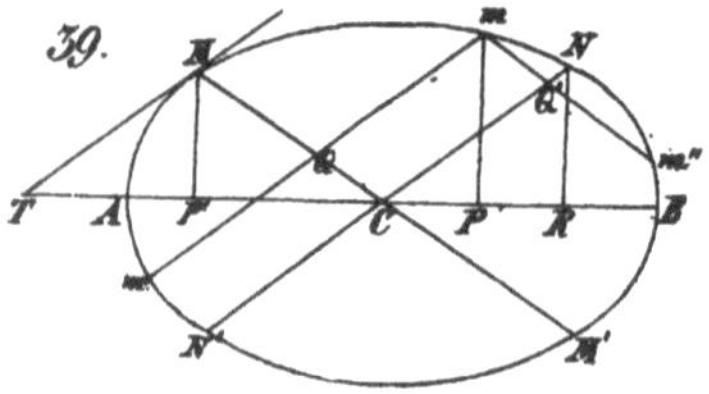

39.

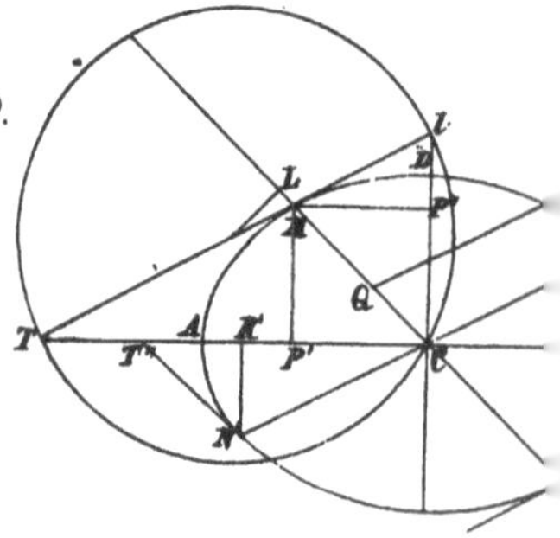

40.

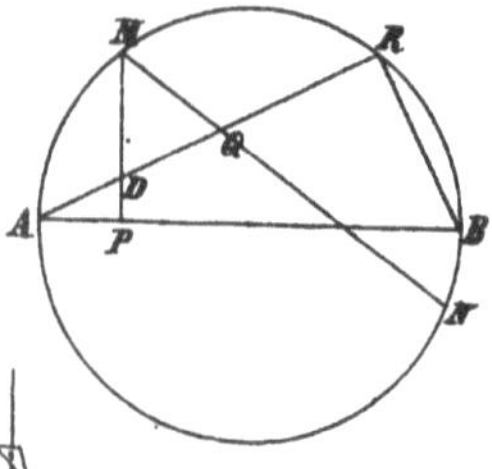

43.

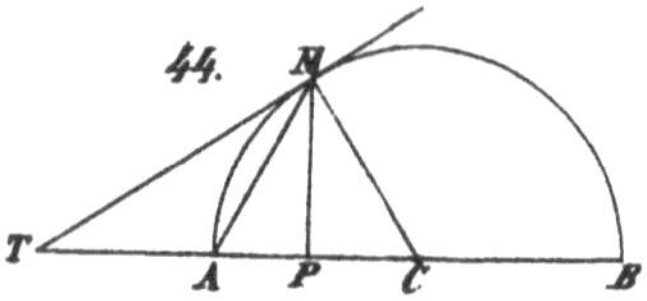

44.

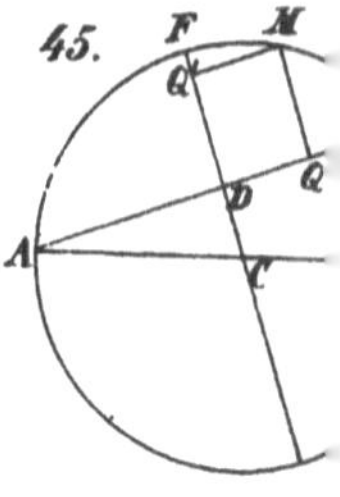

45.

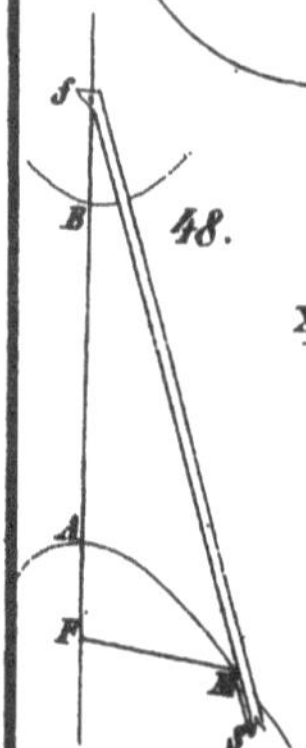

48.

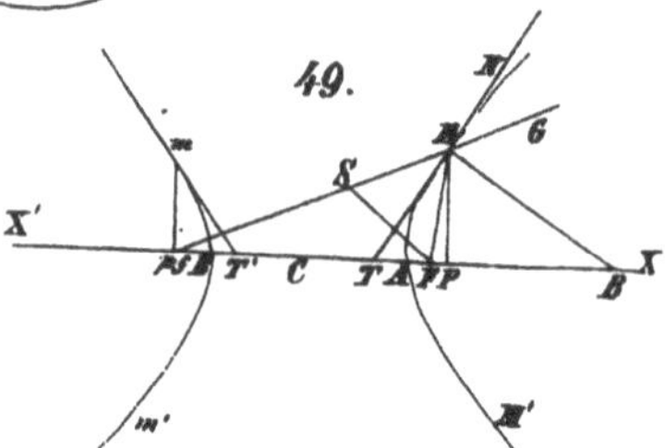

49.

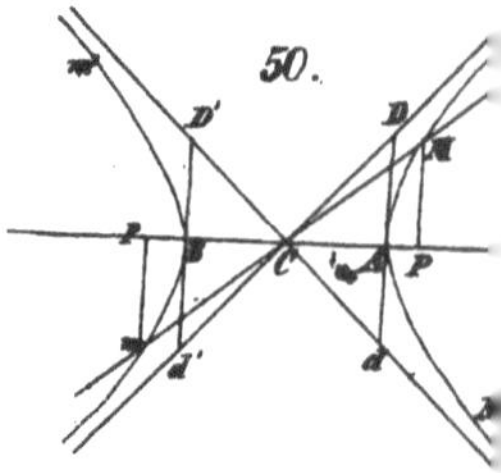

50.

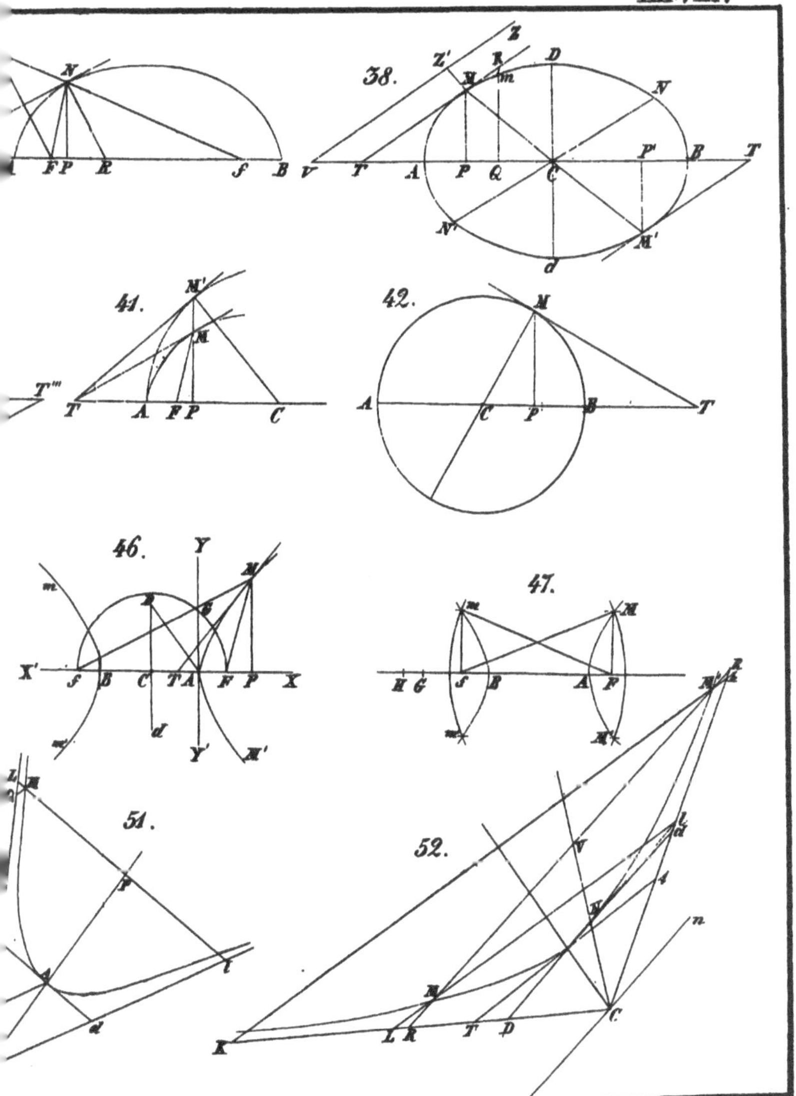
38.
41.
42.
46.
47.
51.
52.

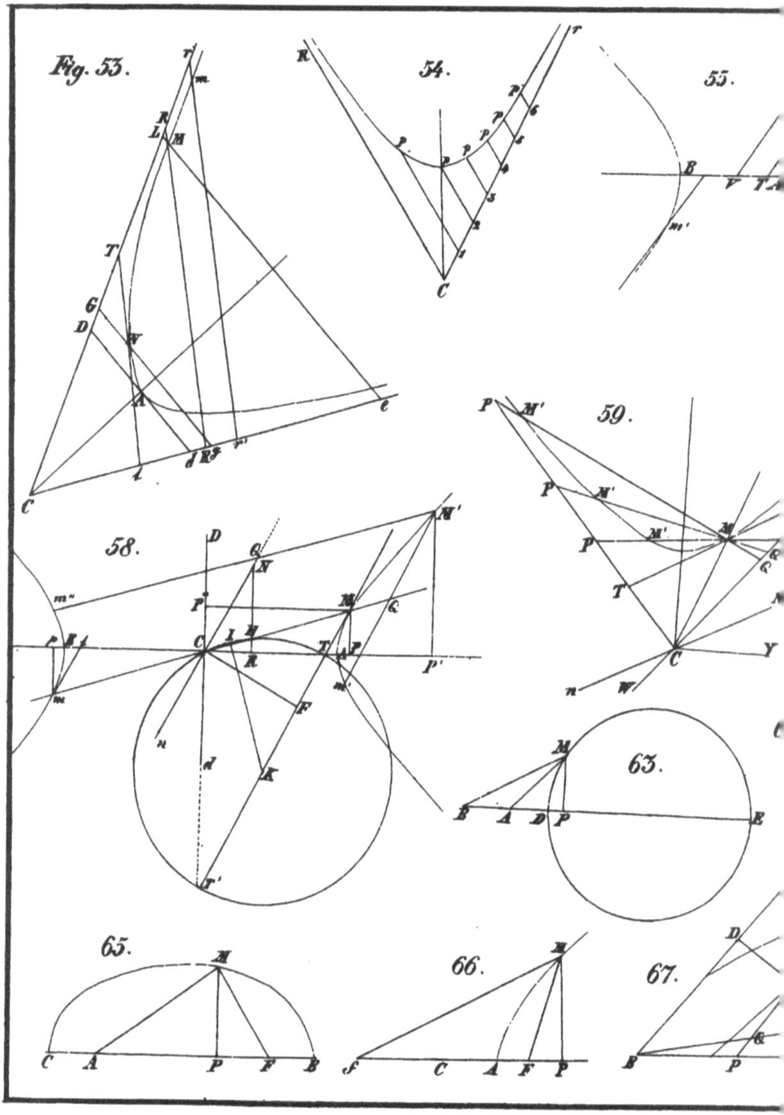

Fig. 53. 54. 55. 58. 59. 63. 65. 66. 67.

56.

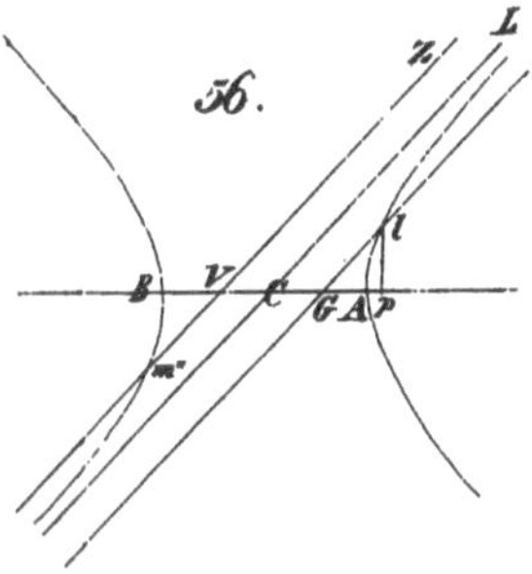

57.

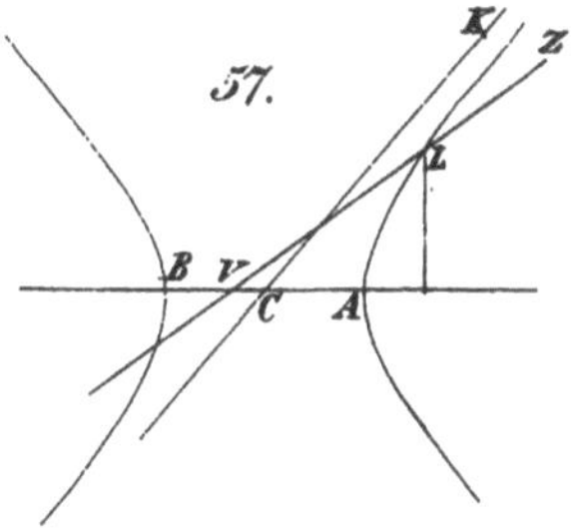

60.

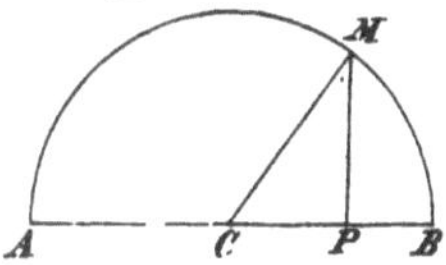

61.

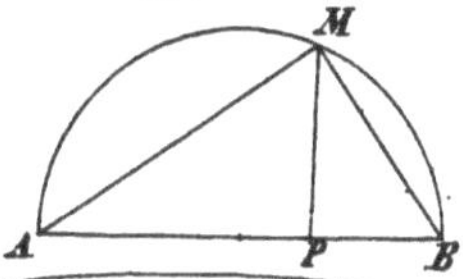

62.

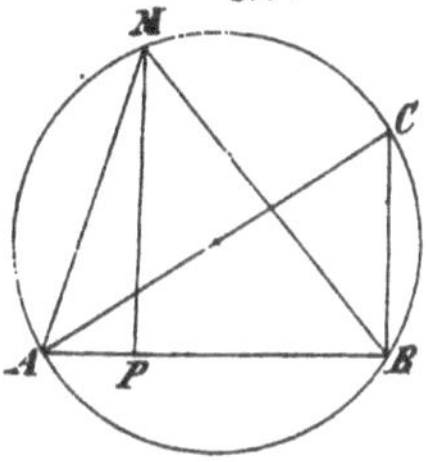

68.

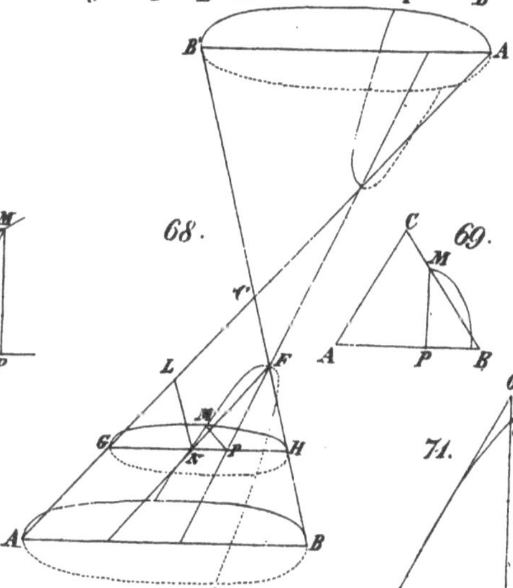

70.

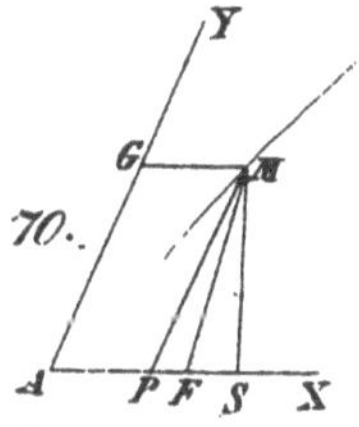

71.

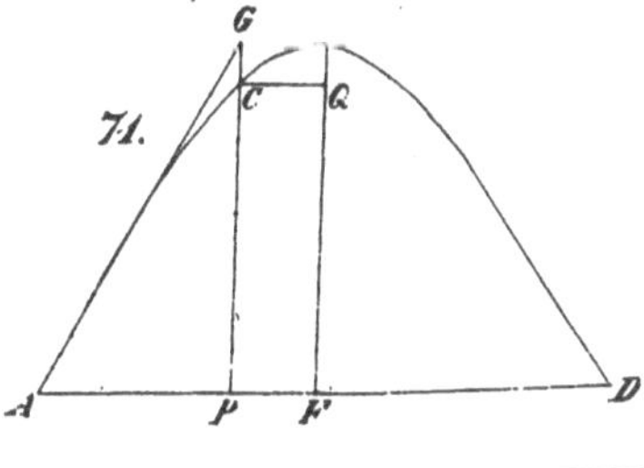

MIX

Papier | Fördert gute Waldnutzung

FSC® C083411

Zeitfracht Medien GmbH
Ferdinand-Jühlke-Straße 7
99095 Erfurt, Deutschland
produktsicherheit@kolibri360.de